优化计算
及其MATLAB实现

主　编　胡振彪　陈明建
副主编　朱　琳　吴晨曦
编　委　吴付祥　周青松　陈怀进　左洪浩

中国科学技术大学出版社

内 容 简 介

本书以最优化算法及其 MATLAB 程序实现为主线，结合相应优化例题及其编程示例，利用自编函数和 MATLAB 优化工具箱函数求解优化模型，使读者轻松掌握编程应用。

全书共 8 章，内容包括最优化概论、线搜索方法、无约束优化算法、约束优化算法、线性规划算法、整数规划算法、二次规划算法、动态规划算法以及各类优化算法的 MATLAB 实现，同时在优化算法的相关章节分别给出了相应例题和习题。书末的附录还给出了优化问题的最优性条件、MATLAB 编程的基础知识，以便读者查阅。

本书可作为高等学校信息与计算科学、数学与应用数学等专业研究生和本科高年级的参考书，也可以供运筹学、机器学习、图像处理、人工智能等领域的科技工作者参考。

图书在版编目(CIP)数据

优化计算及其 MATLAB 实现/胡振彪，陈明建主编. --合肥：中国科学技术大学出版社，2024.6. -- ISBN 978-7-312-06013-7

Ⅰ. O242.23；TP317

中国国家版本馆 CIP 数据核字第 202417MM62 号

优化计算及其 MATLAB 实现

YOUHUA JISUAN JI QI MATLAB SHIXIAN

出版 中国科学技术大学出版社
安徽省合肥市金寨路 96 号，230026
http://press.ustc.edu.cn
https://zgkxjsdxcbs.tmall.com

印刷 安徽省瑞隆印务有限公司

发行 中国科学技术大学出版社

开本 787 mm×1092 mm 1/16

印张 12

字数 261 千

版次 2024 年 6 月第 1 版

印次 2024 年 6 月第 1 次印刷

定价 48.00 元

前　　言

“优化”来自英文“optimization”，其本意是寻优的过程，是从处理各种事物的一切可能的方案中寻求最优的方案。最优化就是在一切可能的方案中选择一个最好的方案以达到最优目标。最优化在本质上是一门交叉学科，它对许多学科产生了重大影响，并已成为不同领域中分析许多复杂决策问题的基础工具，在信息工程及设计、经济规划、生产管理、交通运输、国防工业以及科学研究等诸多领域得到广泛应用。本书将介绍最优化的基本概念、典型实例、基本算法和理论，培养学生解决实际问题的能力。

本书系统地介绍了最优化基本理论与方法，重点讨论了线搜索算法、无约束优化算法、约束优化算法、线性规划算法、整数规划算法、二次规划算法、动态规划算法以及各类优化算法的 MATLAB 实现。希望读者通过本书的学习，能够掌握最优化的基本概念、最优化数学模型和典型最优化算法，能够利用 MATLAB 软件实现优化算法求解。

由于作者水平有限，书中难免有错误和不妥之处，恳请读者批评指正。

编者

2024 年 1 月

目　　录

第1章 概　　论

优化是自然界和人类活动经常遇到的问题。自然界优化中，如物理系统趋近于具有能量最小的状态；处于孤立化学系统的分子相互作用，直到系统中电子的总势能达到最小；光沿着所需时间最少的路线传播。优化在工程设计、资源配置、生产计划、城市规划、军事决策等诸多领域得到广泛应用。例如：工程设计中，怎样选择设计参数，使设计方案既满足设计要求又能降低成本；资源配置中，怎样分配有限资源，使分配方案既满足各方面的基本要求，又获得好的经济效益；生产计划中，如何选择计划方案，才能提高产值和利润；城建规划中，怎样合理安排企业、机关、学校等单位的布局，才能方便群众，又有利于城市各行业的发展；军事决策中，任务规划、军用物资调度、后勤补给点如何选址等，以达到辅助指挥决策和确定合理行动方案的目的。因此最优化问题已广泛应用于科学与工程计算、管理科学、工业生产、金融与经济、军事运筹等领域。

本章将介绍最优化的基本概念、数学模型和求解方法，并简述最优化理论的数学基础。

1.1 基本概念

1.1.1 最优化问题

最优化问题（也称优化问题）泛指定量决策问题，主要关心如何对有限资源进行分配和控制，并达到某种意义上的最优。所谓决策就是在多个不同的备选项中做出选择。我们期望能够做出“最好的”选择。最优化就是在一切可能的方案中选择一个最好的方案以达到某种意义上的最优。可能的方案就是决策备选项，最好的方案就是在给定备选方案中寻找使得目标函数达到极值的方案。

最优化问题通常包括决策变量、目标函数、约束条件三个要素。

(1) 决策变量

决策变量(Decision Variables)是优化问题中要确定的未知量,也称优化变量。决策变量可用一个列向量表示。优化变量的数目称为优化问题的维数,如 n 个优化变量 $\boldsymbol{x}=(x_1,x_2,\cdots,x_n)^{\mathrm{T}}$,则称为 n 维优化问题。优化问题的维数表征优化的自由度。优化变量越多,则问题的自由度越大、可供选择的方案越多,但难度也越大、求解也越复杂。通常小型优化问题一般含有 2～10 个优化变量;中型优化问题含有 10～50 个优化变量;大型优化问题含有 50 个以上的优化变量。

(2) 目标函数

为了对优化问题进行定量评价,构造包含优化变量的评价函数,称为目标函数(Objective Function)。目标函数的最优值可能是最大值,也可能是最小值。

(3) 约束条件

约束条件(Constraint Conditions)是描述可行策略组成的集合,表征决策变量取值时受到的各种资源条件的限制,主要包括等式约束和不等式约束。

1.1.2 最优化问题的分类

最优化问题的分类是多样化的,可以按照目标函数、约束函数以及解的性质分类。若目标函数和约束函数为线性函数,则相应问题为线性规划问题,若目标函数和约束函数中至少有一个为非线性函数,则为非线性规划问题;若目标函数为凸函数,约束集为凸集,则相应问题为凸优化问题,反之为非凸优化问题;根据变量的取值是否连续,最优化问题可分为连续最优化问题和离散最优化问题。连续优化问题是指决策变量所在可行集合是连续的,而离散优化问题是指决策变量只能在离散集合上取值,比如离散点集,整数集。根据优化问题模型有无约束条件,可分为无约束优化问题和约束优化问题。无约束优化问题的决策变量没有约束条件限制,即可行集为全体实数集;约束优化问题的决策变量取值有等式、不等式约束条件限制。根据目标函数的个数,可以分为单目标优化问题和多目标优化问题。单目标优化问题只需要优化一个目标函数,而多目标优化需要同时优化两个或两个以上的目标函数。多目标优化通常不可能找到对所有目标函数都是最优的解,所以多目标优化的解是一组解,其中的每个解相对其他的解都具有"独特"的优势。这种优势可以通过一些标准来衡量,一个常用的方法就是帕累托最优(Pareto Optimality)。

1.1.3 最优化问题的解

全局最优解。设 $f(\boldsymbol{x})$ 为目标函数,Ω 为可行域,$\boldsymbol{x}^*\in\Omega$,若对每一个 $\boldsymbol{x}\in\Omega$,都有

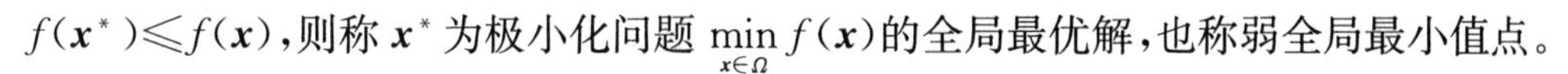

$f(\boldsymbol{x}^*)\leqslant f(\boldsymbol{x})$，则称 $\boldsymbol{x}^*$ 为极小化问题 $\min\limits_{x\in\Omega} f(\boldsymbol{x})$ 的全局最优解，也称弱全局最小值点。

局部最优解。设 $f(\boldsymbol{x})$ 为目标函数，Ω 为可行域，$\boldsymbol{x}\in\Omega$，若存在 $\boldsymbol{x}^*$ 的邻域 $N(\boldsymbol{x}^*,\varepsilon)\triangleq\{\boldsymbol{x}\mid\|\boldsymbol{x}-\boldsymbol{x}^*\|<\varepsilon(\varepsilon>0)\}$，使得每个 $\boldsymbol{x}\in\Omega\cap N(\boldsymbol{x}^*,\varepsilon)$ 都有 $f(\boldsymbol{x}^*)\leqslant f(\boldsymbol{x})$，则称 $\boldsymbol{x}^*$ 为 $\min\limits_{x\in\Omega} f(\boldsymbol{x})$ 的局部最优解，也称弱局部最小值点。

若上述不等式为严格小于，则分别为全局严格最小值、局部严格最小值。显然全局最优解也是局部最优解，但局部最优解不一定是全局最优解。对于凸优化问题，局部最优解就是全局最优解。

1.2　最优化问题的数学模型

1.2.1　数学模型

最优化问题一般可以描述为

$$\begin{aligned}&\min f(\boldsymbol{x})\\&\text{s.t.}\begin{cases}h_i(\boldsymbol{x})=0 & (i=1,2,\cdots,m)\\ g_j(\boldsymbol{x})\leqslant 0 & (j=1,2,\cdots,p)\end{cases}\end{aligned}\tag{1.1}$$

其中函数 $f:\mathbf{R}^n\to\mathbf{R}$ 是目标函数。$\boldsymbol{x}=(x_1,x_2,\cdots,x_n)^{\mathrm{T}}\in\mathbf{R}^n$ 是决策变量。$g_i(\boldsymbol{x})$，$h_j(\boldsymbol{x})$ 分别是不等式约束函数和等式约束函数。记号 s. t. 为 subject to(受限于)的缩写。

假定集合 $\Omega\subset\mathbf{R}^n$ 表示决策变量的约束集合或者可行域，用等式约束和不等式约束来描述，即

$$\Omega=\{\boldsymbol{x}\in\mathbf{R}^n\mid h_i(\boldsymbol{x})=0(\forall i\in\mathcal{I});g_j(\boldsymbol{x})\leqslant 0(\forall j\in\mathcal{J})\}\tag{1.2}$$

其中 $h_i:\mathbf{R}^n\to\mathbf{R}(i\in\mathcal{I})$，$g_j:\mathbf{R}^n\to\mathbf{R}(j\in\mathcal{J})$ 均是多元实值函数，称为约束函数。$\mathcal{I}$ 为等式约束指标集；$\mathcal{J}$ 为不等式为不等式约束指标集。若 $\Omega=\mathbf{R}^n$，则称为无约束优化问题，反之为有约束优化问题。

1.2.2　典型例子

下面通过具体例子了解什么是最优化问题。

例 1.1　数据拟合。

已知热敏电阻的阻值 R 与温度 t 的函数关系为 $R(t)=x_1\exp\left(\dfrac{x_2}{t+x_3}\right)$（$x_1,x_2,x_3$ 为待

定参数)。通过实验温度在 t_i 时,电阻值为 R_i,得到一组数据 (t_1,R_1),(t_2,R_2),…,(t_m,R_m),问:怎样根据这一组测量数据来确定参数 x_1,x_2,x_3?

若用测量值与理论值的偏差平方和为目标函数,则该问题的数学模型为

$$\min_{x\in\mathbf{R}^3}\sum_{i=1}^{m}\left[R_i-x_1\exp\left(\frac{x_2}{t_i+x_3}\right)\right]^2$$

例 1.2 运输问题。

考虑一个简单的问题,从 m 个仓库运送物资供应 n 个目的地,其中每个仓库可运输的物资有数量限制,第 i 个仓库可以运输的物资数量为 a_i(吨),并且每个目的地有确定的需求,第 j 个目的地的需求为 b_j(吨),假定供需平衡,根据仓库和目的地之间的距离,从第 i 个仓库运输物资到第 j 个目的地的单位成本是 c_{ij} $(i=1,2,\cdots,m;j=1,2,\cdots,n)$,问:从每个仓库运送多少物资到各相应目的地可使得运输成本最小?

若用 x_{ij} 表示第 i 个仓库运送到第 j 个目的地的物质数量,c_{ij} 表示单位运输成本,则问题的数学模型为

$$\min\sum_{i=1}^{m}\sum_{j=1}^{n}c_{ij}x_{ij}$$

$$\text{s. t.}\begin{cases}\displaystyle\sum_{j=1}^{n}x_{ij}=a_i & (i=1,2,\cdots,m)\\ \displaystyle\sum_{i=1}^{m}x_{ij}=b_j & (j=1,2,\cdots,n)\\ \displaystyle\sum_{i=1}^{m}a_i=\sum_{j=1}^{n}b_j & (x_{ij}\geqslant 0)\end{cases}\tag{1.3}$$

例 1.3 线性二次调节器。

线性二次调节器(Linear Quadratic Regulator, LQR)是常用的控制算法的一种。考虑如下离散线性系统:

$$\boldsymbol{x}_{t+1}=\boldsymbol{A}\boldsymbol{x}_t+\boldsymbol{B}\boldsymbol{u}_t$$

其中 $\boldsymbol{x}_t$ 为状态量,$\boldsymbol{u}_t$ 为控制量,LQR 的目标是找到一组控制量 $\boldsymbol{u}_t$,使得输出量 $\boldsymbol{x}_t$ 足够小,即系统达到稳定状态;同时使 $\boldsymbol{u}_t$ 足够小,即花费较小的控制代价。为了达到上述目标,定义代价函数

$$J=\sum_{t=0}^{N-1}(\boldsymbol{x}_t^{\mathrm{T}}\boldsymbol{Q}\boldsymbol{x}_t+\boldsymbol{u}_t^{\mathrm{T}}\boldsymbol{R}\boldsymbol{u}_t)$$

其中 $\boldsymbol{Q}$ 为状态权重矩阵($\boldsymbol{x}_t$ 的方差矩阵),$\boldsymbol{R}$ 为输入权重矩阵($\boldsymbol{u}_t$ 的方差矩阵),该问题的数学模型为

$$\min_{\boldsymbol{u}_t}J=\sum_{t=0}^{N-1}(\boldsymbol{x}_t^{\mathrm{T}}\boldsymbol{Q}\boldsymbol{x}_t+\boldsymbol{u}_t^{\mathrm{T}}\boldsymbol{R}\boldsymbol{u}_t)$$

例 1.4 多信道用户容量控制问题。

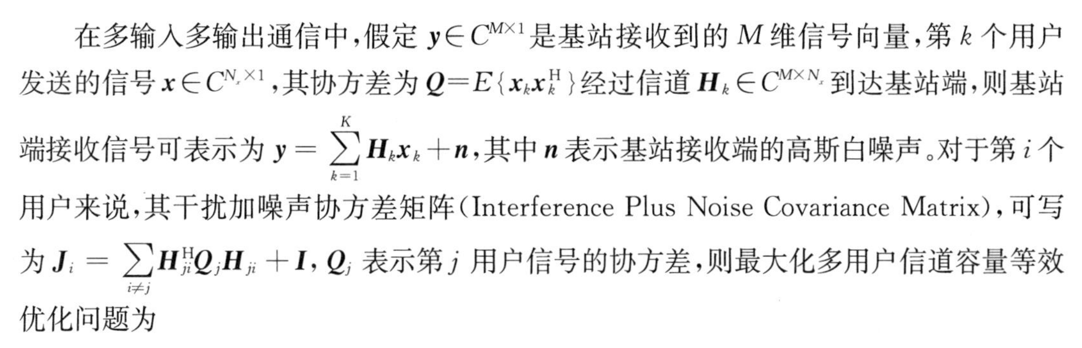

在多输入多输出通信中，假定 $\boldsymbol{y}\in C^{M\times1}$ 是基站接收到的 M 维信号向量，第 k 个用户发送的信号 $\boldsymbol{x}\in C^{N_r\times1}$，其协方差为 $\boldsymbol{Q}=E\{\boldsymbol{x}_k\boldsymbol{x}_k^{\mathrm{H}}\}$ 经过信道 $\boldsymbol{H}_k\in C^{M\times N_r}$ 到达基站端，则基站端接收信号可表示为 $\boldsymbol{y}=\sum_{k=1}^{K}\boldsymbol{H}_k\boldsymbol{x}_k+\boldsymbol{n}$，其中 $\boldsymbol{n}$ 表示基站接收端的高斯白噪声。对于第 i 个用户来说，其干扰加噪声协方差矩阵（Interference Plus Noise Covariance Matrix），可写为 $\boldsymbol{J}_i=\sum_{i\neq j}\boldsymbol{H}_{ji}^{\mathrm{H}}\boldsymbol{Q}_j\boldsymbol{H}_{ji}+\boldsymbol{I}$，$\boldsymbol{Q}_j$ 表示第 j 用户信号的协方差，则最大化多用户信道容量等效优化问题为

$$\max_{\boldsymbol{Q}_i}\sum_{i=0}^{N-1}\lambda_i\log(\boldsymbol{I}+\boldsymbol{J}_i^{-1}\boldsymbol{H}_{ii}^{\mathrm{H}}\boldsymbol{Q}_i\boldsymbol{H}_{ii})$$

其中 λ_i 为效用因子。

1.3 最优化问题求解方法

求解最优化问题基本方法有解析法、图解法和数值迭代法。

1.3.1 解析法

解析法是利用数学分析的方法，根据函数（泛函）极值的必要条件和充分条件求出其最优解析解的求解方法。对应最优化数学模型中的目标函数和约束条件，如果其具有明确的数学解析表达式，则可利用数学工具采用解析方法对问题进行求解。一般是按照函数求极值的必要条件，用导数或梯度等方法求得其解析解，然后按照问题的实际物理意义确定问题的最优解。

例如最小二乘问题

$$\min f(\boldsymbol{x})=\|\mathbf{A}\boldsymbol{x}-\boldsymbol{b}\|_2^2$$

其中矩阵 $\mathbf{A}\in\mathbf{R}^{m\times n}(m\geqslant n)$，且 $\mathrm{rank}(\mathbf{A})=n$，$\boldsymbol{x}\in\mathbf{R}^n$，$\boldsymbol{b}\in\mathbf{R}^n$，则该问题存在唯一解析解，即

$$\boldsymbol{x}^*=(\mathbf{A}^{\mathrm{T}}\mathbf{A})^{-1}\mathbf{A}^{\mathrm{T}}\boldsymbol{b}$$

1.3.2 图解法

图解法一般用于线性规划问题求解，且变量个数为 2 个时，可在直角坐标系中把决策变量的取值范围、目标函数的等高线用图形直观展现，从而获得最优值。该方法主要优点是简单直观，但应用范围较窄，不适用于多于两个变量的线性规划问题以及非线性规划问题求解。

考虑如下约束优化问题：

$$\min\ (x_1-2)^2+(x_2-1)^2$$
$$\text{s. t.}\ \begin{cases}x_1^2-x_2\leqslant 0\\ x_1+x_2\leqslant 2\end{cases} \tag{1.4}$$

若用图解法求解，则该优化问题如图 1.1 所示。

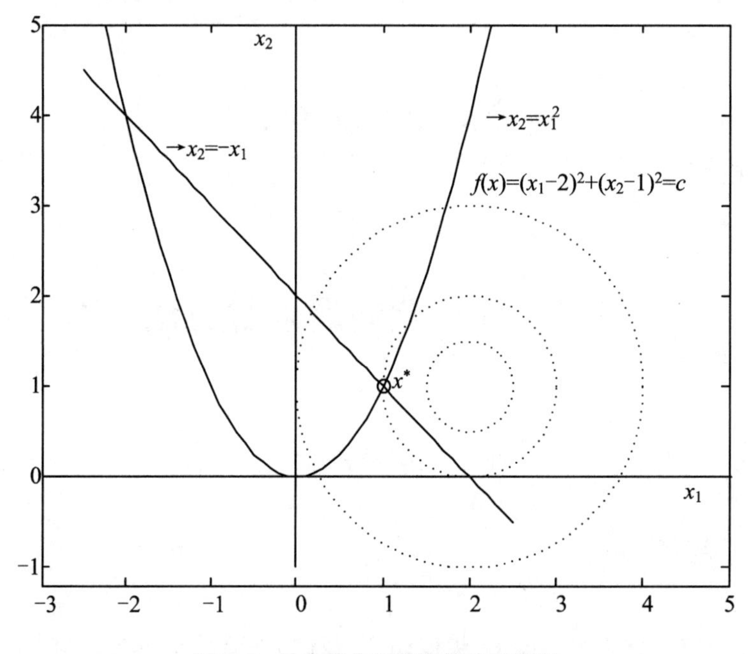

图 1.1　约束优化问题图解法示意图

由图 1.1 可知，优化问题的可行域为抛物线与直线围成的封闭区域，目标函数为一系列的等值线(Counter)，也称等高线，则最小值在点(1,1)取得，即 $\boldsymbol{x}^*=(1,1)^{\mathrm{T}}$。

1.3.3　数值迭代法

数值迭代法是一种数值优化计算方法。它是根据目标函数的变化规律，以适当的步长沿着能使目标函数值下降(上升)的方向，逐步向目标函数值的最优点进行搜索，直到逼近目标函数的最优值。

迭代法的基本思想是：给定一个初始点 $\boldsymbol{x}_0$，按照某一迭代规则产生一个序列 $\{\boldsymbol{x}_k\}$，若该序列是有限的，则最后一个点是无约束优化问题的极小点；否则，当序列 $\{\boldsymbol{x}_k\}$ 是无穷序列，它有极限点且这个极限点即为优化问题的极小点。

数值迭代算法基本步骤：

步骤 1：选择初始点 $\boldsymbol{x}_0$、收敛参数 ε，迭代次数 $k=0$；

步骤 2：确定搜索方向 $\boldsymbol{d}_k$；

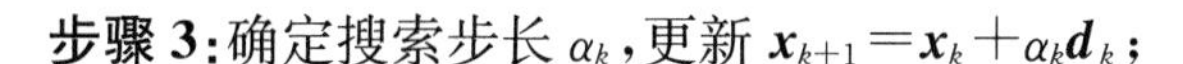

步骤 3：确定搜索步长 α_k，更新 $\boldsymbol{x}_{k+1}=\boldsymbol{x}_k+\alpha_k\boldsymbol{d}_k$；

步骤 4：若满足迭代终止条件，则停止迭代，得到最优解 $\boldsymbol{x}^*=\boldsymbol{x}_k$，否则 $k=k+1$，转步骤 2。

1.4 数学基础

1.4.1 范数

为了研究近似解（向量点列）的收敛性，我们要对向量和矩阵引入范数的概念。记 $\mathbf{R}^n$ 表示 n 维实向量空间。

定义 1.1（向量范数） $\boldsymbol{x}\in\mathbf{R}^n$ 的某个实值函数 $N(\boldsymbol{x})=\|\boldsymbol{x}\|$，若满足条件：

(1) 非负性 $\|\boldsymbol{x}\|\geqslant0$，等号成立当且仅当 $\boldsymbol{x}=0$；

(2) 齐次性 $\|\alpha\boldsymbol{x}\|=|\alpha|\,\|\boldsymbol{x}\|\ (\forall\alpha\in\mathbf{R})$；

(3) 三角不等式 $\|\boldsymbol{x}+\boldsymbol{y}\|\leqslant\|\boldsymbol{x}\|+\|\boldsymbol{y}\|$，

称 $N(\boldsymbol{x})=\|\boldsymbol{x}\|$ 为 $\boldsymbol{x}$ 的范数。

常用的几种向量范数有：

(1) 向量的 1-范数(Sum Absolute Norm)

$$\|\boldsymbol{x}\|_1=|x_1|+\cdots+|x_n|=\sum_{i=1}^{n}|x_i|$$

即向量元素的绝对值之和。MATLAB 调用函数为 norm(x,1)。

(2) 向量的 2-范数(Euclidean Norm)

$$\|\boldsymbol{x}\|_2=(|x_1|^2+\cdots+|x_n|^2)^{\frac{1}{2}}=\left(\sum_{i=1}^{n}|x_i|^2\right)^{\frac{1}{2}}$$

即向量元素的绝对值平方和再开方，也记为 Euclid 范数，MATLAB 调用函数为 norm(x,2)。

(3) 向量的∞-范数(Chebyshev Norm)

$$\|\boldsymbol{x}\|_\infty=\max_{1\leqslant i\leqslant n}\{|x_1|,\cdots,|x_n|\}=\max_{1\leqslant i\leqslant n}|x_i|$$

即向量元素的绝对值中求最大值，MATLAB 调用函数为 norm(x,inf)。

(4) 向量的 p-范数

$$\|\boldsymbol{x}\|_p=(x_1^p+\cdots+x_n^p)^{\frac{1}{p}}=\left|\sum_{i=1}^{n}|x_i|^p\right|^{\frac{1}{p}}$$

即向量元素的绝对值 p 次方和 p^{-1} 幂，MATLAB 调用函数为 norm(x,p)。

定义 1.2（对偶范数） 范数 $\|\boldsymbol{x}\|$ 的对偶范数，满足

$$\sup\{\boldsymbol{z}^{\mathrm{T}}\boldsymbol{x} \mid \|\boldsymbol{z}\| \leqslant 1\} = \sup_{\|\boldsymbol{z}\| \leqslant 1}\{\boldsymbol{z}^{\mathrm{T}}\boldsymbol{x}\}$$

对于范数$\|\boldsymbol{x}\|$，其对偶范数是找到一个向量$\boldsymbol{z}$($\|\boldsymbol{z}\| \leqslant 1$)，使得$z$与$x$的内积达到最大，这个最大的内积就是范数$\|\boldsymbol{x}\|$的对偶范数，可以等价为如下优化问题：

$$\begin{aligned} &\max_{z} \boldsymbol{z}^{\mathrm{T}}\boldsymbol{x} \\ &\text{s. t. } \|\boldsymbol{z}\| \leqslant 1 \end{aligned} \tag{1.5}$$

对于向量范数，欧氏范数的对偶范数是欧氏范数，1-范数和∞-范数互为对偶范数，一般形式的p-范数的对偶范数为q-范数，其中$\frac{1}{q}+\frac{1}{p}=1$。

定义 1.3(矩阵范数)　设$\boldsymbol{A} \in \mathbf{R}^{m \times n}$，若映射$\|\cdot\|: \mathbf{R}^{m \times n} \to \mathbf{R}$满足条件：

(1) 正定性$\|\boldsymbol{A}\| \geqslant 0$，等号成立当且仅当$\boldsymbol{A}=0$；

(2) 齐次性$\|\alpha \boldsymbol{A}\| = |\alpha| \|\boldsymbol{A}\|$($\forall \alpha \in \mathbf{R}$)；

(3) 三角不等式$\|\boldsymbol{A}+\boldsymbol{B}\| \leqslant \|\boldsymbol{A}\| + \|\boldsymbol{B}\|$。

称映射$\|\cdot\|$为$\mathbf{R}^{m \times n}$上的矩阵范数。

常用的几种矩阵范数有：

(1) 矩阵的1-范数$\|\boldsymbol{A}\|_1 = \max_j \sum_{i=1}^{m} |a_{ij}|$，列和范数，即矩阵列所有列向量的元素的绝对值之和的最大值。MATLAB调用函数为norm(A,1)；

(2) 矩阵的2-范数$\|\boldsymbol{A}\|_2 = \sqrt{\lambda_1}$，$\lambda_1$是$\boldsymbol{A}^{\mathrm{T}}\boldsymbol{A}$的最大特征值，也称谱范数，即$\boldsymbol{A}^{\mathrm{T}}\boldsymbol{A}$矩阵的最大特征值开平方，MATLAB调用函数为norm(A,2)；

(3) 矩阵的∞-范数$\|\boldsymbol{A}\|_\infty = \max_i \sum_{j=1}^{n} |a_{ij}|$，行和范数，即矩阵行所有列向量的元素的绝对值之和的最大值。MATLAB调用函数为norm(A,inf)；

(4) 矩阵的Frobenius范数$\|\boldsymbol{A}\|_{\mathrm{F}} = \left(\sum_{i=1}^{m}\sum_{j=1}^{n} |a_{ij}|^2\right)^{\frac{1}{2}}$，即矩阵元素的绝对值的平方和再开方，MATLAB调用函数为norm(x,'fro')；

(5) 矩阵的核范数$\|\boldsymbol{A}\|_* = \sum_{i=1}^{m} \lambda_i$($\lambda_i$为矩阵奇异值)，即矩阵的奇异值之和，MATLAB调用函数为sum(svd(A))。

1.4.2　梯度和Hessian矩阵

定义 1.4(梯度)　连续函数$f: \mathbf{R}^n \to \mathbf{R}$称为在$\boldsymbol{x} = (x_1, x_2, \cdots, x_n)^{\mathrm{T}} \in \mathbf{R}^n$连续可微，如果$\frac{\partial f(\boldsymbol{x})}{\partial x_i}$($i=1,2,\cdots,n$)存在且连续，$f(\boldsymbol{x})$在$\boldsymbol{x}$处的梯度为

$$\nabla f(\boldsymbol{x}) = \left(\frac{\partial f(\boldsymbol{x})}{\partial x_1}, \frac{\partial f(\boldsymbol{x})}{\partial x_2}, \cdots, \frac{\partial f(\boldsymbol{x})}{\partial x_n}\right)^{\mathrm{T}} \tag{1.6}$$

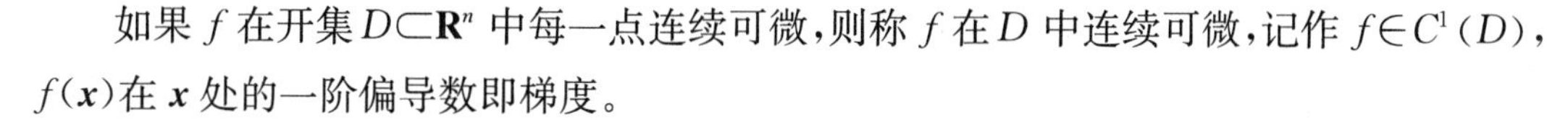

如果 f 在开集 $D\subset\mathbf{R}^n$ 中每一点连续可微，则称 f 在 D 中连续可微，记作 $f\in C^1(D)$，$f(\boldsymbol{x})$在 $\boldsymbol{x}$ 处的一阶偏导数即梯度。

下面给出几种特殊函数的梯度：

(1) 对任意常数 c，则$\nabla\boldsymbol{c}=0$；

(2) $\nabla(\boldsymbol{c}^{\mathrm{T}}\boldsymbol{x})=\boldsymbol{c},\boldsymbol{c}=(c_1,c_2,\cdots,c_n)^{\mathrm{T}}\in\mathbf{R}^n$；

(3) $\nabla(\boldsymbol{x}^{\mathrm{T}}\boldsymbol{x})=2\boldsymbol{x}$；

(4) $\nabla(\boldsymbol{x}^{\mathrm{T}}\boldsymbol{A}\boldsymbol{x})=\boldsymbol{A}\boldsymbol{x}+\boldsymbol{A}^{\mathrm{T}}\boldsymbol{x}$。

定义 1.5(Hessian 矩阵) 如果函数 $f:\mathbf{R}^n\to\mathbf{R}$ 在点 $\boldsymbol{x}$ 处二阶偏导数$\dfrac{\partial^2 f(\boldsymbol{x})}{\partial x_i\partial x_j}(i,j=1,2,\cdots,n)$存在，则

$$
\nabla^2 f(\boldsymbol{x})=\begin{pmatrix}
\dfrac{\nabla^2 f(\boldsymbol{x})}{\partial x_1^2} & \dfrac{\nabla^2 f(\boldsymbol{x})}{\partial x_1\partial x_2} & \cdots & \dfrac{\nabla^2 f(\boldsymbol{x})}{\partial x_1\partial x_n}\\
\dfrac{\nabla^2 f(\boldsymbol{x})}{\partial x_2\partial x_1} & \dfrac{\nabla^2 f(\boldsymbol{x})}{\partial x_2^2} & \cdots & \dfrac{\nabla^2 f(\boldsymbol{x})}{\partial x_2\partial x_n}\\
\vdots & \vdots & & \vdots\\
\dfrac{\nabla^2 f(\boldsymbol{x})}{\partial x_n\partial x_1^2} & \dfrac{\nabla^2 f(\boldsymbol{x})}{\partial x_n\partial x_2} & \cdots & \dfrac{\nabla^2 f(\boldsymbol{x})}{\partial x_n^2}
\end{pmatrix} \tag{1.7}
$$

称为 f 在点 $\boldsymbol{x}$ 处的 Hessian 矩阵。

1.4.3 泰勒级数

一阶泰勒级数：设 $f:C\subset\mathbf{R}^n\to\mathbf{R}$，若 $f(\boldsymbol{x})$在 $\boldsymbol{x}_0$ 的某个邻域内 $N(\boldsymbol{x}_0,\delta)$内一阶连续可微，则对任意的 $\boldsymbol{x}\in N(\boldsymbol{x}_0,\delta)$在 $\boldsymbol{x}_0$ 处有一阶 Taylor 展开式

$$
f(\boldsymbol{x})=f(\boldsymbol{x}_0)+\nabla f(\boldsymbol{x}_0)^{\mathrm{T}}(\boldsymbol{x}-\boldsymbol{x}_0)+o(\|\boldsymbol{x}-\boldsymbol{x}_0\|) \tag{1.9}
$$

二阶泰勒级数：设 $f:C\subset\mathbf{R}^n\to\mathbf{R}$，若 $f(\boldsymbol{x})$在 $\boldsymbol{x}_0$ 的某个邻域内 $N(\boldsymbol{x}_0,\delta)$内二阶连续可微，则对任意的 $\boldsymbol{x}\in N(\boldsymbol{x}_0,\delta)$在 $\boldsymbol{x}_0$ 处有二阶 Taylor 展开式

$$
f(\boldsymbol{x})=f(\boldsymbol{x}_0)+\nabla f(\boldsymbol{x}_0)^{\mathrm{T}}(\boldsymbol{x}-\boldsymbol{x}_0)+\frac{1}{2}(\boldsymbol{x}-\boldsymbol{x}_0)^{\mathrm{T}}\nabla^2 f(\boldsymbol{x}_0)(\boldsymbol{x}-\boldsymbol{x}_0)+o(\|\boldsymbol{x}-\boldsymbol{x}_0\|^2) \tag{1.9}
$$

习 题

1. 阐述优化问题的基本模型和分类。

2. 设某工厂有 m 种资源 $A_i(i=1,2,\cdots,m)$，数量分别为 $b_i(i=1,2,\cdots,m)$，现用这些资源生产 n 种产品 $B_j(j=1,2,\cdots,n)$，假设每生产一个单位 B_j 产品需要消耗资源 A_i 的数

量为 a_{ij}，产生的利润为 c_j。试建立数学模型，使得总利益最大化。

3. 利用图解法求解问题

$$\min\ (x_1-2)^2+(x_2-1)^2$$
$$\text{s. t. }\begin{cases}x_1^2-x_2\leqslant 0\\ x_1+x_2\leqslant 2\end{cases}$$

4. 求解下列函数的梯度向量和 Hessian 矩阵：

(1) $\boldsymbol{a}^{\mathrm{T}}\boldsymbol{x}$($\boldsymbol{a}$ 是常向量)；

(2) $\boldsymbol{x}^{\mathrm{T}}\boldsymbol{A}\boldsymbol{x}$ ($\boldsymbol{A}$ 是非对称的常矩阵)；

(3) $\frac{1}{2}\boldsymbol{x}^{\mathrm{T}}\boldsymbol{A}\boldsymbol{x}-\boldsymbol{b}^{\mathrm{T}}\boldsymbol{x}$ ($\boldsymbol{A}$ 是非对称的常矩阵，$\boldsymbol{b}$ 是常向量)；

(4) $f(\boldsymbol{x})=100\ (x_2-x_1^2)^2+(1-x_1)^2$。

第 2 章　线搜索方法及其 MATLAB 实现

若采用数值迭代方法求解最优化问题，关键在于如何确定下降方向和迭代步长。下降方向是确保在迭代过程中函数值是变小的，典型的搜索方向有负梯度方向、牛顿方向等。若假定搜索方向已知，如何确定搜索步长是本章主要讨论的问题。

通常采用线搜索来确定最优步长，主要包括精确线搜索和非精确线搜索。常见的精确线搜索可分为分割方法和插值方法两大类。分割方法有二分法、黄金分割法、斐波那契法等；插值方法有一点二次插值法（牛顿法）、二点二次插值法（包括割线法）、三点二次插值法、二点三次插值法等。非精确线搜索基于非精确线搜索准则，常用的准则有 Armijo-Goldstein 准则、Wolfe-Powell 准则、强 Wolfe-Powell 准则。本章主要讨论基于线搜索的下降算法、精确线搜索法和非精确线搜索法三个方面内容。

2.1　迭代下降算法

2.1.1　基本思想

考虑如下无约束优化问题：

$$\min_{x \in \mathbf{R}^n} f(\boldsymbol{x}) \tag{2.1}$$

求解式(2.1)无约束优化问题的关键是构造点列 $\{\boldsymbol{x}_k\}$，使其满足

$$\lim_{k \to \infty} f(\boldsymbol{x}_k) = f(\boldsymbol{x}^*) = \min_{\boldsymbol{x} \in \mathbf{R}^n} f(\boldsymbol{x}), \quad \lim_{k \to \infty} \boldsymbol{x}_k = \boldsymbol{x}^* \tag{2.2}$$

则 $\boldsymbol{x}^*$ 为问题(2.1)的解，$\{\boldsymbol{x}_k\}$ 为极小化点列，极小化点列的构造方法，一般采用逐步构造法，即

$$\boldsymbol{x}_{k+1} = \boldsymbol{x}_k + \alpha_k \boldsymbol{d}_k \tag{2.3}$$

其中 $\boldsymbol{d}_k$ 为 $\boldsymbol{x}_k$ 处的搜索方向，α_k 为沿 $\boldsymbol{d}_k$ 方向的搜索步长。采用不同的方法构造 $\boldsymbol{d}_k$ 和步长 α_k，则对应不同下降搜索算法。

迭代下降算法的基本思想是：给定初始点 $\boldsymbol{x}_0$，产生点列 $\{\boldsymbol{x}_k\}$，并且满足 $f(\boldsymbol{x}_{k+1}) <$

$f(\boldsymbol{x}_k)$。如何从当前点 $\boldsymbol{x}_k$ 迭代到下一个点 $\boldsymbol{x}_{k+1}$。线搜索方法是假定在 $\boldsymbol{x}_k$ 处的搜索方向 $\boldsymbol{d}_k$ 已经确定,怎样确定沿 $\boldsymbol{d}_k$ 方向上合适的迭代步长 α_k,然后更新 $\boldsymbol{x}_{k+1}=\boldsymbol{x}_k+\alpha_k\boldsymbol{d}_k$,且满足 $f(\boldsymbol{x}_{k+1})<f(\boldsymbol{x}_k)$。

基于线搜索算法

步骤 1: 初始化 $\boldsymbol{x}_0$,迭代次数 $k=0$;

步骤 2: 判断 $\boldsymbol{x}_k$ 是否满足终止条件,若满足则终止;反之,则转步骤 3;

步骤 3: 选取下降方向 $\boldsymbol{d}_k$;

步骤 4: 选取步长 α_k;

步骤 5: 令 $\boldsymbol{x}_{k+1}=\boldsymbol{x}_k+\alpha_k\boldsymbol{d}_k(k=k+1)$,转步骤 2。

可以看出,下降算法的关键有两点:一是下降方向 $\boldsymbol{d}_k$,一个是步长 α_k,同时还得考虑终止条件。本节首先介绍下降方向、迭代终止准则,下一节主要讨论如何得到满足条件的步长 α_k。

定义 2.1(下降方向)　设 $f:\mathbf{R}^n\to\mathbf{R}$,$\boldsymbol{x},\boldsymbol{d}\in\mathbf{R}^n$,若存在 $\alpha_0>0$,使得

$$f(\boldsymbol{x}+\alpha\boldsymbol{d})<f(\boldsymbol{x})\quad(\forall\alpha\in(0,\alpha_0])\tag{2.4}$$

称 $\boldsymbol{d}$ 是函数 $f(\boldsymbol{x})$ 在点 $\boldsymbol{x}$ 的一个下降方向。

下降方向 $\boldsymbol{d}$ 从几何上解释为:当从点 $\boldsymbol{x}$ 出发,沿方向 $\boldsymbol{d}$ 移动时,函数 $f(\boldsymbol{x})$ 的值的变化呈单调递减趋势,若令 $\varphi(\alpha)=f(\boldsymbol{x}+\alpha\boldsymbol{d})$,则方向 $\boldsymbol{d}$ 是 $f(\boldsymbol{x})$ 在 $\boldsymbol{x}$ 处的下降方向等价于一元函数 $\varphi(\alpha)$ 在原点处单调递减。由一元函数微分定理可知,若 $\varphi'(0)<0$,则 $\varphi(\alpha)$ 在原点单调递减。

这个定义是很直观的,即如果沿着这个方向,走很小的一步,函数值一定下降,那么这个方向是下降方向。然而这个定义并不好验证,我们希望得到一个更好验证的形式。下面给出一个很接近的充分条件。

定理 2.1　设 $f:\mathbf{R}^n\to\mathbf{R}$,连续可微,$\boldsymbol{x}\in\mathbf{R}^n$ 且 $\nabla f(\boldsymbol{x})\neq 0$。若向量 $\boldsymbol{d}$ 满足

$$\nabla^{\mathrm{T}}f(\boldsymbol{x})\boldsymbol{d}<0$$

则它是 f 在 $\boldsymbol{x}$ 处的一个下降方向。

证明　假定 $\alpha>0$ 充分小,将 $f(\boldsymbol{x}+\alpha\boldsymbol{d})$ 在点 $\boldsymbol{x}$ 处的 Taylor 展开:

$$f(\boldsymbol{x}+\alpha\boldsymbol{d})=f(\boldsymbol{x})+\alpha\nabla^{\mathrm{T}}f(\boldsymbol{x})\boldsymbol{d}+o(\alpha)\tag{2.5}$$

即

$$\lim_{\alpha\to0+}\frac{f(\boldsymbol{x}+\alpha\boldsymbol{d})-f(\boldsymbol{x})}{\alpha}=\nabla^{\mathrm{T}}f(\boldsymbol{x})\boldsymbol{d}$$

若 $\nabla^{\mathrm{T}}f(\boldsymbol{x})\boldsymbol{d}<0$,则存在足够小的 $\alpha_0>0$,使得

$$\frac{f(\boldsymbol{x}+\alpha\boldsymbol{d})-f(\boldsymbol{x})}{\alpha}<\frac{1}{2}\nabla^{\mathrm{T}}f(\boldsymbol{x})\boldsymbol{d}<0\quad(\forall 0<\alpha<\alpha_0)$$

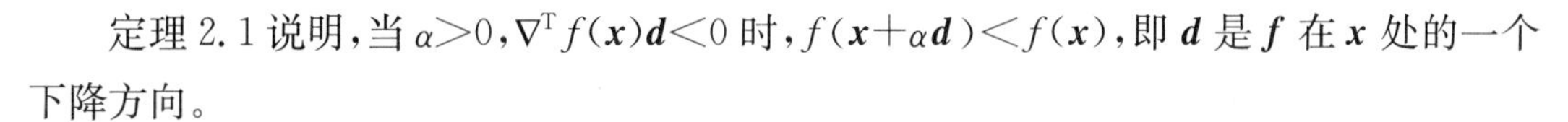

定理2.1说明，当$\alpha>0$，$\nabla^{\mathrm{T}}f(\boldsymbol{x})\boldsymbol{d}<0$时，$f(\boldsymbol{x}+\alpha\boldsymbol{d})<f(\boldsymbol{x})$，即$\boldsymbol{d}$是$\boldsymbol{f}$在$\boldsymbol{x}$处的一个下降方向。

根据线搜索方法中下降方向$\boldsymbol{d}_k$的不同，迭代下降算法可分为梯度下降法、牛顿法、拟牛顿法、共轭方向法、共轭梯度下降法等。

2.1.2　终止准则

怎么定义“终止条件”？直观上，主要有以下几种常用的终止条件。假定ε为准则给定的精度。

1. 收敛点列的点距准则

$$\|\boldsymbol{x}_{k+1}-\boldsymbol{x}_k\|\leqslant\varepsilon \quad 或 \quad \frac{\|\boldsymbol{x}_{k+1}-\boldsymbol{x}_k\|}{\|\boldsymbol{x}_k\|}\leqslant\varepsilon$$

即自变量的收敛点列的绝对误差或相对误差充分小。

2. 目标函数值下降量准则

$$\|f(\boldsymbol{x}_{k+1})-f(\boldsymbol{x}_k)\|\leqslant\varepsilon \quad 或 \quad \frac{\|f(\boldsymbol{x}_{k+1})-f(\boldsymbol{x}_k)\|}{\|f(\boldsymbol{x}_k)\|}\leqslant\varepsilon$$

即目标函数值绝对误差或相对误差充分小。

3. 目标函数梯度准则

$$\|\nabla f(\boldsymbol{x}_k)\|\leqslant\varepsilon$$

梯度准则应用时需要函数一阶可导，下降算法采用哪种收敛准则，可视具体问题而定。

上述讨论了下降方向和迭代终止条件，下一步是如何确定搜索步长。首先回顾无约束优化问题迭代方法的基本步骤。令目标函数$f:\mathbf{R}^n\to\mathbf{R}$，求其极小点的迭代算法满足：

$$f(\boldsymbol{x}_{k+1})=f(\boldsymbol{x}_k+\alpha_k\boldsymbol{d}_k)<f(\boldsymbol{x}_k)$$

其中$\alpha_k\geqslant0$为步长，这实际上是目标函数$f(\boldsymbol{x})$在一个规定的方向$\boldsymbol{d}_k$（函数值下降方向）上移动所形成的单变量优化问题，也就是所谓的“线搜索”或“一维搜索”法。线搜索主要解决下降算法中的步骤4，即如何确定迭代步长α_k，使得$f(\boldsymbol{x}_k+\alpha_k\boldsymbol{d}_k)$相比$f(\boldsymbol{x}_k)$达到可接受的下降量。

如令$\varphi(\alpha):=f(\boldsymbol{x}_k+\alpha\boldsymbol{d}_k)$，即一维优化问题。一种最简单直接的方法是求$\varphi(\alpha)$的极小值，即

$$\alpha^*=\arg\min_{\alpha>0}\varphi(\alpha)$$

这种方法即为精确线搜索法。另外一种方法即找到一个α'使得

$$\varphi(\alpha') < \varphi(\alpha)$$

且这个下降量是“可接受的”，这就是非精确搜索法。

线搜索方法分为两步：首先需要确定一个初始区间，使其包含 $\varphi(\alpha)=f(\boldsymbol{x}_k+\alpha\boldsymbol{d}_k)$ 的极值点；然后在这个区间上求出近似满足线搜索准则的点，主要步骤分为两步：

(1) 确定搜索区间(单峰区间)；

(2) 在搜索区间内求步长因子 α，即选用具体的优化方法。

2.1.3 收敛速度

收敛速度是衡量最优化方法有效性的重要指标。我们以点列的 Q-收敛速度为例。设迭代算法产生的迭代点列 $\{\boldsymbol{x}_k\}$ 在某种范数意义下收敛，即 $\lim\limits_{k\to\infty}\|\boldsymbol{x}_k-\boldsymbol{x}^*\|=0$，若对充分大的 k 有

$$\lim_{k\to\infty}\frac{\|\boldsymbol{x}_{k+1}-\boldsymbol{x}^*\|}{\|\boldsymbol{x}_k-\boldsymbol{x}^*\|}\leqslant\beta \quad (0<\beta<1) \tag{2.8}$$

则称算法或者点列 $\{\boldsymbol{x}_k\}$ 为 Q-线性收敛；若

$$\lim_{k\to\infty}\frac{\|\boldsymbol{x}_{k+1}-\boldsymbol{x}^*\|}{\|\boldsymbol{x}_k-\boldsymbol{x}^*\|}=0 \tag{2.9}$$

则称算法或者点列 $\{\boldsymbol{x}_k\}$ 为 Q-超线性收敛；若

$$\lim_{k\to\infty}\frac{\|\boldsymbol{x}_{k+1}-\boldsymbol{x}^*\|}{\|\boldsymbol{x}_k-\boldsymbol{x}^*\|}=1 \tag{2.10}$$

则称算法或者点列 $\{\boldsymbol{x}_k\}$ 为 Q-次线性收敛；若

$$\lim_{k\to\infty}\frac{\|\boldsymbol{x}_{k+1}-\boldsymbol{x}^*\|}{\|\boldsymbol{x}_k-\boldsymbol{x}^*\|^2}\leqslant\beta \quad (\beta>0) \tag{2.11}$$

则称算法或者点列 $\{\boldsymbol{x}_k\}$ 为 Q-二次性收敛。

2.2 精确线搜索法

精确的线搜索是指求使得目标函数 $f(\boldsymbol{x})$ 沿着方向 $\boldsymbol{d}_k$ 达到极小，即

$$\alpha_k=\arg\min_{\alpha>0}f(\boldsymbol{x}_k+\alpha\boldsymbol{d}_k) \tag{2.12}$$

令 $\varphi(\alpha)=f(\boldsymbol{x}_k+\alpha\boldsymbol{d}_k)$，使得 $\varphi(\alpha_k)<\varphi(0)$，搜索步长通过求解 $\alpha_k=\arg\min\limits_{\alpha>0}f(\boldsymbol{x}_k+\alpha\boldsymbol{d}_k)$ 得到。若 $f(\boldsymbol{x})$ 是连续可微函数的，那么步长因子满足

$$\nabla f(\boldsymbol{x}_k+\alpha\boldsymbol{d}_k)^{\mathrm{T}}\boldsymbol{d}_k=0$$

即 $\varphi'(\alpha)=0$。对于很多问题，求导计算并不容易，因此一般不采用求导方法来求 α_k，而是

采用近似逼近的方法获得步长。

求解 α_k 近似方法主要分为区间收缩法和函数逼近法等。其中区间收缩法包括黄金分割法、斐波那契数列、二分法；函数逼近法包括抛物线插值法、牛顿法。有的近似逼近方法可能只需要用到迭代点处的目标函数值，如黄金分割法、斐波那契数列法；有些算法需要迭代点处的目标函数的一阶导数 $\varphi'(\alpha)$ 信息，如二分法、割线法；还有些算法需要迭代点处的目标函数的一阶导数 $\varphi'(\alpha)$ 和二阶导数 $\varphi''(\alpha)$ 信息，如牛顿法等。

在介绍线搜索方法前，首先介绍单谷函数概念。

定义 2.2（单谷函数）　设 $[a,b]\in\mathbf{R}$，$\varphi:\in[a,b]\to\mathbf{R}$，如果存在 $\alpha^*\in(a,b)$，使得 φ 在 $[a,\alpha^*]$ 上单调递减，在 $[\alpha^*,b]$ 上单调递增，则称 φ 是 $[a,b]$ 上的单谷函数。

其中区间 $[a,b]$ 是 φ 的单谷区间，即函数在该区间的值呈现“高—低—高”的趋势。

单谷函数具有如下性质：设 $\varphi(\alpha)$ 是单谷区间 $[a_0,b_0]$ 上的单谷函数，极小点为 λ^*，在 $[a_0,b_0]$ 任两点取 a_1,b_1，且 $a_1<b_1$，则

(1) 若 $\varphi(a_1)<\varphi(b_1)$ 时，$\lambda^*\in[a_0,b_1]$；

(2) 若 $\varphi(a_1)>\varphi(b_1)$ 时，$\lambda^*\in[a_1,b_0]$。

若存在一个 $\alpha^*\in[a,b]$，使得单谷函数极小值问题满足 $\alpha^*=\arg\min\limits_{\alpha>0}\varphi(\alpha)$，则称区间 $[a,b]$ 为搜索区间。

如何确定单谷函数的初始区间 $[a_0,b_0]$ 呢？可以采用“进退法”求初始区间。

进退法

步骤 1： 选取初始点 $\alpha_0\geqslant 0$，单谷区间端点 $a=\alpha_0$，初始步长 $h_0\geqslant 0$，$f_0=f(\alpha_0)$，迭代次数 $k=0$；

步骤 2： 向前走一步，令 $\alpha_1=\alpha_0+h_0$，计算 $f_1=f(\alpha_1)$，若 $f_1>f_0$，则反向搜索，令 $h_1=-2h_0$，更新单谷区间端点 $a=\alpha_1$；反之，扩大搜索步长 $h_1=2h_0$；更新 $k=1$；

步骤 3： 继续向前走一步，$\alpha_{k+1}=\alpha_k+h_k$，计算 $f_{k+1}=f(\alpha_{k+1})$，若 $f_{k+1}>f_k$，则搜索结束，确定单谷区间的另外一个端点 $b=\alpha_{k+1}$，输出结果 $[a,b]$ 或者 $[b,a]$；若 $f_{k+1}<f_k$，则扩大搜索步长 $h_{k+1}=2h_k$，更新单谷区间端点 $a=\alpha_k$；更新 $k=k+1$，重复直到输出结果。

2.2.1　黄金分割法

上一节求的是包含 $\varphi(\alpha)$ 极小点 α^* 的搜索区间 $[a,b]$，且通常假定函数在搜索区间 $[a,b]$ 上是单谷函数。下面介绍利用黄金分割法（也称 0.618 法）求近似满足精确线搜索

准则的步长，即基于搜索区间的直接方法的基础上，通过等比收缩来逐步缩小搜索区间。

若$[a_0,b_0]$为搜索区间，黄金分割法示意图如图2.1所示。

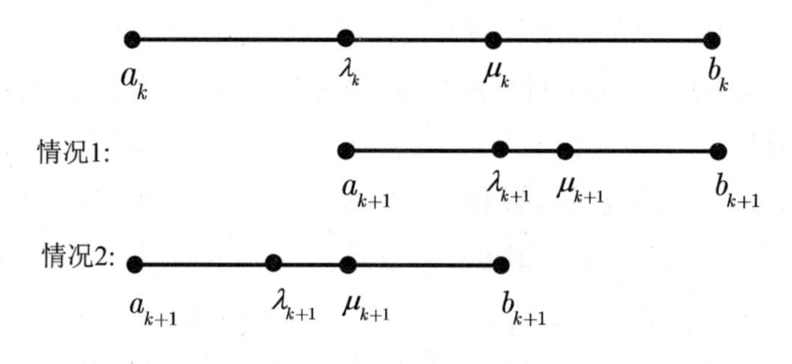

图2.1　黄金分割法示意图

满足

$$\lambda_k=a_k+0.382(b_k-a_k),\quad \mu_k=a_k+0.618(b_k-a_k) \tag{2.13}$$

选取$\lambda_k,\mu_k\in[a_k,b_k]$且$\lambda_k<\mu_k$，若$\varphi(\lambda_k)>\varphi(\mu_k)$，则新的搜索区间为$[a_{k+1},b_{k+1}]:=[\lambda_k,b_k]$；若$\varphi(\lambda_k)<\varphi(\mu_k)$，则新的搜索区间为$[a_{k+1},b_{k+1}]:=[a_k,\mu_k]$。

黄金分割算法

步骤1： 初始化$[a_0,b_0]$，$\rho=0.618$，$k=1$，$\lambda=a_0+\rho(b_0-a_0)$，$\mu=a_0+(1-\rho)(b_0-a_0)$；

步骤2： 计算单谷函数$f(\lambda)$，$f(\mu)$的值，若$f(\lambda)<f(\mu)$，则$[a_k,b_k]=[a_{k-1},\mu]$；反之，则$[a_k,b_k]=[\lambda,b_{k-1}]$；$\lambda=a_k+\rho(b_k-a_k)$，$\mu=a_k+(1-\rho)(b_k-a_k)(k=k+1)$；

步骤3： 若$|a_{k+1}-b_{k+1}|\leqslant\varepsilon$，停止迭代，输出最优解$x^*=\frac{1}{2}(a_{k+1}+b_{k+1})$；否则，转步骤2。

根据黄金分割算法的基本步骤，编写的MATLAB代码如下：

```
function[x_opt,f_opt,itertime,N]=Golden_Selection_Algorithm(f,a0,b0,epsilon)
%输入:f是目标函数,a0,b0是搜索区间的两端点
%      epsilon是自变量容许误差
%输出:x_opt、f_opt分别是近似极小点和极小值
%      itertime,N分别是迭代次数和最大迭代次数
if nargin==3%输入参数的个数
   epsilon=1.0e-6;
end
```

```
k=0;%迭代次数
rho=(3-sqrt(5))/2;%参数 rho
N=floor(-log10((b0-a0)/epsilon)/(log10(1-rho)));%迭代最少次数
a_k=a0+rho*(b0-a0);%第1次迭代的a1值
b_k=a0+(1-rho)*(b0-a0);%第1次迭代的b1值
tol=b0-a0;delta_L=tol;
a_k_before=a0;b_k_before=b0;%前一次迭代的中间点
while tol>epsilon && k<=N;
f_ak=subs(f,symvar(f),a_k);%计算函数f在a(k)处的值
f_bk=subs(f,symvar(f),b_k);%计算函数f在b(k)处的值
    delta_L=delta_L*(1-rho);%搜索区间压缩
    if f_ak<f_bk
        a_k_next=a_k_before+rho*(b_k-a_k_before); %计算 a(k+1)
        b_k_next=a_k;%前一次计算的数据b(k)作为a(k+1)值
        b_k_before=b_k;
    else
        a_k_next=b_k; %计算 a(k+1)
        a_k_before=a_k;
        b_k_next=a_k_before+(1-rho)*(b_k_before-a_k);  %计算 b(k+1)
    end
    a_k= a_k_next;b_k= b_k_next;%更新 a(k),b(k)
    tol=delta_L;
    k=k+1;%迭代次数更新
end
x_opt=(b_k+a_k)/2;%最优值 x*
itertime=k-1;
f_opt=double(subs(f,symvar(f),x_opt));%最优值 f
format short;
```

例 2.1 求函数 $f(x)=x^4-x^2-2x+5$ 在区间[-3,3]上的极小值。

编写函数代码如下：

```
syms x;
f=x^4-x^2-2*x+5;a0=-10;b0=10;
[x_opt,f_opt,itertime,Itermax]=Golden_Selection_Algorithm(f,a0,b0,epsilon);
```

运行后的结果如下：

```
x_opt =
     1.0000
f_opt =
     3.0000
```

该函数的图像如图 2.2 所示。

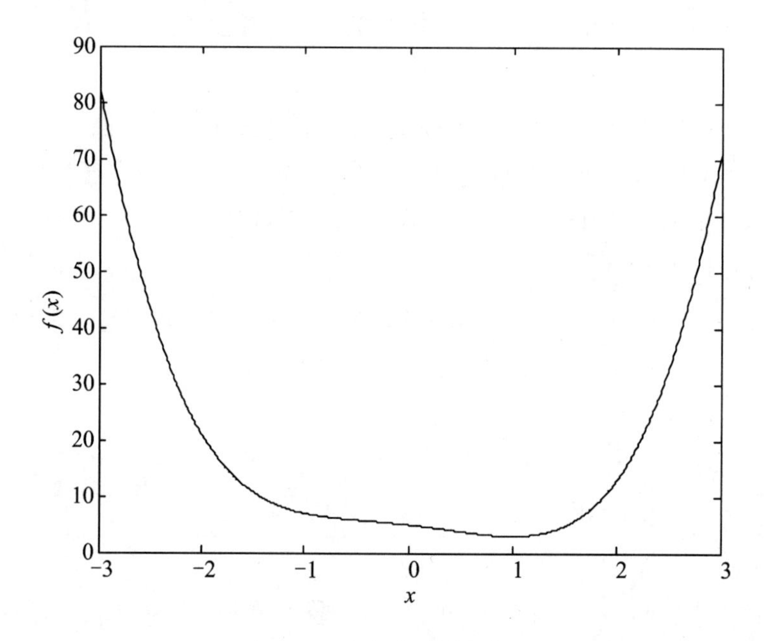

图 2.2　多项式函数图像

例 2.2　求函数 $f(x)=e^{-x^2}(x+\sin x)$在区间[−10,10]上的极小值。

编写函数代码如下：

```
syms x;
f=exp(-x^2)*(x+sin(x)); a0=-10; b0=10 [x_opt, f_opt, itertime, Itermax]=Golden_Selection_Algorithm(f, a0, b0, epsilon);
```

运行后的结果如下：

```
x_opt=
   -0.6796
f_opt =
   -0.8242
```

该函数的图像如图 2.3 所示。

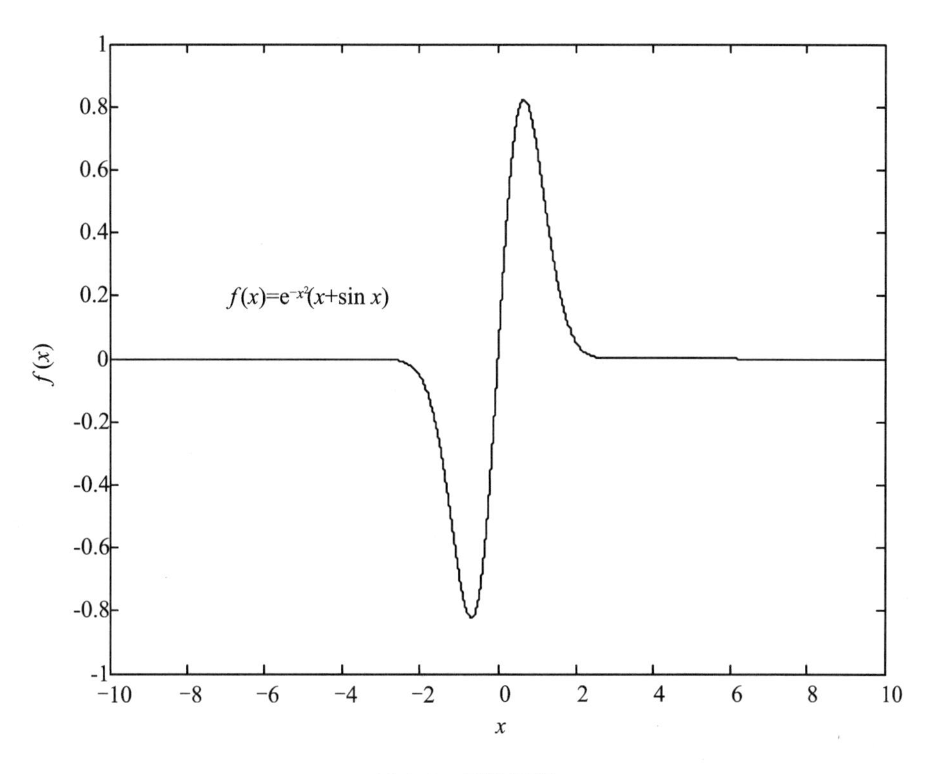

图 2.3　函数图像

2.2.2　斐波那契数列法

利用黄金分割法进行区间压缩过程中参数 ρ 始终保持不变。斐波那契(Fibonacci)数列法是在区间压缩过程中,允许参数 ρ 不断调整,比如第 k 次迭代使用参数 ρ_k,即 ρ_k 采用 Fibonacci 数列求得。

Fibonacci 数列满足如下关系:

$$F(0)=0,F(1)=1,F(n)=F(n-1)+F(n-2)\quad (n\geqslant 2)$$

用矩阵形式表达为

$$\begin{bmatrix}F(n+1)\\F(n)\end{bmatrix}=\begin{bmatrix}1&1\\1&0\end{bmatrix}\begin{bmatrix}F(n)\\F(n-1)\end{bmatrix}\Rightarrow\begin{bmatrix}F(n+1)\\F(n)\end{bmatrix}=\begin{bmatrix}1&1\\0&1\end{bmatrix}^n\begin{bmatrix}F(1)\\F(0)\end{bmatrix}$$

基于斐波那契数列法的 λ_k 和 μ_k 迭代计算公式为

$$\lambda_k=a_k+\left(1-\frac{F_{n-k}}{F_{n-k+1}}\right)(b_k-a_k)=a_k+\frac{F_{n-k-1}}{F_{n-k+1}}(b_k-a_k)\tag{2.14}$$

$$\mu_k=a_k+\frac{F_{n-k}}{F_{n-k+1}}(b_k-a_k)\tag{2.15}$$

每次迭代缩短率满足

$$b_{k+1}-a_{k+1}=\frac{F_{n-k}}{F_{n-k+1}}(b_k-a_k) \tag{2.16}$$

即相当于黄金分割法中的$\rho_k=\frac{F_{n-k}}{F_{n-k+1}}(k=1,2,\cdots,n)$。

由于$b_n-a_n=\frac{1}{F_n}(b_1-a_1)$，故有$F_n\geqslant\frac{(b_1-a_1)}{\varepsilon}$。给出最终区间长度$\varepsilon$，即可求出斐波那契数$F_n$，且由斐波那契数的性质可知

$$\lim_{k\to\infty}=\frac{F_{k-1}}{F_k}=\frac{\sqrt{5}-1}{2}=0.618$$

这表明当$n\to\infty$时，斐波那契数列与黄金分割法相同。

斐波那契数列算法

步骤1：初始化$a_1,b_1,\varepsilon,k=1,I_1=b_1-a_1$；

步骤2：计算$F_1,F_2,\cdots,F_n,\rho_k=\frac{F_{n-k}}{F_{n-k+1}}(k=1,2,\cdots,n)$；

步骤3：计算$I_2=\frac{F_{n-1}}{F_n}I_1$；$\lambda=a_1+I_2\mu=b_1-I_2$；$f(\lambda_1),f(\mu_1)$；

步骤4：若$f(\lambda)<f(\mu)$，则$[a_k,b_k]=[a_{k-1},\mu]$；反之，则$[a_k,b_k]=[\lambda,b_{k-1}]$；更新$\lambda=a_k+\rho_k(b_k-a_k)$，$\mu=a_k+(1-\rho_k)(b_k-a_k)$；$k=k+1$；

步骤5：若$|a_{k+1}-b_{k+1}|\leqslant\varepsilon$，停止迭代，$x^*=\frac{1}{2}(a_{k+1}+b_{k+1})$；否则转步骤3。

根据斐波那契数列法算法原理，编写的MATLAB代码如下：

```
function [x_opt,f_opt,itertime,N]=Fibonacci_Sequence_Algorithm(f,a0,b0,
epsilon)
%输入：f是目标函数，a0，b0是搜索区间的两端点，epsilon是自变量容许误差
%输出：x_opt、f_opt分别是近似极小点和极小值，itertime，N分别是迭代次数
和最大迭代次数
if nargin==3 %输入参数的个数
    epsilon=1.0e-4;
end
F_Naddone=(1+2*epsilon)*(b0-a0)/epsilon;
N_temp=3;
flag=1;
F_se_initia=[1 0]';H_matrix=[1 1;1 0];
while flag
    F_se_k=H_matrix^(N_temp)*F_se_initia;
```

```
        if   F_se_k(1)>F_Naddone
            flag=0;
        else
            N_temp=N_temp+1;
        end
    end
    N=N_temp+1;%迭代最少次数
    Fbi_num=fibonacci(N);
    rho_vetor=zeros(N-1);
    for nk=1:N-1
        rho_vetor(nk)=1-Fbi_num(N-nk)/Fbi_num(N-nk+1);
    end
    rho=rho_vetor(1);
    a_k=a0+rho*(b0-a0);%第1次迭代的a1值
    b_k=a0+(1-rho)*(b0-a0);%第1次迭代的b1值
    tol=b0-a0;delta_L=tol;
    a_k_before=a0;b_k_before=b0;%前一次迭代的中间点
    k=1;%迭代次数
    while tol>epsilon && k<=N;
        f_ak=subs(f,symvar(f),a_k);%symvar定义符号表达式中符号变量,计
                                     算函数f在a(k)处的值
        f_bk=subs(f,symvar(f),b_k);%计算函数f在b(k)处的值
        delta_L=delta_L*(1-rho);%搜索区间压缩
        if f_ak<f_bk
            a_k_next=a_k_before+rho*(b_k-a_k_before); %计算a(k+1)
            b_k_next=a_k;%前一次计算的数据b(k)作为a(k+1)值
            b_k_before=b_k;
        else
            a_k_next=b_k; %计算a(k+1)
            a_k_before=a_k;
            b_k_next=a_k_before+(1-rho)*(b_k_before-a_k);
                            %计算b(k+1)
        end
        a_k= a_k_next;b_k= b_k_next;%更新a(k),b(k)
```

```
    tol=delta_L;
    k=k+1;%迭代次数更新
    rho=rho_vetor(k);
end
x_opt=(b_k+a_k)/2;%最优值 x*
itertime=k-1;
f_opt=double(subs(f,symvar(f),x_opt));%最优值 f
format short;
```

例 2.3 求函数 $f(x)=8e^{1-x}+7\ln(x)$ 在区间[1,2]上的极小值。

编写函数代码如下：

```
syms x;
f=8*exp(1-x)+7*log(x);a0=1;b0=2;
[x_opt_Bin,f_opt_Bin itertime_Bin]=BinarySearch_Algorithm(f,a0,b0)
```

运行后的结果如下：

```
x_opt_Bin =
    1.6094
f_opt_Bin =
7.6804
```

函数的二维图形如图 2.4 所示。

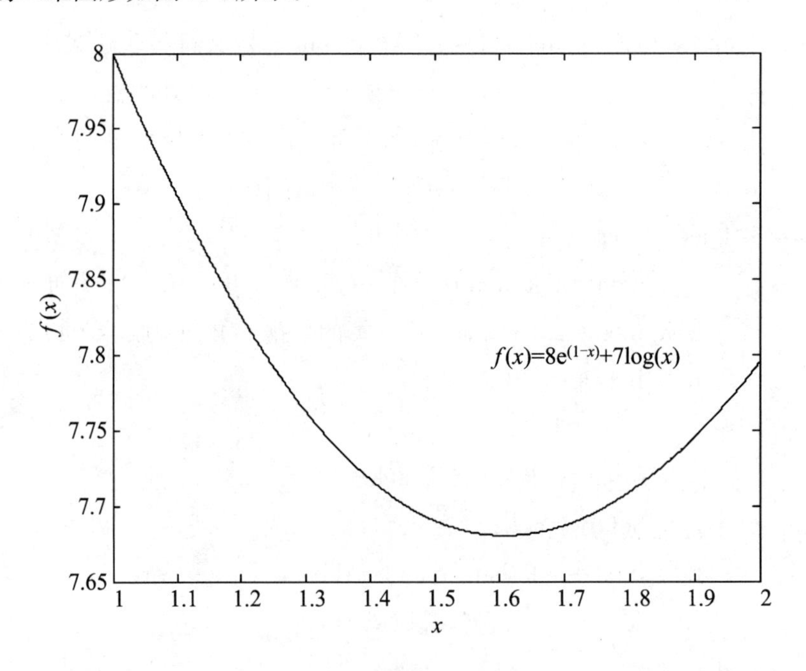

图 2.4　函数二维图像

由图可知，函数在点 $x^*=1.6$ 左右取得最小值，与MATLAB计算结果相吻合。

2.3　非精确线搜索法

之前的精确线搜索就是解决单变量问题 $\varphi(\alpha)=f(\boldsymbol{x}+\alpha\boldsymbol{d})$ 的精确极小值点。这么做不仅计算量大，而且很多时候过于精确的迭代过程也没有必要，因此，我们可以保证函数下降的前提下放宽对搜索步长 α_k 的要求，从而降低算法的时间复杂度。这种线搜索方法即为非精确搜索。由于非精确搜索较为简单，在实际应用中比较广泛。

在非精确线搜索中，选取 α_k 需要满足一定要求，这些要求被称为线搜索准则。选择合适的线搜索准则直接决定了算法的收敛性。若选取不合适线搜索准则将导致算法无法收敛。例如，若只要求选取的步长满足迭代点处函数值单调下降，则函数值的下降量可能不够充分，导致算法无法收敛到极小值点，我们给出一个例子予以说明。

考虑一维无约束优化问题

$$\min_x f(x)=x^2$$

迭代初始点 $x_0=1$，由于该问题是一维优化问题，下降方向只有 $\{-1,+1\}$ 两种。选取 $d_k=-\text{sign}\{x_k\}$，且只要求选取的步长满足迭代点处函数值单调下降，即 $f(x_k+\alpha_k d_k)<f(x_k)$。考虑选取如下两种步长：

$$\alpha_{k,1}=\frac{1}{3^{k+1}},\quad \alpha_{k,2}=1+\frac{2}{3^{k+1}}$$

通过简单计算可得

$$x_{k,1}=\frac{1}{2}\left(1+\frac{1}{3^k}\right),\quad x_{k,2}=\frac{(-1)^k}{2}\left(1+\frac{1}{3^k}\right)$$

显然，序列 $\{f(x_{k,1})\}$ 和 $\{f(x_{k,2})\}$ 均单调下降，但 $\{f(x_{k,1})\}$ 收敛的点不是极小值点，$\{f(x_{k,2})\}$ 则在原点左右震荡，不存在极限。

下面介绍非精确搜索算法中常见的几个准则。

2.3.1　Armijo 准则

首先引入Armijo准则，它是最常用的非精确搜索准则，该准则的目的是保证每一步迭代充分下降。

设 $\varphi(\alpha)=f(\boldsymbol{x}_k+\alpha\boldsymbol{d}_k)$，$\boldsymbol{d}_k$ 是函数 $f(\boldsymbol{x})$ 在 $\boldsymbol{x}_k$ 处的一个下降方向，满足 $\nabla f(\boldsymbol{x}_k)^{\mathrm{T}}\boldsymbol{d}_k<0$，若

$$f(\boldsymbol{x}_k+\alpha\boldsymbol{d}_k)\leqslant f(\boldsymbol{x}_k)+\rho\alpha\nabla f(\boldsymbol{x}_k)^{\mathrm{T}}\boldsymbol{d}_k \tag{2.17}$$

即

$$\varphi(\alpha_k) \leqslant \varphi(0) + \rho\alpha\varphi'(0)$$

则称步长 α 满足 Armijo 准则，其中常数 $\rho \in (0,1)$。

Armijo 准则有着非常直观的几何含义，即点 $(\alpha, \varphi(\alpha))$ 必须在直线 $l(\alpha) = \varphi(0) + \rho\alpha\varphi'(0)$ 的下方。如图 2.5 所示，区间 $[0,c]$ 中的点均满足 Armijo 准则。

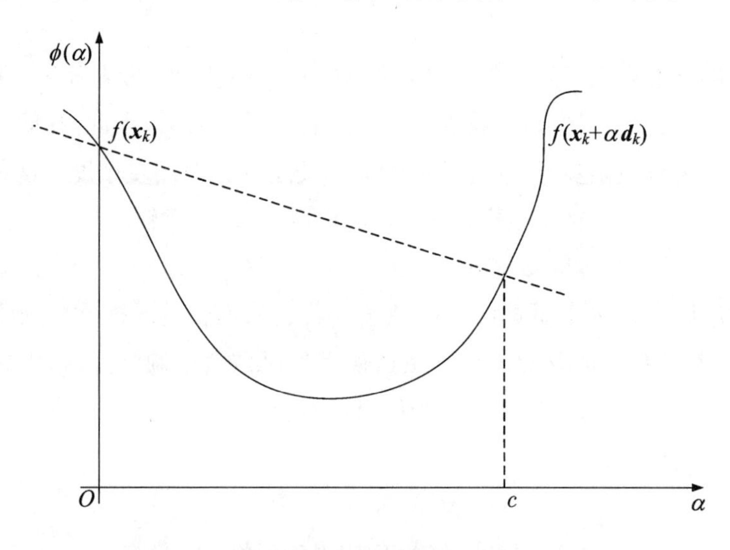

图 2.5　Armijo 准则示意图

通常寻找满足 Armijo 准则的步长是比较容易的，一个常用的算法是回溯法。给定初值 α_0，回溯法通过不断以指数方式缩小试探步长，找到第一个满足 Armijo 准则的点。

回溯法

步骤 1：设 $\alpha_0 = 1, k = 0$，若 α_k 满足 $\varphi(\alpha_k) \leqslant \varphi(0) + \rho\alpha_k\varphi'(0)$，则取 $\alpha_k = 1$，否则转步骤 2；

步骤 2：给定常数 $\beta > 0, \gamma \in (0,1)$。令 $\alpha_k = \beta$；

步骤 3：若 α_k 满足 $\varphi(\alpha_k) \leqslant \varphi(0) + \rho\alpha_k\varphi'(0)$，则终止迭代；否则转步骤 4；

步骤 4：令 $\alpha_{k+1} = \gamma\alpha_k, k = k+1$ 转步骤 3。

需要说明的是：试探步长按比例缩小，若 $\gamma \in (0,1)$ 较大，则相邻两次试探的改变较小，需要多次搜索才能得到 α_k；若 $\gamma \in (0,1)$ 较小，则相邻两次试探的改变较大，经过几次搜索就能得到 α_k，但 α_k 可能很小。

例 2.4　考虑无约束优化问题

$$\min_{\boldsymbol{x} \in \mathbf{R}^2} f(\boldsymbol{x}) = \frac{1}{2}x_1^2 + x_2^2$$

设 $\boldsymbol{x}_0 = (1,1)^{\mathrm{T}}$，易验证 $\boldsymbol{d}_k = (1,-1)^{\mathrm{T}}$ 为 $f(\boldsymbol{x})$ 在 $\boldsymbol{x}_0$ 处的下降方向，并用 Armijo 准则线搜

索确定步长 $\alpha_0=0.5^k$，使得

$$f(\boldsymbol{x}_0+\alpha_0\boldsymbol{d}_0)\leqslant f(\boldsymbol{x}_0)+0.9\alpha_0\nabla f(x_0)^{\mathrm{T}}\boldsymbol{d}_0$$

注意到 $\boldsymbol{d}_k$ 为下降方向，则说明 $l(\alpha)$ 的斜率为负，选取符合条件的 α 确实会使得函数值下降，但函数值下降不够明显。

2.3.1 Goldstein 准则

为了克服 Armijo 准则的缺陷，需要引入其他约束保证每一步的 α_k 不会太小，保证点 $(\alpha,\varphi(\alpha))$ 必须在直线 $l(\alpha)=\varphi(0)+(1-\rho)\alpha\varphi'(0)$ 的上方，这就是 Armijo-Goldstein 准则，简称 Goldstein 准则。

Goldstein 准则：设 $\varphi(\alpha)=f(\boldsymbol{x}_k+\alpha\boldsymbol{d}_k)$，$\boldsymbol{d}_k$ 是函数 $f(\boldsymbol{x})$ 在 $\boldsymbol{x}_k$ 处的一个下降方向，满足 $\nabla f(\boldsymbol{x}_k)^{\mathrm{T}}\boldsymbol{d}_k<0$，若

$$\begin{cases}f(\boldsymbol{x}_k+\alpha\boldsymbol{d}_k)\leqslant f(\boldsymbol{x}_k)+\rho\alpha\nabla(\boldsymbol{x}_k)^{\mathrm{T}}\boldsymbol{d}_k\\ f(\boldsymbol{x}_k+\alpha\boldsymbol{d}_k)\geqslant f(\boldsymbol{x}_k)+(1-\rho)\alpha\nabla(\boldsymbol{x}_k)^{\mathrm{T}}\boldsymbol{d}_k\end{cases}\tag{2.18}$$

即

$$\varphi(\alpha)\leqslant\varphi(0)+\rho\alpha\varphi'(0)$$
$$\varphi(\alpha)\geqslant\varphi(0)+(1-\rho)\alpha\varphi'(0)$$

则称步长 α 满足 Goldstein 准则，其中 $\rho\in\left(0,\frac{1}{2}\right)$ 是一个常数。

Goldstein 准则示意图如图 2.6 所示。

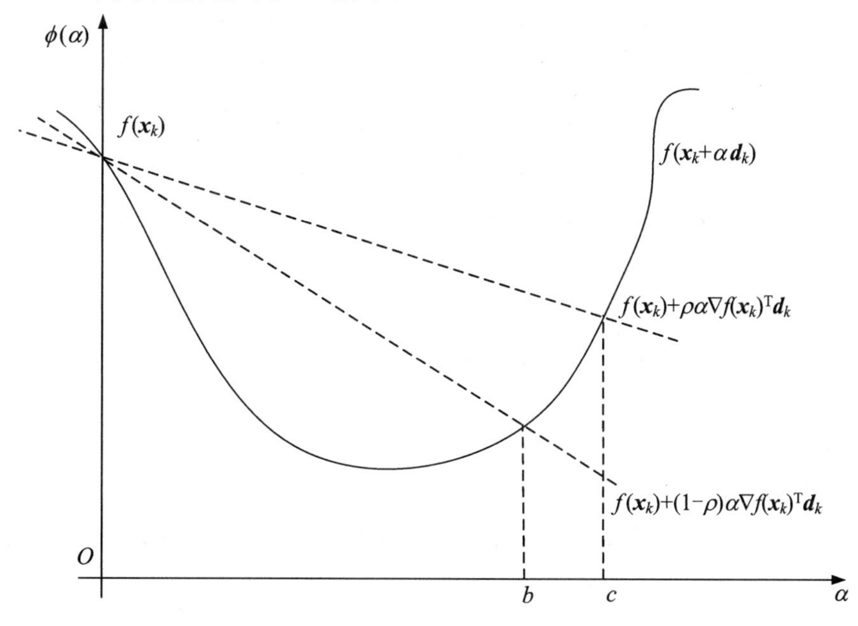

图 2.6　Goldstein 准则

Goldstein 准则的几何含义是点$(\alpha,\varphi(\alpha))$必须在直线$l_1(\alpha)=\varphi(0)+\rho\alpha\varphi'(0)$和直线$l_2(\alpha)=\varphi(0)+(1-\rho)\alpha\varphi'(0)$之间，区间$[b,c]$中的点均满足 Goldstein 准则，同时去排除了过小的步长α。

Goldstein 准则非精确搜索算法

步骤 1：初始化搜索区间$[a_0,b_0]$，在初始步长搜索区间$[0,\alpha_{\max}]$中选取初始点α_0，计算$\varphi(0),\varphi'(0)$，给出$0<\rho<\frac{1}{2},\beta>1,k=0$；

步骤 2：若α_k满足式$\varphi(\alpha)\leqslant\varphi(0)+\rho\alpha\varphi'(0)$，则转步骤 3；否则$[a_{k+1},b_{k+1}]=[a_k,\alpha_k]$，转步骤 4；

步骤 3：若α_k满足式$\varphi(\alpha)\geqslant\varphi(0)+(1-\rho)\alpha\varphi'(0)$，停止迭代，输出$\alpha_k$；否则$[a_{k+1},b_{k+1}]=[\alpha_k,b_k]$，若$b_{k+1}<\alpha_{\max}$转步骤 4，否则$\alpha_{k+1}=\beta\alpha_k,k=k+1$，转步骤 2；

步骤 4：令$\alpha_{k+1}=\frac{a_{k+1}+b_{k+1}}{2}(k=k+1)$，转步骤 2。

2.3.2 Wolfe-Powell 准则

Goldstein 准则能够使得函数值充分下降，但同时也有可能将最优的α_k值排除在搜索区间。为了克服 Goldstein 准则的缺点，Wolfe-Powell 提出了以下准则（简称 Wolfe 准则）：

$$f(\boldsymbol{x}_k+\alpha\boldsymbol{d}_k)\leqslant f(\boldsymbol{x}_k)+\rho\alpha\nabla f(\boldsymbol{x}_k)^{\mathrm{T}}\boldsymbol{d}_k \tag{2.19}$$

$$\nabla f(\boldsymbol{x}_k+\alpha\boldsymbol{d}_k)^{\mathrm{T}}\boldsymbol{d}_k\geqslant\sigma\nabla f(\boldsymbol{x}_k)^{\mathrm{T}}d_k \tag{2.20}$$

将上式改写为单值函数为

$$\varphi(\alpha)\leqslant\varphi(0)+\rho\alpha\varphi'(0) \tag{2.21}$$

$$\varphi'(\alpha)\geqslant\sigma\varphi'(0),\quad\sigma\in(\rho,1) \tag{2.22}$$

Wolfe 准则的式(2.21)与 Goldstein 准则相同，这里着重讨论式(2.22)。

由于$\varphi'(0)<0$，且$\sigma\in(\rho,1),0<\rho<\frac{1}{2}$，因此，该条件刻画了在可接受处的切线的斜率$\varphi(\alpha_k)$是初始斜率的$\sigma$倍（注意初始斜率小于 0），在图 2.7 中，这个切点与起始点都在极值点的同侧，因此，这个条件直观上可以保证将极值点包裹在约束的区间内，这个条件也称为曲率条件。如图 2.7 所示。

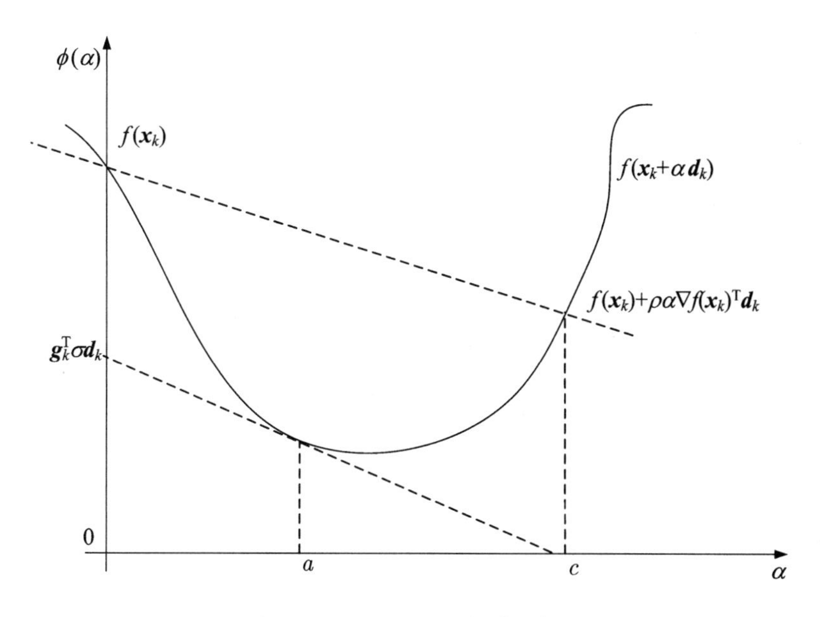

图 2.7　Wolfe-Powell 准则示意图

由于$\varphi'(\alpha_k)\geqslant\sigma\varphi'(0)$，且$\sigma\varphi'(0)<0$，而精确搜索的$\alpha_k$满足$\varphi'(\alpha_k)=0$，所以Wolfe准则实际上是对精确线搜索的近似。即α_k满足如下：

$$\sigma\varphi'(0)\leqslant\varphi'(\alpha_k)<0$$

因此，当$\sigma\to 0$，$\varphi'(\alpha_k)\to 0$时，即真正对精确线搜索的近似，但此时搜索计算量很大，通常$\rho=0.1$，$\sigma\in[0.6,0.8]$。为了实现对精确搜索有效近似，提出了强Wolfe准则，即

$$\varphi(\alpha_k)\leqslant\varphi(0)+\rho\alpha_k\varphi'(0) \tag{2.23}$$

$$|\varphi'(\alpha_k)|\leqslant-\sigma\varphi'(0) \tag{2.24}$$

这样当$\sigma>0$充分小时，可保证式(2.24)变为近似精确线搜索。

Wolfe 准则非精确搜索算法

步骤 1：初始化搜索区间$[a_0,b_0]$，在初始步长搜索区间$[0,\alpha_{\max}]$，确定参数$0<\rho<\frac{1}{2}$，$\sigma\in(\rho,1)$，令$\alpha_1=0$，$\alpha_2=\alpha_{\max}$，计算$\varphi_1=f(\boldsymbol{x}_k)$，$\varphi_1'=g(\boldsymbol{x}_k)^{T}\boldsymbol{d}_k$，取$\alpha\in[0,\alpha_2]$；

步骤 2：计算$\varphi(\alpha)=f(\boldsymbol{x}_k+\alpha\boldsymbol{d}_k)$，若$\varphi(\alpha)-\varphi(\alpha_1)\leqslant\rho\alpha\varphi_1'$，转步骤3；否则由两点插值公式计算$\bar{\alpha}=\alpha_1+(\alpha-\alpha_1)/2\left(1+\frac{\varphi_1-\varphi}{(\lambda-\lambda_1)\varphi_1'}\right)$，令$\alpha_2=\alpha$，$\alpha=\bar{\alpha}$，转步骤3；

步骤 3：计算$\varphi'(\alpha)=\nabla f(\boldsymbol{x}_k+\alpha\boldsymbol{d}_k)^{T}d_k$，若$\varphi'(\alpha)\geqslant\sigma\varphi_1'$，则令$\alpha_k=\alpha$，输出$\alpha_k$，停止迭代；否则，由两点插值公式计算$\bar{\alpha}=\alpha_1+(\alpha-\alpha_1)\varphi'/(\varphi_1'-\varphi')$，令$\alpha_1=\alpha$，$\varphi_1=\varphi$，$\varphi_1'=\varphi'$，$\alpha=\bar{\alpha}$，转步骤2。

2.4 单变量非线性优化 MATLAB 实现

在 MATLAB 优化工具箱中提供了求解一维优化问题的优化函数 fminbnd，其功能是找到固定区间内单变量函数的最小值。其数学模型为

$$\begin{aligned}&\min f(x)\\&\text{s.t. } x_1 < x < x_2\end{aligned} \tag{2.25}$$

fminbnd 函数求解一维优化问题的约束条件只有优化变量的上、下界。在调用该函数时，除非 x_1，x_2 非常接近，否则算法将不会在区间的端点评价目标函数，因而优化变量的限制条件需要指定为开区间 (x_1, x_2)。如果目标函数最小值恰好在端点取得，则 fminbnd 将返回该区间的一个内点，且其与端点的距离不超过 2TolX，其中 TolX 为最优解 x^* 处的误差限。

fminbnd 函数的调用格式为

```
x=fminbnd(fun,x1,x2)
x=fminbnd(fun,x1,x2,options)
[x,fval]=fminbnd(…)
[x,fval,exitflag]=fminbnd(…)
[x,fval,exitflag,output]=fminbnd(…)
```

x 返回目标函数 fun(x)在区间(x1，x2)上的函数极小值对应的最优解；fval 为目标函数 fun(x)在区间(x1，x2)上的函数极小值；exitflag 为终止迭代条件，其取值及说明如表 2.1 所示。

表 2.1 exitflag 值及其含义

exitflag 值	说明
1	表示函数收敛到最优解 x
0	表示达到了函数最大评价次数或迭代的最大次数
−1	表示函数未收敛到最优解 x
−2	表示优化变量输入的区间错误

output 为优化输出信息，其为结构体，其取值及其说明如表 2.2 所示。

表 2.2 output 值及其含义

output 值	说明
iterations	表示算法的迭代次数

续表

output 值	说　　明
funCount	表示函数赋值的次数
algorithm	表示求解问题所用算法
message	算法的终止信息

options 为指定优化参数选项，其优化参数取值及说明如表 2.3 所示。

表 2.3　options 值及其含义

options 值	说　　明
Display	设置为 off 即不显示；设置为 iter 即显示每一次迭代信息；设置为 final 只显示最终结果
MaxFunEvals	函数评价所允许最大迭代次数
MaxIter	函数所允许最大迭代次数
TolX	x 的容忍度

例 2.5　计算

$$\min \sin(x)$$
$$\text{s.t. } 0 \leqslant x \leqslant 2\pi$$

MATLAB 代码：

```
fun=@sin;
x1=0;
x2=2*pi;
options=optimset(' Display','iter');
[x,fval,exitflag,output] = fminbnd(fun,x1,x2,options)
```

MATLAB 求解结果显示

```
Func-count     x          f(x)        Procedure
    1       2.39996     0.67549       initial
    2       3.88322    -0.67549       golden
    3       4.79993    -0.996171      golden
    4       5.08984    -0.929607      parabolic
    5       4.70582    -0.999978      parabolic
    6       4.7118          -1        parabolic
    7       4.71239         -1        parabolic
    8       4.71236         -1        parabolic
    9       4.71242         -1        parabolic
```

```
Optimization terminated:
the current x satisfies the termination criteria using OPTIONS. TolX of
1.000000e-004
x =
    4.7124
fval =
   -1.0000
exitflag =

    1
output =
    iterations: 8
     funcCount: 9
     algorithm: 'golden section search, parabolic interpolation'
       message: 'Optimization terminated:
the current x satisfies the termination criteria using OPTIONS. TolX of
1.000000e-004
```

函数最优解为 $x=4.7124$，最小值为-1；经过 8 次迭代，采用黄金搜索和三次抛物线插值算法一维搜索。

习　　题

1. 利用精确线搜索方法求解下列单谷函数的极小值：

(1) $f(x)=-5x^5+4x^4-12x^3+11x^2-2x+1(x\in[-0.5,0.5])$；

(2) $f(x)=\ln^2(x-2)+\ln^2(10-x)-x^{0.2}(x\in[6,9.9])$；

(3) $f(x)=-3x\sin(0.75x)+e^{-2x}(x\in[0,2\pi])$；

(4) $f(x)=e^{3x}+5e^{-2x}(x\in[0,1])$；

(5) $f(x)=0.2x\ln x+(x-2.3)^2(x\in[0.5,2.5])$。

2. 利用非精确线搜索方法求解下列函数的极小值：

$$\min_{\alpha}\varphi(\alpha)=f(\boldsymbol{x}_0+\alpha\boldsymbol{d}_0)$$

(1) $f(\boldsymbol{x})=0.7x_1^4-8x_1^2+6x_2^2+\cos(x_1x_2)-8x_1$，$\boldsymbol{x}_0=(-\pi,\pi)^{\mathrm{T}}$，$\boldsymbol{d}_0=(1,-1.3)^{\mathrm{T}}$；

(2) $f(\boldsymbol{x})=100\,(x_1^2-x_2)^2+(x_1-1)^2$，$\boldsymbol{x}_0=(-1,1)^{\mathrm{T}}$，$\boldsymbol{d}_0=(1,1)^{\mathrm{T}}$。

第3章　无约束优化算法及其MATLAB实现

本章主要讨论无约束优化问题，其数学模型为$\min\limits_{x\in \mathbf{R}^n} f(\boldsymbol{x})$，其中 $f:\mathbf{R}^n\rightarrow\mathbf{R}$ 为连续二次可微函数，即 $f\in C^2$。

无约束优化问题一般采用迭代方法求解，求解算法主要可分为基于线搜索下降方法和信赖域方法等。其中线搜索方法又分为梯度下降法、最速下降法、牛顿法、拟牛顿法、共轭法等。这些方法主要区别在于搜索方向 $\boldsymbol{d}_k$ 的求解方法不同。本章主要介绍上述基于线搜索下降算法及其 MATLAB 程序实现。

3.1　梯度下降法

3.1.1　算法模型

梯度下降法是法国著名数学家 Cauchy 于 1947 年提出的利用负梯度方向作为搜索方向求解无约束优化问题的方法。函数的负梯度方向是函数值在该点下降最快的方向，将 n 维优化问题转化为一系列沿负梯度方向用一维搜索方法寻优的问题。

假设 $f(\boldsymbol{x})$具有一阶连续偏导数，且具有极小点 $\boldsymbol{x}^*$，将 $f(\boldsymbol{x})$在 $\boldsymbol{x}_{k+1}=\boldsymbol{x}_k+\alpha\boldsymbol{d}_k$ 处一阶 Taylor 展开，即

$$f(\boldsymbol{x}_k+\alpha\boldsymbol{d}_k)=f(\boldsymbol{x}_k)+\alpha\nabla^{\mathrm{T}}f(\boldsymbol{x}_k)\boldsymbol{d}_k+o\|\alpha\boldsymbol{d}_k\|^2 \tag{3.1}$$

我们希望下降最快，故$\nabla^{\mathrm{T}}f(\boldsymbol{x}_k)\boldsymbol{d}_k<0$，并希望$|\nabla^{\mathrm{T}}f(\boldsymbol{x}_k)\boldsymbol{d}_k|$尽可能大。根据 Cauchy-Schwarz 不等式：

$$|\nabla^{\mathrm{T}}f(\boldsymbol{x}_k)\boldsymbol{d}_k|\leqslant\|\nabla f(\boldsymbol{x}_k)\|\cdot\|\boldsymbol{d}_k\| \tag{3.2}$$

当且仅当 $\boldsymbol{d}_k=\pm\nabla f(\boldsymbol{x}_k)$等式成立时，$|\nabla^{\mathrm{T}}f(\boldsymbol{x}_k)\boldsymbol{d}_k|$最大，所以 $\boldsymbol{d}_k=-\nabla f(\boldsymbol{x}_k)$，$\nabla^{\mathrm{T}}f(\boldsymbol{x}_k)\boldsymbol{d}_k$最小，$f$ 下降量最大，因此$-\nabla f(\boldsymbol{x}_k)$是在点 $\boldsymbol{x}_k$ 某个邻域内的下降最快方向。

从第 k 个迭代点 $\boldsymbol{x}_k$ 出发，沿负梯度方向 $\boldsymbol{d}_k=-\nabla f(\boldsymbol{x}_k)$搜索，即在射线上 $\boldsymbol{x}=\boldsymbol{x}_k+\alpha\boldsymbol{d}_k$ 做一维搜索，确定最优步长 α_k，使得

$$\alpha_k = \arg\min_{\alpha} f(\boldsymbol{x}_k + \alpha \boldsymbol{d}_k) \tag{3.3}$$

令 $\boldsymbol{x}_{k+1} = \boldsymbol{x}_k - \alpha_k \nabla f(\boldsymbol{x}_k)$，可得到序列 $\{\boldsymbol{x}_k\}$，当满足一定条件时，该序列收敛于 $f(\boldsymbol{x})$ 的极小点 $\boldsymbol{x}^*$。

线搜索的梯度下降算法

步骤1：初始化，选取有关参数及初始迭代点 $\boldsymbol{x}_0 \in \mathbf{R}^n$，设置容许误差 $0<\varepsilon\ll 1$，$k=0$；

步骤2：检验终止判决准则，计算 $\boldsymbol{g}_k = \nabla f(\boldsymbol{x}_k)$，若 $\|\boldsymbol{g}_k\| \leqslant \varepsilon$，则停止迭代，输出 $\boldsymbol{x}^* = \boldsymbol{x}_k$；若不满足 $\|\boldsymbol{g}_k\| \leqslant \varepsilon$ 则转步骤3；

步骤3：确定下降方向 $\boldsymbol{d}_k = -\boldsymbol{g}_k$，即满足 $\boldsymbol{g}_k^{\mathrm{T}} \boldsymbol{d}_k < 0$；

步骤4：确定步长因子 α_k，可利用“精确线搜索”或者“非精确线搜索”求解；

步骤5：更新迭代点，令 $\boldsymbol{x}_{k+1} = \boldsymbol{x}_k + \alpha_k \boldsymbol{d}_k (k=k+1)$，转步骤1。

上述第4步中选定 α_k 将决定从直线 $\{\boldsymbol{x}_k + \alpha \boldsymbol{d}_k \mid \alpha \in \mathbf{R}_+\}$ 上哪一点开始下一步迭代，因此被称为线搜索。选择 α_k 可以采用精确或者非精确线搜索。

若是精确线搜索，则 α 是通过沿着射线 $\{\boldsymbol{x}_k + \alpha \boldsymbol{d}_k \mid \alpha \in \mathbf{R}_+\}$ 最小化 $f(\boldsymbol{x}_k + \alpha \boldsymbol{d}_k)$ 而确定，即满足

$$\alpha_k = \arg\min_{\alpha \geqslant 0} f(\boldsymbol{x}_k + \alpha \boldsymbol{d}_k) \tag{3.4}$$

3.1.2 回溯直线搜索

由于精确搜索法，容易使得算法搜索很慢收敛，这里介绍一种更加简单有效的方法——回溯直线搜索(Backtracking Line Search)。

该方法是从固定步长开始，设置两个参数 $0<\tau<0.5$，$0<\beta<1$，步长按比例逐渐变小，直到满足停止条件 $f(\boldsymbol{x}+\alpha\Delta\boldsymbol{x}) > f(\boldsymbol{x}) + \tau\alpha \nabla f(\boldsymbol{x}_k)^{\mathrm{T}} \Delta\boldsymbol{x}$。由于 $\Delta\boldsymbol{x}$ 为下降方向，即满足 $\nabla f(\boldsymbol{x}_k)^{\mathrm{T}} \Delta\boldsymbol{x} < 0$，因此只要 α 足够小，就一定满足

$$f(\boldsymbol{x}+\alpha\Delta\boldsymbol{x}) \approx f(\boldsymbol{x}) + \alpha \nabla f(\boldsymbol{x}_k)^{\mathrm{T}} \Delta\boldsymbol{x} < f(\boldsymbol{x}) + \alpha\tau \nabla f(\boldsymbol{x}_k)^{\mathrm{T}} \Delta\boldsymbol{x} \tag{3.5}$$

回溯直线搜索算法

步骤1：给定 f 在 $\boldsymbol{x} \in \mathrm{dom}\, f$ 处的下降方向 $\Delta\boldsymbol{x}$，参数 $\tau \in (0, 0.5)$，$\beta \in (0,1)$，$\alpha := 1$；

步骤2：若 $f(\boldsymbol{x}+\alpha\Delta\boldsymbol{x}) > f(\boldsymbol{x}) + \alpha\tau \nabla f(\boldsymbol{x}_k)^{\mathrm{T}} \Delta\boldsymbol{x}$，令 $\alpha := \alpha\tau$。

3.2　最速下降法

3.2.1　数学模型

我们定义一个标准化最速下降方向(Normalized Steepest Descent Direction),即在单位范数(Unit Norm)步长内能够使目标函数下降最多的方向。

$$\Delta \boldsymbol{x}_{\mathrm{nsd}} = \arg\min\{\nabla^{\mathrm{T}} f(\boldsymbol{x})\boldsymbol{\mu} \mid \|\boldsymbol{\mu}\| = 1\}$$

上述“一个”最速下降方向是因为上述问题可能具有多个最优解。一个规范化的最速下降方向 $\Delta \boldsymbol{x}_{\mathrm{nsd}}$是一个能使 f 的线性近似下降最多的具有单位范数的步长。

也可以表示为非标准化的形式,即

$$\Delta \boldsymbol{x}_{\mathrm{sd}} = \|\nabla f(\boldsymbol{x})\|_* \Delta \boldsymbol{x}_{\mathrm{nsd}}$$

其中符号$\|\cdot\|_*$为对偶范数。

由上式可知,最速下降法的下降方向受到范数的限制,如果这里的范数取欧氏范数(Euclidean Norm),则最速下降法就可以简单地理解为梯度法,即 $\Delta \boldsymbol{x}_{\mathrm{sd}} = -\nabla f(\boldsymbol{x})$。也可以说梯度法是最速下降法使用欧氏范数的特殊情况。

当采用矩阵 2-范数$\|z\|_P = (\boldsymbol{zPz})^{\frac{1}{2}} = \|\boldsymbol{P}^{1/2}\boldsymbol{z}\|_2$ 时,最速下降方向

$$\Delta \boldsymbol{x}_{\mathrm{sd}} = -\boldsymbol{P}^{-1} \nabla f(\boldsymbol{x})$$

即梯度下降法是最速下降法使用欧氏范数的特殊情况。不失一般性,后文提到的最速下降法均是指使用欧氏范数的情况,即梯度下降法,此时梯度下降法与最速下降法等效。

最速下降法算法

步骤 1:初始化,选取有关参数及初始迭代点 $\boldsymbol{x}_0 \in \mathbf{R}^n$,设置容许误差 $0<\varepsilon\ll 1$,$k=0$;

步骤 2:检验终止判决准则,计算 $\boldsymbol{g}_k = \nabla f(\boldsymbol{x}_k)$,若$\|\boldsymbol{g}_k\| \leqslant \varepsilon$,则停止迭代,输出 $\boldsymbol{x}^* = \boldsymbol{x}_k$;若不满足$\|\boldsymbol{g}_k\| \leqslant \varepsilon$ 则转步骤 3;

步骤 3:确定下降方向 $\boldsymbol{d}_k = -\boldsymbol{g}_k$,即满足 $\boldsymbol{g}_k^{\mathrm{T}}\boldsymbol{d}_k < 0$;

步骤 4:确定步长因子 α_k,可利用“精确线搜索”或“非精确线搜索”求解 α_k;

步骤 5:更新迭代点,令 $\boldsymbol{x}_{k+1} = \boldsymbol{x}_k + \alpha_k \boldsymbol{d}_k$($k=k+1$),转步骤 2。

定理 3.1　设矩阵 $\boldsymbol{Q} \in \mathbf{R}^{n\times n}$对称正定矩阵,$\boldsymbol{c} \in \mathbf{R}^n$,记 $\lambda_{\max}$和 $\lambda_{\min}$分别是矩阵 $\boldsymbol{Q}$ 的最大和最小特征值,$k=\lambda_{\max}/\lambda_{\min}$,对于二次函数极小化问题

$$f(\boldsymbol{x}) = \frac{1}{2}\boldsymbol{x}^{\mathrm{T}}\boldsymbol{Q}\boldsymbol{x} + \boldsymbol{c}^{\mathrm{T}}\boldsymbol{x} \tag{3.6}$$

设$\{\boldsymbol{x}_k\}$为精确线搜索的最速下降法产生的点列，α_k为精确搜索步长，即

$$\alpha_k=\frac{\|\nabla f(\boldsymbol{x}_k)\|^2}{\nabla^{\mathrm{T}} f(\boldsymbol{x}_k)\boldsymbol{Q}\,\nabla f(\boldsymbol{x}_k)} \tag{3.7}$$

则对所有的k有，最速下降法关于$\{\boldsymbol{x}_k\}$是$\boldsymbol{Q}$-线性收敛，即

$$\|\boldsymbol{x}_{k+1}-\boldsymbol{x}^*\|_Q\leqslant\left(\frac{k-1}{k+1}\right)\|\boldsymbol{x}_k-\boldsymbol{x}^*\|_Q$$

其中$\boldsymbol{x}^*$是优化问题的唯一解，$\|\boldsymbol{x}\|_Q=(\boldsymbol{x}^{\mathrm{T}}\boldsymbol{Q}\boldsymbol{x})^{1/2}$。

定理3.1指出使用精确线搜索的最速下降法求解二次最优化问题上有$\boldsymbol{Q}$-线性收敛速度。线性收敛速度的常数和矩阵$\boldsymbol{Q}$最大特征值与最小特征值之比有关. 从等高线角度来看，这个比例越大则$f(\boldsymbol{x})$的等高线越扁平，当目标函数的Hessian矩阵条件数较大时，它的收敛速度会非常缓慢。

最速下降法迭代公式$\boldsymbol{x}_{k+1}=\boldsymbol{x}_k+\alpha\boldsymbol{d}_k$，其中搜索方向$\boldsymbol{d}_k=-\boldsymbol{g}_k$，采用精确线搜索求迭代步长$\alpha_k=\arg\min\limits_{\alpha>0} f(\boldsymbol{x}_k+\alpha\boldsymbol{d}_k)$，即对$f(\boldsymbol{x}_k+\alpha\boldsymbol{d}_k)$关于$\alpha$求偏导可得

$$\frac{\partial f(\boldsymbol{x}_k+\lambda\,\boldsymbol{d}_k)}{\partial\alpha}=\nabla^{\mathrm{T}} f(\boldsymbol{x}_k+\alpha\boldsymbol{d}_k)\boldsymbol{d}_k=-\boldsymbol{d}_{k+1}^{\mathrm{T}}\boldsymbol{d}_k=0 \tag{3.8}$$

由于精确的线搜索满足一阶必要条件，即梯度与搜索方向的内积为零，且相邻两次搜索方向是直交的(投影到二维平面就是锯齿形状)，即最优迭代步长使得两次迭代下降方向相互垂直，搜索方向与前一次搜索方向垂直，形成“之”字形锯齿现象。梯度下降法刚开始搜索步长比较大，越靠近极值点，其步长越小，收敛速度越来越慢(至多线性收敛速度)。特别是二维二次目标函数等值线是较为扁的椭圆时，这种缺陷更加明显。

例3.1 采用最速下降法，求解函数$f(x_1,x_2)=\frac{1}{2}x_1^2+x_2^2$的极小值，其中初始点为(1,1)，迭代精度$\varepsilon=0.001$。

解 直接计算得到$\nabla f(\boldsymbol{x})=(x_1,2x_2)^{\mathrm{T}}$，最速下降方向$\boldsymbol{d}=(d_1,d_2)=-\nabla f(\boldsymbol{x})=-(x_1,2x_2)^{\mathrm{T}}$，令

$$\varphi(\alpha)=f(\boldsymbol{x}+\alpha\boldsymbol{d})=\frac{1}{2}(x_1+\alpha d_1)^2+(x_2+\alpha d_2)^2$$

由$\varphi'(\alpha)=0$，可得

$$\alpha=\frac{x_1d_1+2x_2d_2}{d_1^2+2d_2^2}=\frac{x_1^2+4x_2^2}{x_1^2+8x_2^2}$$

则

$$\boldsymbol{x}_{k+1}=\boldsymbol{x}_k-\alpha_k\boldsymbol{d}_k=\boldsymbol{x}_k-\frac{x_{1k}^2+4x_{2k}^2}{x_{1k}^2+8x_{2k}^2}\boldsymbol{g}_k=\left(\frac{4}{t_k^2+8}x_{1k},\frac{t_k^2}{t_k^2+8}x_{2k}\right)^{\mathrm{T}}$$

其中$t_k=|x_{1k}/x_{2k}|$。不难证明，最速下降算法产生的点列如下：

$$\boldsymbol{x}_k=\left(\frac{1}{3}\right)^k\begin{bmatrix}2\\(-1)^k\end{bmatrix}\quad(k=0,1,\cdots)$$

易知$\{\boldsymbol{x}_k\}\to\boldsymbol{x}^*=\boldsymbol{0}$，即算法的点列收敛于问题的解。

最速下降算法

步骤1：初始化$k=0$，ε，选择初始点$\boldsymbol{x}_k$，设$\boldsymbol{g}_k=\nabla f(\boldsymbol{x}_k)$；

步骤2：计算$f(\boldsymbol{x}_k)$，$\boldsymbol{g}_k$，令$\boldsymbol{d}_k=-\boldsymbol{g}_k$；

步骤3：线搜索求解$\alpha_k=\arg\min\limits_{\alpha>0} f(\boldsymbol{x}_k+\alpha\boldsymbol{d}_k)$，$\boldsymbol{x}_{k+1}=\boldsymbol{x}_k+\alpha_k\boldsymbol{d}_k$；

步骤4：若$\|\boldsymbol{g}_{k+1}\|\leqslant\varepsilon$，则停止迭代；否则$k=k+1$，转步骤2。

例3.2　采用最速下降法，求解函数$f(x_1,x_2)=(x_1-1)^2+(x_2-1)^2$的极小值，其中初始点为(0,0)。

解　函数梯度$g(\boldsymbol{x})=\nabla f(\boldsymbol{x})=(2x_1-2,2x_2-2)^{\mathrm{T}}$；$k=0$，$\varepsilon=0.001$；

确定$\boldsymbol{d}_k=-\boldsymbol{g}_k=(2,2)^{\mathrm{T}}$，若$\|\boldsymbol{g}_k\|>\varepsilon$，转入步骤3；

精确线搜索方法求$\alpha_k=\arg\min\limits_{\alpha>0} f(\boldsymbol{x}_k+\alpha\boldsymbol{d}_k)$，可得$\alpha=0.5$；

更新$\boldsymbol{x}_{k+1}=\boldsymbol{x}_k+\alpha\boldsymbol{d}_k$，得到$\boldsymbol{x}_{k+1}=(1,1)^{\mathrm{T}}$，转入步骤2。

当$\boldsymbol{x}_1=(1,1)^{\mathrm{T}}$时$\boldsymbol{g}(\boldsymbol{x}_1)=(0,0)^{\mathrm{T}}$，此时迭代终止，$\boldsymbol{x}^*=\boldsymbol{x}_1=(1,1)^{\mathrm{T}}$。即该函数只需要一步迭代即可求解极小值。

例3.3　采用最速下降法，求解函数$f(x_1,x_2)=x_1^2+2x_2^2-2x_1x_2-2x_2$的极小值，其中初始点为(0,0)。函数的三维图形如图3.1所示。

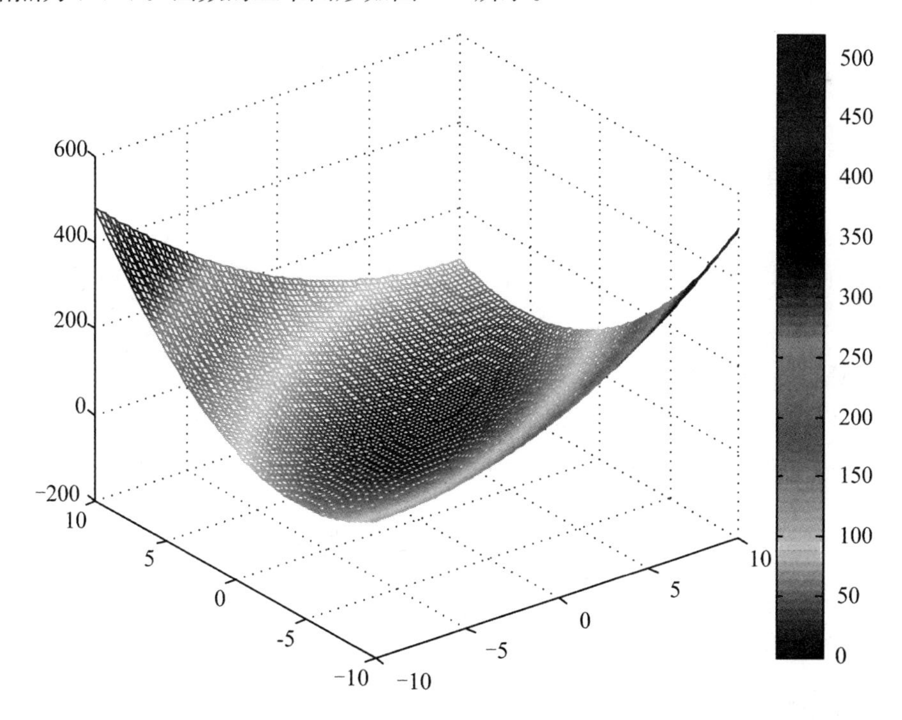

图3.1　函数的三维图形

可以按照如下步骤求解：

梯度 $\boldsymbol{g}(\boldsymbol{x})=\nabla f(\boldsymbol{x})=(2x_1-2x_2,4x_2-2x_1-2)^{\mathrm{T}}$；$k=0$

确定 $\boldsymbol{d}_k=-g(\boldsymbol{x}_k)$，可得 $\boldsymbol{d}_0=(0,2)^{\mathrm{T}}$；

求步长 $\alpha_k=\arg\min\limits_{\alpha>0} f(\boldsymbol{x}_k+\alpha\boldsymbol{d}_k)$，可得 $\alpha=0.25$；

更新 $\boldsymbol{x}_{k+1}=\boldsymbol{x}_k+\alpha\boldsymbol{d}_k$。

经过多次迭代，得到最优点为 $\boldsymbol{x}^*=(1,1)$，其搜索过程如图 3.2 所示。

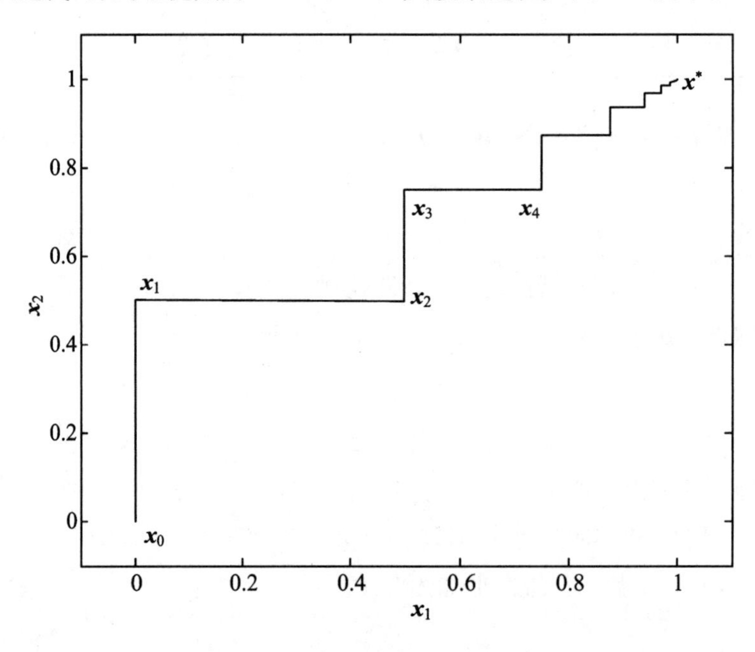

图 3.2　目标函数迭代过程示意图

3.2.2　最速下降法的 MATLAB 实现

```
function [x_opt,f_opt,itertime]=Steepest_Descent_Algorithm(f,x0,var_x,
epsilon)
    %输入:f是目标函数,x0是搜索初始点;var_x:自变量向量
    %     epsilon是自变量容许误差
    %输出:x_opt、f_opt分别是近似极小点和极小值
    %     itertime是迭代次数
    if nargin==3 %输入参数的个数
        epsilon=1.0e-5;
    end
    syms lambda;
```

```
fx=f;
xk=x0;
d_k=1;
grad_fxk=jacobian(fx,var_x);%求梯度方向
k=0;
while norm(d_k)>epsilon
    d_k=subs(-grad_fxk,var_x,xk);
    xk_next=xk+lambda*d_k;
    f_xk_next=subs(fx,var_x,xk_next);
    [xmin,xmax]=Advance_and_Retreat_Method(f_xk_next,0,0.1);%进退法确定区间,从0开始搜索
    [lambda_opt,fykk]=Golden_Selection_Method(f_xk_next,xmin,xmax);%%黄金分割法求解步长
    xk_next=xk+lambda_opt*d_k;%迭代的数据点
    xk=xk_next;%迭代更新
    k=k+1;
end
x_opt=xk_next;%最优值 x*
itertime=k-1;
f_opt=double(subs(f,var_x,x_opt));%最优值 f
```

3.3　牛　顿　法

3.3.1　基本牛顿法

牛顿法是用一个二次函数近似目标函数，然后精确地求出这个二次函数的极小点，以它作为目标函数极小值的近似值。

假设 $f(\boldsymbol{x})$在开集 S 上二阶连续可微，将 $f(\boldsymbol{x})$在 $\boldsymbol{x}_k$ 点进行二阶泰勒展开

$$f(\boldsymbol{x}) = f(\boldsymbol{x}_k) + \boldsymbol{g}(\boldsymbol{x}_k)(\boldsymbol{x}-\boldsymbol{x}_k) + \frac{1}{2}(\boldsymbol{x}-\boldsymbol{x}_k)^{\mathrm{T}} H(\boldsymbol{x}_k)(\boldsymbol{x}-\boldsymbol{x}_k) \tag{3.9}$$

其中 $g(\boldsymbol{x})=\nabla f(\boldsymbol{x})$，$H(\boldsymbol{x})=\nabla^2 f(\boldsymbol{x})$。

当 $H(\boldsymbol{x})$正定时，式(3.9)存在最小值，使得$\nabla f(\boldsymbol{x})=0$，即

$$\nabla f(\boldsymbol{x}) = \boldsymbol{g}(\boldsymbol{x}_k)+ H(\boldsymbol{x}_k)(\boldsymbol{x}-\boldsymbol{x}_k)= 0 \tag{3.10}$$

将 $\boldsymbol{x}=\boldsymbol{x}_{k+1}$带入上式，并结合 $\boldsymbol{g}(\boldsymbol{x}_{k+1})=0$，可得

$$\boldsymbol{x}_{k+1} = \boldsymbol{x}_k - \boldsymbol{H}^{-1}(\boldsymbol{x}_k)\boldsymbol{g}(\boldsymbol{x}_k)= \boldsymbol{x}_k + \delta_k \tag{3.11}$$

其中 $\delta_k=-\boldsymbol{H}^{-1}(\boldsymbol{x}_k)\boldsymbol{g}(\boldsymbol{x}_k)$，即 $\boldsymbol{H}(\boldsymbol{x}_k)\delta_k=-\boldsymbol{g}(\boldsymbol{x}_k)$。

牛顿算法

步骤 1：初始化 $k=0,\varepsilon$，选择初始点 $\boldsymbol{x}_0$；

步骤 2：计算 $\boldsymbol{g}(\boldsymbol{x}_k)$，若$\|\boldsymbol{g}(\boldsymbol{x}_k)\|\leqslant\varepsilon$，则停止迭代，得到 $\boldsymbol{x}^*=\boldsymbol{x}_k$；

步骤 3：计算 $H(\boldsymbol{x}_k)$，求 $\delta_k=-H^{-1}(\boldsymbol{x}_k)g(\boldsymbol{x}_k)$；

步骤 4：更新 $\boldsymbol{x}_{k+1}=\boldsymbol{x}_k+\delta_k(k=k+1)$，转步骤 2。

定理 3.2 设函数 $f(\boldsymbol{x})$有二阶连续偏导数，在局部极小点 $\boldsymbol{x}^*$ 处，$\boldsymbol{H}(\boldsymbol{x})=\nabla^2 f(\boldsymbol{x})$是正定的，且 $\boldsymbol{H}(\boldsymbol{x})$在 $\boldsymbol{x}^*$ 的一个邻域内是 Lipschitz 连续的，如果初始点 $\boldsymbol{x}_0$ 充分靠近 $\boldsymbol{x}^*$，那么对于一切 k，牛顿迭代公式(3.11)是适用的，并当$\{\boldsymbol{x}_k\}$为无穷点列时，其极限为 $\boldsymbol{x}^*$，且收敛至少是二阶的。

由定理 3.2 可知：当初始点离极小点附近时，牛顿迭代法公式产生的序列不仅能够收敛到最优解，而且收敛速度快，尤其是目标函数是正定二次函数时，牛顿法能够一次到达极小点，且具有二次终止性。

牛顿法的主要优点之一是二次收敛性，但该算法要求所有的 k，$\boldsymbol{H}(\boldsymbol{x})=\nabla^2 f(\boldsymbol{x})$是正定的，否则不能保证牛顿方向 $\boldsymbol{g}_k$ 是 f 在 $\boldsymbol{x}_k$ 处是下降方向。因此牛顿基本算法只适用于求解严格凸函数的极小点。为了克服牛顿法的这一缺陷，可采用修正的牛顿法。

3.3.2 修正牛顿法

修正牛顿法的算法原理是用矩阵 $\bar{\boldsymbol{H}}(\boldsymbol{x})=\boldsymbol{H}(\boldsymbol{x})+\beta I$ 代替$\boldsymbol{H}(\boldsymbol{x})$，其中$\beta>0$ 确保 $\boldsymbol{H}(\boldsymbol{x})+\beta\boldsymbol{I}>0$，更新下降方向为 $\boldsymbol{d}_k=-\bar{\boldsymbol{H}}^{-1}(\boldsymbol{x}_k)\boldsymbol{g}_k$。

修正牛顿算法

步骤 1：初始化 $k=0,\varepsilon$，选择初始点 $\boldsymbol{x}_0$；

步骤 2：计算 $\boldsymbol{g}(\boldsymbol{x}_k)$，若$\|\boldsymbol{g}(\boldsymbol{x}_k)\|\leqslant\varepsilon$ 则停止迭代；$\boldsymbol{x}^*=\boldsymbol{x}_k$，否则，解方程组 $\bar{\boldsymbol{H}}(\boldsymbol{x}_k)\boldsymbol{d}+\boldsymbol{g}(\boldsymbol{x}_k)=0$，得到 $\boldsymbol{d}_k$，其中 $\bar{\boldsymbol{H}}(\boldsymbol{x}_k)=\boldsymbol{H}(\boldsymbol{x}_k)+\beta\boldsymbol{I}$；

步骤 3：由线搜索确定步长 α_k；

步骤 4：更新 $\boldsymbol{x}_{k+1}=\boldsymbol{x}_k+\alpha_k\boldsymbol{d}(\boldsymbol{x}_k)(k=k+1)$，转步骤 2。

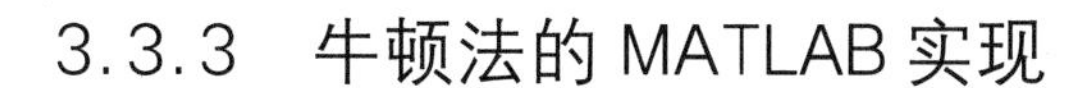

3.3.3 牛顿法的MATLAB实现

```
function[x_opt,f_opt,itertime]=Newton_Algorithm(f,x0,var_x,epsilon)
%输入:f是目标函数,x0是搜索初始点;var_x:自变量向量
%       epsilon是自变量容许误差
%输出:x_opt、f_opt分别是近似极小点和极小值
%        itertime是迭代次数
if nargin==3 %输入参数的个数
    epsilon=1.0e-5;
end
syms lambda;
fx=f;
xk=x0;
d_k=1;
grad_fxk=jacobian(fx,var_x);%求梯度方向
Hessian_matrix=jacobian(jacobian(fx,var_x),var_x);
Hessian_matrix_inv=inv(Hessian_matrix);
k=0;
while norm(d_k)>epsilon
    d_sym=-grad_fxk*Hessian_matrix_inv.';
    d_k=subs(d_sym,var_x,xk);
    xk_next=xk+lambda*d_k;
    f_xk_next=subs(fx,var_x,xk_next);
    [xmin,xmax]=Advance_and_Retreat_Method(f_xk_next,0,0.1);
              %进退法确定区间,从0开始搜索
    [lambda_opt,fykk]=Golden_Selection_Method(f_xk_next,xmin,
        xmax);%%黄金分割法求解步长
    xk_next=xk+lambda_opt*d_k;%迭代的数据点
    xk=xk_next;%迭代更新
    k=k+1;
end
x_opt=xk_next;%最优值x*
itertime=k-1;
f_opt=double(subs(f,var_x,x_opt));%最优值f
```

3.4 拟牛顿法

上一节介绍的牛顿法具有二次收敛性，但当$\boldsymbol{H}(x)=\nabla^2 f(\boldsymbol{x})$不满足正定时，算法产生的方向不能保证$f$在$\boldsymbol{x}_k$处是下降方向。当$\nabla^2 f(\boldsymbol{x}_k)$奇异时，基本牛顿算法可能无解，即牛顿方向可能不存在。修正的牛顿法克服了牛顿法的上述困难，但在修正的牛顿方向中，参数$\beta>0$的选取十分重要。若参数β太小，则相应的修正牛顿方向仍然不能保证f在$\boldsymbol{x}_k$处是下降方向；若参数β过大，则会影响收敛速度。此外牛顿法和修正的牛顿法都需要计算函数f的二阶导数，下面介绍拟牛顿法可克服牛顿法的上述缺点，而且算法在一定的条件下具有较快的收敛速度(超线性收敛速度)。

拟牛顿法的算法原理是在牛顿法中用$\nabla^2 f(\boldsymbol{x}_k)$的某个近似矩阵$\boldsymbol{B}_k$取代$\nabla^2 f(\boldsymbol{x}_k)$，矩阵$\boldsymbol{B}_k$具备应具有下面的三个特点：

(1) 在某种意义下有$\boldsymbol{B}_k\approx\nabla^2 f(\boldsymbol{x}_k)$使相应的算法产生的方向近似于牛顿方向，以确保算法具有较快的收敛速度；

(2) 对所有的k，$\boldsymbol{B}_k$是对称正定矩阵，从而使得算法所产生的搜索方向是函数f在$\boldsymbol{x}_k$处是下降方向；

(3) 矩阵$\boldsymbol{B}_k$更新规则相对比较简单，即通常采用一个秩1或秩2矩阵进行校正。

牛顿法和最速下降法的搜索方向可以统一描述为

$$\boldsymbol{d}_k=-\boldsymbol{S}_k\boldsymbol{g}_k$$

其中$\boldsymbol{d}_k$为下降方向，$\boldsymbol{g}_k=\boldsymbol{g}(\boldsymbol{x}_k)=\nabla f(\boldsymbol{x}_k)$，$\boldsymbol{S}_k$为

$$\boldsymbol{S}_k=\begin{cases}\boldsymbol{I} & \text{(最速下降法)}\\ \boldsymbol{H}_k^{-1} & \text{(牛顿法)}\end{cases}\tag{3.13}$$

3.4.1 DFP算法

DFP校正是第一个拟牛顿校正，是1959年由Davidon提出的，后经Fletcher和Powell解释和改进，故名之为DFP算法，它也是求解无约束优化问题最有效的算法之一，DFP校正公式如下：

$$\boldsymbol{S}_{k+1}=\boldsymbol{S}_k+\frac{\boldsymbol{\delta}_k\boldsymbol{\delta}_k^{\mathrm{T}}}{\boldsymbol{\delta}_k^{\mathrm{T}}\boldsymbol{\gamma}_k}-\frac{\boldsymbol{S}_k\boldsymbol{\gamma}_k\boldsymbol{\gamma}_k^{\mathrm{T}}\boldsymbol{S}_k}{\boldsymbol{\gamma}_k^{\mathrm{T}}\boldsymbol{S}_k\boldsymbol{\gamma}_k}\tag{3.14}$$

其中$\boldsymbol{\delta}_k=\boldsymbol{x}_{k+1}-\boldsymbol{x}_k$，$\boldsymbol{\gamma}_k=\boldsymbol{g}_{k+1}-\boldsymbol{g}_k$，$\boldsymbol{S}_0=\boldsymbol{I}$。

3.4.2　BFGS 算法

BFGS 校正是目前最流行也是最有效的拟牛顿校正，它是由 Broyden、Fletcher、Goldfarb 和 Shanno 在 1970 年各自独立提出的拟牛顿法，故称为 BFGS 算法。类似于 DFP，校正公式如下：

$$\boldsymbol{S}_{k+1}=\boldsymbol{S}_k+\left(1+\frac{\boldsymbol{\gamma}_k^{\mathrm{T}}\boldsymbol{S}_k\boldsymbol{\gamma}_k}{\boldsymbol{\gamma}_k^{\mathrm{T}}\boldsymbol{\delta}_k}\right)\frac{\boldsymbol{\delta}_k\boldsymbol{\delta}_k^{\mathrm{T}}}{\boldsymbol{\gamma}_k^{\mathrm{T}}\boldsymbol{\delta}_k}-\frac{\boldsymbol{\delta}_k\boldsymbol{\gamma}_k^{\mathrm{T}}\boldsymbol{S}_k+\boldsymbol{S}_k\boldsymbol{\gamma}_k\boldsymbol{\delta}_k^{\mathrm{T}}}{\boldsymbol{\gamma}_k^{\mathrm{T}}\boldsymbol{\delta}_k} \tag{3.15}$$

3.4.3　拟牛顿法的 MATLAB 实现

```
function[x_opt,f_opt,itertime]=Quasi_Newton_BFGS_Algorithm(fx,x0,var_x,epsilon)
% BFGS 拟牛顿迭代算法
%输入:f 是目标函数,x0 是搜索初始点;var_x:自变量向量(行向量)
%       epsilon 是自变量容许误差
%输出:x_opt、f_opt 分别是近似极小点和极小值
%       itertime 是迭代次数
if nargin==3 %输入参数的个数
    epsilon=1.0e-5;
end
if size(x0,2)>=size(x0,1)
     x0=transpose(x0);%转换为列向量
end
if size(var_x,2)>=size(var_x,1)
var_x=transpose(var_x);%转换为列向量
end
n=length(var_x);
syms lambda;%迭代步长
S0=eye(n);
grad_fx=transpose(jacobian(fx,var_x));%求梯度方向
grad_fx0=subs(grad_fx,var_x,x0);
p0=-S0*grad_fx0;%迭代方向
k=0;
```

```
    xk=x0;
    pk=p0;
    Sk=S0;
    flag=1;
    while flag
        grad_fxk=subs(grad_fx,var_x,xk);
        if norm(grad_fxk)<=epsilon
            x_opt=xk;%最优值 x*
            break;
        end
        xk_next=xk+lambda*pk;
        f_xk_next=subs(fx,var_x,xk_next);
        [xmin,xmax]=Advance_and_Retreat_Method(f_xk_next,0,0.0001);
                %进退法确定区间,从 0 开始搜索
         [lambda_opt, fykk] = Golden_Selection_Method(f_xk_next, xmin,
              xmax);%%黄金分割法求解最优步长
        xk_next=xk+lambda_opt*pk;%迭代的数据点
        grad_fxk_next=subs(grad_fx,var_x, xk_next);
         if norm(grad_fxk_next)<=epsilon
            x_opt=xk_next;%最优值 x*
            flag=0;
            break;
    %       end
    %     if k==n-1
    %         xk=xk_next;%迭代更新
    %         continue;
        else
            dx=xk_next-xk;
            dgrad_fx=grad_fxk_next-grad_fxk;
    Hk_next=Sk+(1+((dgrad_fx.'*Sk*dgrad_fx)/(dgrad_fx.'*dx)))*(dx
*dx.')/(dx.'*dgrad_fx)…
                        -((dx*dgrad_fx.'*Sk+Sk*dgrad_fx*dx.')/(dgrad_
fx.'*dx);%迭代公式(Hessian 矩阵的逆矩阵)
            pk=-Hk_next*grad_fxk_next;%下降方向更新
```

```
            k=k+1;
            xk=xk_next;
            Sk=Hk_next;
        end
end
itertime=k;
f_opt=double(subs(fx,var_x,x_opt));%最优值 f
format short;
```

DFP 拟牛顿迭代算法

```
function [x_opt,f_opt,itertime]=Quasi_Newton_DFP_Algorithm(fx,x0,var_
    x,epsilon)
% DFP 拟牛顿迭代算法
%输入:f 是目标函数,x0 是搜索初始点;var_x:自变量向量(行向量)
%       epsilon 是自变量容许误差
%输出:x_opt、f_opt 分别是近似极小点和极小值
%           itertime 是迭代次数
if nargin==3 %输入参数的个数
    epsilon=1.0e-5;
end
if size(x0,2)>=size(x0,1)
x0=transpose(x0);%转换为列向量
end
if size(var_x,2)>=size(var_x,1)
        var_x=transpose(var_x);%转换为列向量
end
n=length(var_x);
syms lambda;%迭代步长
S0=eye(n);
grad_fx=transpose(jacobian(fx,var_x));%求梯度方向
grad_fx0=subs(grad_fx,var_x,x0);
p0=-S0*grad_fx0;%迭代方向
k=0;
xk=x0;
```

```
pk=p0;
Sk=S0;
flag=1;
while flag
    grad_fxk=subs(grad_fx,var_x,xk);
    if norm(grad_fxk)<=epsilon
        x_opt=xk;%最优值 x*
        break;
    end
    xk_next=xk+lambda*pk;
    f_xk_next=subs(fx,var_x,xk_next);
    [xmin,xmax]=Advance_and_Retreat_Method(f_xk_next,0,0.0001);
          %进退法确定区间,从 0 开始搜索
     [lambda_opt, fykk] = Golden_Selection_Method (f_xk_next, xmin,
          xmax);%%黄金分割法求解最优步长
    xk_next=xk+lambda_opt*pk;%迭代的数据点
    grad_fxk_next=subs(grad_fx,var_x, xk_next);
     if norm(grad_fxk_next)<=epsilon
        x_opt=xk_next;%最优值 x*
        flag=0;
        break;
%       end
%     if k==n-1
%         xk=xk_next;%迭代更新
%         continue;
    else
        dx=xk_next-xk;
        dgrad_fx=grad_fxk_next-grad_fxk;
Hk_next =Sk+(dx*dx.')/(dx.'*dgrad_fx)-(Sk.'*dgrad_fx*dgrad_fx.
        '*Sk)/(dgrad_fx.'*Sk*dgrad_fx);%迭代公式(Hessian 矩阵的逆
        矩阵)
        pk=-Hk_next*grad_fxk_next;%下降方向更新
        k=k+1;
        xk=xk_next;
```

```
        Sk=Hk_next;
    end
end
itertime=k;
f_opt=double(subs(fx,var_x,x_opt));%最优值 f
format short;
```

3.5　共　轭　法

最速下降法有收敛速度慢、存在锯齿现象问题；而牛顿法要计算 Hessian 矩阵，计算量大，而共轭方向法和共轭梯度下降法是介于最速下降法与牛顿法之间的优化算法，它具有超线性收敛速度的优点，而且算法结构简单，容易编程实现。此外，与最速下降法相类似，共轭梯度下降法只用到了目标函数及其梯度值，避免了二阶导数（Hessian 阵）的计算，从而降低了计算量和存储量，因此它是求解无约束优化问题的一种比较有效实用的算法。

3.5.1　共轭方向法

共轭方向法的算法原理是在求解 n 维正定二次目标函数极小点时产生一组共轭方向作为搜索方向，在精确线搜索条件下算法最多迭代 n 步即能求得极小点。经过适当的修正后共轭方向法可以推广到求解一般非二次目标函数情形。

设矩阵 $\boldsymbol{Q}$ 是 $n\times n$ 对称正定矩阵，即 $\boldsymbol{Q}\in\mathbf{S}_{++}^{n}$，如果 n 维空间中非零向量组 $\boldsymbol{d}_i$，对于所有的 $i\neq j$，均有

$$\boldsymbol{d}_i^{\mathrm{T}}\boldsymbol{Q}\boldsymbol{d}_j=0 \tag{3.16}$$

这称它们是关于 $\boldsymbol{Q}$ 共轭的。

如果方向 $\boldsymbol{d}_0,\boldsymbol{d}_1,\cdots,\boldsymbol{d}_k\in\mathbf{R}^n\ (k\leqslant n-1)$ 非零向量，且关于 $\boldsymbol{Q}$ 共轭，则它们是线性无关的。

针对 n 维正定二次目标函数的最小化问题：

$$f(\boldsymbol{x})=\frac{1}{2}\boldsymbol{x}^{\mathrm{T}}\boldsymbol{Q}\boldsymbol{x}-\boldsymbol{x}^{\mathrm{T}}\boldsymbol{b} \tag{3.17}$$

其中 $\boldsymbol{Q}\in\mathbf{S}_{++}^{n}$，$\boldsymbol{x}\in\mathbf{R}^n$，因此函数 f 有全局极小点，可通过$\dfrac{\partial f(\boldsymbol{x})}{\partial\boldsymbol{x}}=\boldsymbol{Q}\boldsymbol{x}-\boldsymbol{b}=0$ 求得。迭代公式为

$$\boldsymbol{g}_k = \nabla f(\boldsymbol{x}_k) = \boldsymbol{Q}\boldsymbol{x}_k - \boldsymbol{b} \tag{3.18}$$

$$\alpha_k = -\frac{\boldsymbol{g}_k^{\mathrm{T}}\boldsymbol{d}_k}{\boldsymbol{d}_k^{\mathrm{T}}\boldsymbol{Q}\boldsymbol{d}_k} \tag{3.19}$$

$$\boldsymbol{x}_{k+1} = \boldsymbol{x}_k + \alpha_k\boldsymbol{d}_k \tag{3.20}$$

共轭方向算法

步骤 1:初始化 $k=0$,共轭方向 $\boldsymbol{d}_0,\boldsymbol{d}_1,\cdots,\boldsymbol{d}_k \in \mathbf{R}^n$,初始点 $\boldsymbol{x}_0$;

步骤 2:计算 $\boldsymbol{g}_k,\alpha_k$;

步骤 3:更新 $\boldsymbol{x}_{k+1}=\boldsymbol{x}_k+\alpha_k\boldsymbol{d}_k$,计算 $\boldsymbol{x}_{k+1}(k=k+1)$;

步骤 4:重复步骤 2、步骤 3,当 $k=n$ 算法终止迭代。

3.5.2 共轭梯度下降法

共轭梯度下降法不需要预先指定 $\boldsymbol{Q}$ 的共轭方向,而是利用上一个搜索方向与目标函数在当前迭代点的梯度向量之间的线性组合,构造一个新的方向,将其作为 $\boldsymbol{Q}$ 的共轭方向。

针对 n 维正定二次目标函数的最小化问题:

$$f(\boldsymbol{x}) = \frac{1}{2}\boldsymbol{x}^{\mathrm{T}}\boldsymbol{Q}\boldsymbol{x} - \boldsymbol{x}^{\mathrm{T}}\boldsymbol{b} \tag{3.21}$$

其中 $\boldsymbol{Q}\in\mathbf{S}_{++}^n,\boldsymbol{x}\in\mathbf{R}^n$,初始点 $\boldsymbol{x}_0$ 的搜索方向采用梯度下降法的方向,即函数 f 在 $\boldsymbol{x}_0$ 处的负梯度方向,即

$$\boldsymbol{d}_0 = -\boldsymbol{g}_0 \tag{3.22}$$

产生下一个迭代点:

$$\boldsymbol{x}_1 = \boldsymbol{x}_0 + \alpha_0\boldsymbol{d}_0 \tag{3.23}$$

其中步长

$$\alpha_0 = \arg\min_{\alpha\geqslant 0} f(\boldsymbol{x}_0 + \alpha\boldsymbol{d}_0) = -\frac{\boldsymbol{g}_0^{\mathrm{T}}\boldsymbol{g}_0}{\boldsymbol{d}_0^{\mathrm{T}}\boldsymbol{Q}\boldsymbol{d}_0} \tag{3.24}$$

将 $\boldsymbol{d}_{k+1}$ 写成 $\boldsymbol{g}_{k+1}$ 与 $\boldsymbol{d}_k$ 之间线性组合,即

$$\boldsymbol{d}_{k+1} = -\boldsymbol{g}_{k+1} + \beta_k\boldsymbol{d}_k \tag{3.25}$$

其中 $\beta_k=\dfrac{\boldsymbol{g}_{k+1}^{\mathrm{T}}\boldsymbol{Q}\boldsymbol{d}_k}{\boldsymbol{d}_k^{\mathrm{T}}\boldsymbol{Q}\boldsymbol{d}_k}$。

共轭梯度下降算法

步骤 1:初始化 $k=0$,初始点 $\boldsymbol{x}_0$;

步骤 2:计算 $\boldsymbol{g}_0$,若 $\boldsymbol{g}_0=0$,停止迭代,否则令 $\boldsymbol{d}_0=-\boldsymbol{g}_0$;

步骤 3:计算 α_k,$\boldsymbol{x}_{k+1}$,$\boldsymbol{g}_k$,若 $\boldsymbol{g}_k=0$,停止迭代;否则计算 $\boldsymbol{d}_{k+1}(k=k+1)$;

步骤 4:重复步骤 3。

3.5.3　共轭法的 MATLAB 实现

```
function[x_optimization,f_optimization]=Conjugate_Gradient_Method(f,x0,var_x)
format long;
% f:目标函数
% x0:初始点
% var_x:自变量向量
% eps:精度
% x:目标函数取最小值时的自变量值
% minf:目标函数的最小值
if nargin == 3
    epsilon = 1.0e-6;
end
x0 = transpose(x0);                    % 向量或矩阵非共轭转置
n = length(var_x);                     % 向量长度
var_x = transpose(var_x);
syms t;
fx = f;
xk = x0;
k = 0;
grad_fx = jacobian(fx,var_x);          % 梯度
grad_fx0  = subs(grad_fx,var_x,x0);
p0 = -transpose(grad_fx0);
% p0 = grad_fx0;
pk = p0;
```

```
while 1
    grad_fxk = subs(grad_fx,var_x,xk);
    if norm(grad_fxk) <= epsilon
        x_optimization = xk;
        break;
    end
    yk = xk + t * pk;
    fyk = subs(fx,var_x,yk);
    [xmin,xmax] = Advance_and_Retreat_Method(fyk,0,0.1);
            % 进退法确定区间,从0开始搜索
    [tk,fykk] = Golden_Selection_Method(fyk,xmin,xmax);
            % 黄金分割法搜索
    xk_next = xk + tk * pk;
    grad_fxk_next = subs(grad_fxk,var_x,xk_next);
    if norm(grad_fxk_next) <= epsilon
        x_optimization = xk_next;
        break;
    end
    if k + 1 == n
        xk = xk_next;
        continue;   %   continue
    else
        lambdak = (norm(grad_fxk_next))^2/(norm(grad_fxk))^2;
        pk_next = -transpose(grad_fxk_next) + lambdak * pk;
        k = k + 1;
        pk = pk_next;
        xk = xk_next;    % 迭代
    end
end
f_optimization = subs(fx,var_x,x_optimization);
format short;
```

3.6　多维非线性无约束优化 MATLAB 实现

在 MATLAB 优化工具箱中提供了求解多维优化问题的优化函数 fminunc 和 fminsearch。其功能求解多变量非线性优化的最小值。其数学模型为

$$\min f(\boldsymbol{x}) \tag{3.26}$$

fminunc 函数是求解多变量无约束非线性优化问题。

fminunc 函数的调用格式为

```
x=fminunc(fun,x0)
x=fminunc(fun, x0,options)
[x,fval]=fminunc(…)
[x,fval,exitflag]=fminunc(…)
[x,fval,exitflag,output]=fminunc(…)
```

x 返回目标函数 fun(x)，函数极小值对应的最优解；fval 为目标函数 fun(x)的极小值；exitflag 为终止迭代条件，表 3.1 给出了其含义。

表 3.1　exitflag 值及其含义

exitflag 值	说　　明
1	表示函数收敛到最优解 x
2	表示相邻两次迭代点的变化小于预先给定的容忍度
3	搜索方向幅值小于给定的容差或约束违背小于约束容差 TolCon
5	搜索方向变化率小于给定的容差或约束违背小于约束容差 TolCon
0	表示迭代次数超过 option. MaxIter 或者函数值大于 options. FunEvals
−1	表示算法被输出函数终止

output 为优化输出信息，其取值及其说明如表 3.2 所示。

表 3.2　output 值及其含义

output 值	说　　明
iterations	表示算法的迭代次数
funCount	表示函数计算的次数
algorithm	表示求解所用算法
cgiterations	共轭梯度法迭代次数

续表

output 值	说　　明
firstorderopt	一阶最优性度量(无约束条件下解处梯度的无穷范数)
stepsize	最终步长大小
message	算法的终止信息

options 为指定优化参数选项,其优化参数说明如表 3.3 所示。

表 3.3　options 值及其含义

options 值	说　　明
Display	设置为 off 即不显示;设置为 iter 即显示每一次迭代信息;设置为 final 只显示最终结果
MaxFunEvals	函数评价所允许最大迭代次数
MaxIter	函数所允许最大迭代次数
TolX	x 的容忍度
TolFun	函数值处的容忍度
Hessian	用户定义目标函数 Hessian 矩阵
HessUpdate	HessUpdate='bfgs'(默认值)拟牛顿的 BFGS 公式;HessUpdate='dfp' 拟牛顿的 DFP 公式;HessUpdate='steepdesc'最速下降法
MaxPCGiter	共轭梯度法迭代最大次数
LineSearchType	选择线搜索算法
LargeScale	设置为 off 即使用小规模算法;设置为 on 即使用大规模算法

fminunc 函数要求判断目标函数在优化变量处的梯度和 Hessian 矩阵,因此 fminunc 函数仅适用于目标函数为连续的情况,同时 fminunc 只能用来求解优化变量为实数的问题。

fminsearch 函数是求解多变量无约束非线性优化问题,但与 fminunc 函数不同的是其不使用梯度信息,是基于单纯形法求解,且不需要指定搜索区间,而是指定初始点,其寻优过程就是在初始点附近找到局部极小值。fminsearch 函数与 fminbnd 类似,不同之处是 fminsearch 函数解决的是多维函数寻优问题,而且在 fminsearch 中指定的是初始点,而在 fminbnd 中指定的是一个搜索区间。Fminsearch 的寻优过程实际上就是在初始点附近找到最优化问题目标函数的一个局部极致点。

fminsearch 函数的调用格式为

```
x=fminsearch(fun,x0)
x=fminsearch(fun, x0,options)
```

[x,fval]=fminsearch(…)

[x,fval,exitflag]=fminsearch(…)

[x,fval,exitflag,output]=fminsearch(…)

x返回目标函数fun(x),函数极小值对应的最优解;fval为目标函数fun(x)的极小值;exitflag为终止迭代条件,其取值及说明如表3.4所示。

表3.4 exitflag值及其含义

exitflag值	说　　明
1	表示函数收敛到最优解x
0	表示迭代次数超过option. MaxIter或者函数值大于options. FunEvals
−1	表示算法被输出函数终止

output为优化输出信息,其取值及其说明如表3.5所示。

表3.5 output值及其含义

output值	说　　明
iterations	表示算法的迭代次数
funCount	表示函数赋值的次数
algorithm	表示求解所用算法
message	算法的终止信息

options为指定优化参数,其优化参数取值及说明如表3.6所示。

表3.6 options值及其含义

options值	说　　明
Display	设置为off即不显示;设置为iter即显示每一次迭代信息;设置为final只显示最终结果
MaxFunEvals	函数评价所允许最大迭代次数
MaxIter	函数所允许最大迭代次数
TolX	x的容忍度
TolFun	函数值处的容忍度

例3.4 计算min $f(\boldsymbol{x})=3x_1^2+2x_1x_2+x_2^2-4x_1+5x_2$。

MATLAB代码:

```
fx=@(x) x(1)^2+2*x(1)* x(2)+ x(2)^2-4*x(1)+ 5*x(2);
opt=optimset('Display','iter');
[x_opt,f_opt]=fminunc(fx,[1,1],opt)
```

例 3.5 计算min sin(x_1)+sin(x_2)。

MATLAB代码：

```
fx=@(x) sin(x(1))+ sin(x(2));
opt=optimset('Display','iter');
[x_opt,f_opt]=fminsearch(fx,[0,0],opt)
```

例 3.6 计算min $f(x)=100\ (x_2-x_1^2)^2+(1-x_1)^2$。

MATLAB代码：

(1) 利用 fminunc 函数求解(图 3.3 和图 3.4)

```
fun = @(x)(100 * (x(2) - x(1)^2)^2 + (1 - x(1))^2);
options = optimset('OutputFcn',@bananaout,'Display','off');
x0 = [-1.9,2];
[x,fval,eflag,output] = fminunc(fun,x0,options);
title 'Rosenbrock solution via fminunc'
```

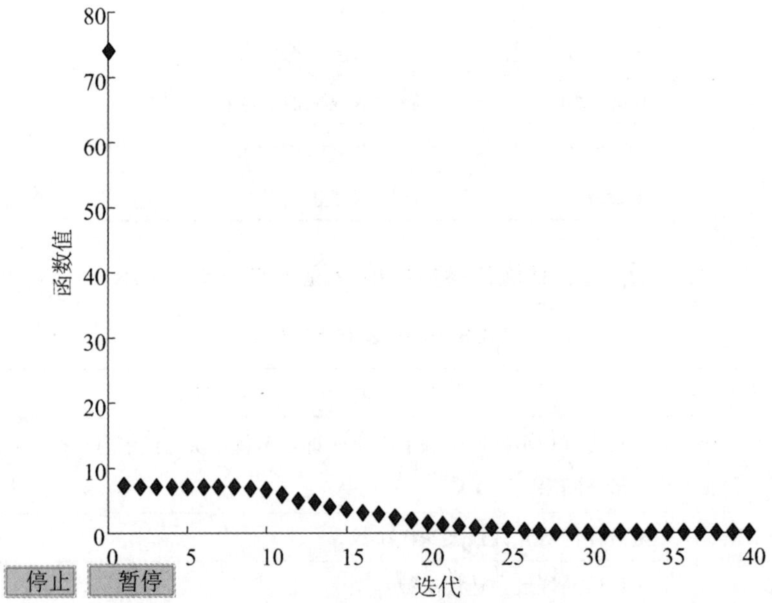

图 3.3 fminunc 函数求解香蕉函数极值的收敛过程

(2) 利用 fminsearch 函数求解(图 3.5 和图 3.6)

```
fun = @(x)(100 * (x(2) - x(1)^2)^2 + (1 - x(1))^2);
options = optimset('OutputFcn',@bananaout,'Display','off');
x0 = [-1.9,2];
[x,fval,eflag,output] = fminsearch(fun,x0,options);
title 'Rosenbrock solution via fminsearch'
```

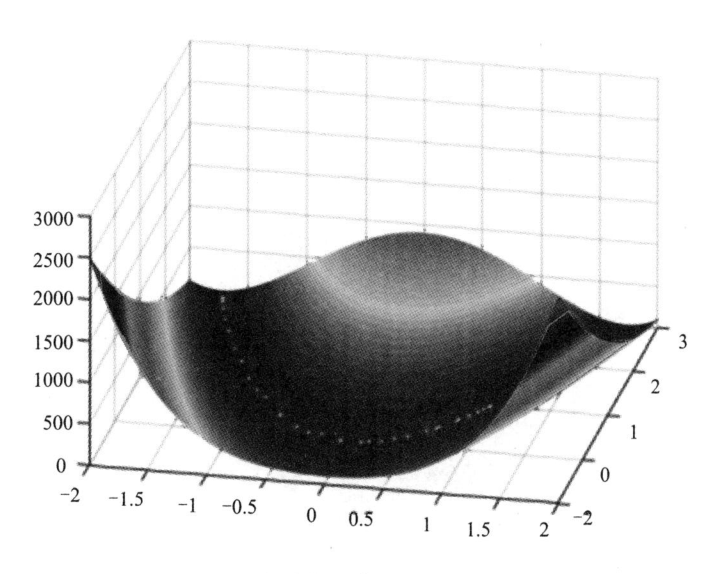

图 3.4　fminunc 函数求解香蕉函数极值的三维图像可视化

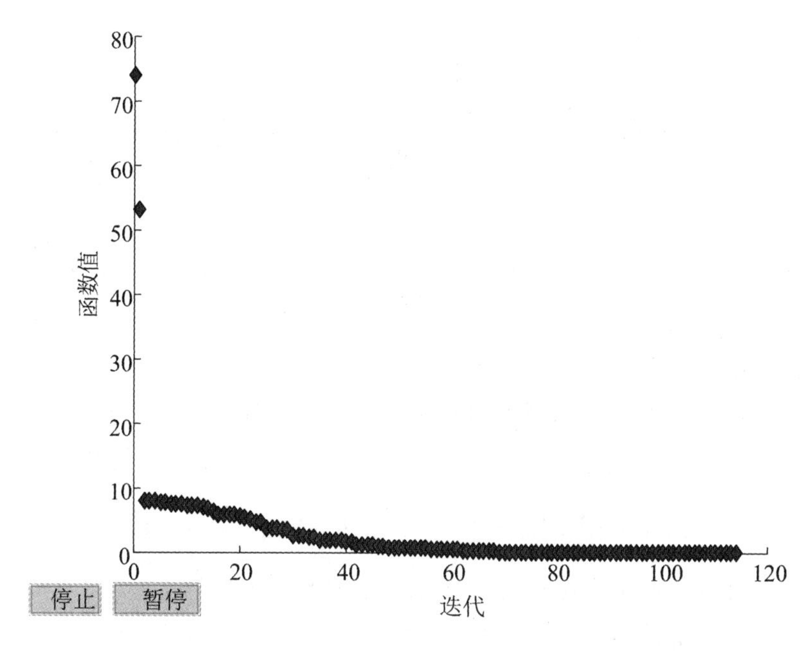

图 3.5　fminsearch 函数求解香蕉函数极值的收敛过程

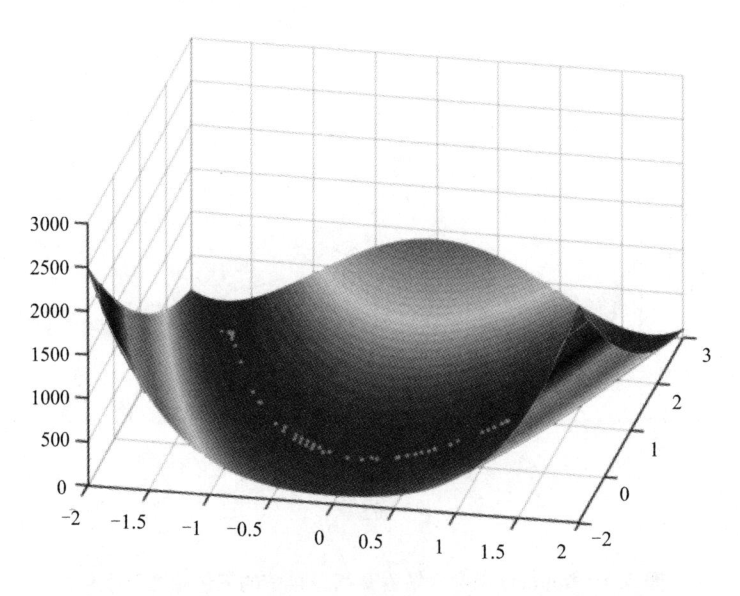

图 3.6 fminsearch 函数求解香蕉函数极值的三维图像可视化

3.7 无约束非线性优化在技术保障阵地选址方面的应用

在军事上技术保障阵地的优化，实质上是一种选址优化问题，即基于各种条件的技术保障阵地对发射阵地保障时的位置优化问题。这一类问题可以描述如下：有 n 个发射阵地或待机阵地需进行装备或导弹技术保障，其坐标为 $(x_j, y_j)(j=1,2,\cdots,n)$，现需选取一个技术阵地，对这 n 个需求点进行装备或技术保障，试确定对 n 个被保障阵地进行保障时总距离或总时间最短的技术保障阵地位置，若只考虑距离因素，则优化模型

$$\min d = \sum_{i=1}^{n} d_i = \sum_{i=1}^{n} \sqrt{(x-x_i)^2+(y-y_i)^2} \tag{3.27}$$

式中 (x, y) 为技术保障阵地坐标；(x_j, y_j) 为发射(待机)阵地坐标。

例 3.7 舰导弹部队有 4 个发射阵地，其坐标分别是：发射阵地 1(2,2)、发射阵地 2(11,3)、发射阵地 3(10,8)、发射阵地 4(4,9)。试设置一个技术保障阵地对 4 个发射阵地进行技术保障，使得技术保障阵地到各发射阵地的总保障距离最短。

解 利用 MATLAB 工具箱 fminunc 函数求解。

构建无约束非线性规划模型：

$$\min d = \sqrt{(x-2)^2+(y-2)^2} + \sqrt{(x-4)^2+(y-9)^2} + \sqrt{(x-11)^2+(y-3)^2} + \sqrt{(x-10)^2+(y-8)^2}$$

MATLAB 解算程序：

```
function [f,g] = myfun(x)
x_i=[2 11 10 4];%发射阵地的 X 轴坐标
y_i=[2 3 8 9];%发射阵地的 Y 轴坐标
f=sqrt((x(1)-x_i(1))^2+(x(2)-y_i(1))^2)+sqrt((x(1)-x_i(2))^2+...
    (x(2)-y_i(2))^2)+sqrt((x(1)-x_i(3))^2+(x(2)-y_i(3))^2)+...
    sqrt((x(1)-x_i(4))^2+(x(2)-y_i(4))^2);% Cost function
if nargout > 1
  g(1)=(x(1)-x_i(1))*((x(1)-x_i(1))^2+(x(2)-y_i(1))^2)^(-0.5)
+...
      (x(1)-x_i(2))*((x(1)-x_i(2))^2+(x(2)-y_i(2))^2)^(-0.5)+...
      (x(1)-x_i(3))*((x(1)-x_i(3))^2+(x(2)-y_i(3))^2)^(-0.5)+...
      (x(1)-x_i(4))*((x(1)-x_i(4))^2+(x(2)-y_i(4))^2)^(-0.5);
  g(2)=(x(2)-y_i(2))*((x(1)-x_i(1))^2+(x(2)-y_i(1))^2)^(-0.5)
+...
      (x(2)-y_i(2))*((x(1)-x_i(2))^2+(x(2)-y_i(2))^2)^(-0.5)+...
      (x(2)-y_i(3))*((x(1)-x_i(3))^2+(x(2)-y_i(3))^2)^(-0.5)+...
      (x(2)-y_i(4))*((x(1)-x_i(4))^2+(x(2)-y_i(4))^2)^(-0.5);
end
clc;clear all;
x0=randn(1,2);
options = optimset('GradObj','off');
[x,fval] = fminunc(@myfun,x0,options)
```

MATLAB工具箱中 fminunc 调用线搜索算法求解，得到技术保障阵地的坐标为(7.4222,6.0667)；技术保障阵地至各发射阵地或待机阵地的总距离 $d=19.2195$。

利用无约束优化中下降迭代算法求解：

迭代法也是求解选址问题的有效解法。设各发射阵地的坐标为$(x_j,y_j)(j=1,2,\cdots,n)$，技术保障阵地的坐标为$(x,y)$；各发射阵地的权重为 $w_i(i=1,2,\cdots,n)$；各发射阵地的需求量为 $c_i(i=1,2,\cdots,n)$，则选址问题的数学模型为

$$\min f=\sum_{i=1}^{n} c_i w_i d_i \tag{3.28}$$

其中 $d_i=\sum_{i=1}^{n}\sqrt{(x-x_i)^2+(y-y_i)^2}$。

对式(3.28)求偏导，令$\frac{\partial f}{\partial x}=0,\frac{\partial f}{\partial y}=0$，可得

$$x=\frac{\sum_{i=1}^{n}c_iw_ix_i/d_i}{\sum_{i=1}^{n}c_iw_i/d_i},\quad y=\frac{\sum_{i=1}^{n}c_iw_iy_i/d_i}{\sum_{i=1}^{n}c_iw_i/d_i} \tag{3.29}$$

迭代法

步骤 1:给定初始解,即 $x_0=\frac{\sum_{i=1}^{n}c_iw_ix_i/d_i}{\sum_{i=1}^{n}c_iw_i/d_i}$,$y_0=\frac{\sum_{i=1}^{n}c_iw_iy_i/d_i}{\sum_{i=1}^{n}c_iw_i/d_i}$,$k=1$;

步骤 2:求得 $d_{i,k}=\sum_{i=1}^{n}\sqrt{(x-x_i)^2+(y-y_i)^2}$;

步骤 3:求得 x_k,y_k;

步骤 4:重复步骤 2、步骤 3,直到满足迭代终止条件,如(x_k,y_k)不再变化或者变化很小,则迭代终止;

步骤 5:最终得到(x,y),此时求得 f。

该算法的 MATLAB 程序如下:

```
function [Ps,Dis,Fs]=IterSearch(x,y,c,w)
if nargin<4
    w=1;
end
if nargin<3
    c=1;
end
x0=sum(c. * w. * x)/sum(c. * w);
y0=sum(c. * w. * y)/sum(c. * w);
d=sqrt((x0-x).^2+(y0-y).^2);
x1=sum(c. * w. * x. /d)/sum(c. * w. /d);
y1=sum(c. * w. * y. /d)/sum(c. * w. /d);
iter=10;
while  abs(x0-x1)> 1e-8 | abs(y0-y1)>1e-8 | iter<1
x0=x1;y0=y1;
d=sqrt((x0-x).^2+(y0-y).^2);
x1=sum(c. * w. * x. /d)/sum(c. * w. /d);
y1=sum(c. * w. * y. /d)/sum(c. * w. /d);
```

```
end
Ps=[x0,y0];
Dis=sum(d);
Fs=sum(c.*w.*d);
iter=iter-1;
end
```

该问题中，由于不考虑各发射阵地的权重和需求量，只考虑距离因素，因此可设置 $c=1$，$w=1$。经过多次迭代，求得技术保障阵地的坐标为(7.4222,6.0667)；技术保障阵地至各发射阵地或待机阵地的总距离 $d=19.2195$；

例 3.8　有 6 个作战编组，其坐标、对导弹的需求量如表 3.7 所示。现需选择技术保障阵地地址，以便对 6 个作战编组进行保障。试求：考虑距离与导弹需求量两个因素的技术保障阵地配置，使得总保障量最小。

表 3.7　作战编组中坐标与导弹的需求量

作战编组	1	2	3	4	5	6
x_i	210	170	160	140	150	120
y_i	210	130	180	290	200	170
需求量(枚)	18	16	18	22	24	12

解　构建无约束非线性规划模型

$$\begin{aligned}\min f=\sum_{i=1}^{n}c_id_i&=18\sqrt{(x-210)^2+(y-210)^2}+16\sqrt{(x-170)^2+(y-130)^2}\\&+18\sqrt{(x-160)^2+(y-180)^2}+22\sqrt{(x-140)^2+(y-290)^2}\\&+24\sqrt{(x-150)^2+(y-200)^2}+12\sqrt{(x-120)^2+(y-170)^2}\end{aligned}\tag{3.30}$$

同理，利用 MATLAB 工具箱中 fminunc 函数求解，可得技术保障阵地的坐标为 $x=150.5164$，$y=199.5864$，技术保障阵地至各发射阵地或待机阵地的总保障成本 $f=5163.3$。

若发射阵地或待机阵地的导弹需求量不同，且其重要性程度不同，即优先保障程度不同，或保障时间要求不同，有些需优先、尽快保障，有些发射阵地的急迫程度则没有那么高，则规划保障阵地位置时，可用以下数学模型：

$$\min f=\sum_{i=1}^{n}a_iw_id_i=\sum_{i=1}^{n}a_iw_i\sqrt{(x-x_i)^2+(y-y_i)^2}\tag{3.31}$$

式中 w_i 为第 j 个发射阵地的权重。

例 3.9　6 个岸舰导弹突击群，其坐标、对导弹的需求量如表 3.8 所示。现需选择技术保障阵地地址，以便对 6 个作战编组进行保障。试求考虑距离、导弹需求量和突击群权重的技术保障阵地配置问题。

表 3.8　作战编组中坐标与导弹的需求量

突击群	1	2	3	4	5	6
x_i	210	170	160	140	150	120
y_i	210	130	180	290	200	170
需求量(枚)	18	16	18	22	24	12
权重	1	3	2	4	5	2

构建无约束非线性规划模型：

$$\begin{aligned}\min f=\sum_{i=1}^{n}c_i d_i &= 18\sqrt{(x-210)^2+(y-210)^2}+48\sqrt{(x-170)^2+(y-130)^2}\\ &\quad +36\sqrt{(x-160)^2+(y-180)^2}+88\sqrt{(x-140)^2+(y-290)^2}\\ &\quad +120\sqrt{(x-150)^2+(y-200)^2}+24\sqrt{(x-120)^2+(y-170)^2}\end{aligned} \tag{3.32}$$

利用 MATLAB 工具箱法或者迭代法，调用 IterSearch 函数可得 $x=150$，$y=200$，总保障成本 $f=14381$。

最远保障距离最小化的技术保障阵地选址优化问题。

为使得导弹技术保障或导弹转运时间不至于太长，有时选择技术保障阵地位置时，会尽量缩短最远距离，即尽量选择一个使所有发射阵地距离都不至于太远的技术保障阵地位置，此时，有以下数学模型：

$$f=\min\max d_i \tag{3.33}$$

其中 $d_i=\sqrt{(x-x_i)^2+(y-y_i)^2}$。

最近保障距离最小问题，又可分为两种情况：一是只考虑保障距离因素，即最远保障距离最小；二是考虑发射阵地保障优先性和导弹需求量的最大保障成本最小。MATLAB 工具箱中的函数 fminimax 可用于求解最远距离最小化的技术保障阵地选址优化问题。

习　题

1. 用梯度下降法求 $f(\boldsymbol{x})=2x_1^2-2x_1x_2+x_2^2+2x_1-2x_2$ 的极小值。

2. 用牛顿法求 $f(\boldsymbol{x})=(x_1^2+x_2^2-1)^2+(x_1+x_2-1)^2$ 的极小值。

3. 用最速下降法和牛顿法求解 Rosenbrock 函数

$$f(\boldsymbol{x})=100\,(x_1^2-x_2)^2+(x_1-1)^2$$

的极小点，初始值为 $\boldsymbol{x}_0=(2\quad -1)^{\mathrm{T}}$。

4. 用最速下降法求 $f(\boldsymbol{x})=-x_2^2\mathrm{e}^{1-x_1^2-20(x_1-x_2)^2}$ 的极小值；

(1) 假定初始点为 $\boldsymbol{x}_0=(0.1\quad 0.1)^{\mathrm{T}}$,迭代误差参数 $\varepsilon=10^{-6}$;

(2) 假定初始点为 $\boldsymbol{x}_0=(0.8\quad 0.1)^{\mathrm{T}}$,迭代误差参数 $\varepsilon=10^{-6}$;

(3) 假定初始点为 $\boldsymbol{x}_0=(1.1\quad 0.1)^{\mathrm{T}}$,迭代误差参数 $\varepsilon=10^{-5}$。

5. 用牛顿法求 $f(\boldsymbol{x})=x_1^3\mathrm{e}^{x_2-x_1^2-10(x_1-x_2)^2}$ 的极小值:

(1) 假定初始点为 $\boldsymbol{x}_0=(-3\quad -3)^{\mathrm{T}}$,迭代误差参数 $\varepsilon=10^{-6}$;

(2) 假定初始点为 $\boldsymbol{x}_0=(3\quad -3)^{\mathrm{T}}$,迭代误差参数 $\varepsilon=10^{-6}$;

(3) 假定初始点为 $\boldsymbol{x}_0=(3\quad 3)^{\mathrm{T}}$,迭代误差参数 $\varepsilon=10^{-6}$;

(4) 假定初始点为 $\boldsymbol{x}_0=(-3\quad 3)^{\mathrm{T}}$,迭代误差参数 $\varepsilon=10^{-6}$。

第4章　约束优化算法及其MATLAB实现

相比无约束最优化问题，约束最优化问题的求解要相对复杂。不但要考虑目标函数，还得考虑约束函数，最优解是由目标函数与可行域共同决定的。本章主要介绍约束优化算法及其MATLAB程序实现。

4.1　数学模型

考虑如下一般形式的约束优化问题：

$$\min_{x\in\mathbf{R}^n} f(\boldsymbol{x})$$
$$\text{s. t.}\begin{cases} h_i(\boldsymbol{x})=0 & (i\in\mathcal{E}) \\ g_i(\boldsymbol{x})\leqslant 0 & (i\in\mathcal{I}) \end{cases} \tag{4.1}$$

假设函数 $f(\boldsymbol{x}),h_i(\boldsymbol{x}),g_j(\boldsymbol{x})$均为光滑实值函数。符号 $\mathcal{E},\mathcal{I}$分别表示等式约束和不等式约束的指标集。可行域可表示为

$$S=\{\boldsymbol{x}\in\mathbf{R}^n\,|\,h_i(\boldsymbol{x})=0\ (i\in\mathcal{E}),g_i(\boldsymbol{x})\leqslant 0(i\in\mathcal{I})\}$$

4.2　罚函数法

罚函数法是解约束优化问题的一个经典方法。罚函数法的基本思想是，根据约束的特点把约束条件转换成某种惩罚函数，从而将约束优化问题的求解转化为一系列无约束优化问题的求解。通过求解无约束优化问题来得到约束优化问题的最优解，这类方法称为序列无约束极小化方法(Sequential Unconstrained Technique)，简称 SUMT 法，它包含外点罚函数法(外点法)、障碍函数法(内点法)、增广拉格朗日乘子法。其中外点罚函数法和障碍函数法统称为罚函数法。

4.2.1 外点罚函数法

(1) 仅等式约束外点罚函数

首先考虑等式约束优化问题,即

$$\begin{aligned}&\min_{x\in \mathbf{R}^n} f(\boldsymbol{x})\\&\text{s. t. } h_i(\boldsymbol{x})=0 \quad (i\in \mathcal{E})\end{aligned} \tag{4.2}$$

构造罚函数

$$p(\boldsymbol{x})=\sum_{i\in \mathcal{E}} h_i^2(\boldsymbol{x}) \tag{4.3}$$

其中 $p(\boldsymbol{x})=0(\boldsymbol{x}\in S)$,$p(\boldsymbol{x})>0(x\notin S)$,该罚函数刻画了约束条件违反的程度,即可行性破坏的程度。

构造无约束优化问题

$$\min_{x\in \mathbf{R}^n} p(\boldsymbol{x},\sigma)=f(\boldsymbol{x})+\sigma p(\boldsymbol{x}) \tag{4.4}$$

其中 σ 为罚参数,一般取正数。罚参数表示惩罚的力度,σ 越大,求最小值表示 $p(\boldsymbol{x})$越接近零。

根据分析,易得

$$\min_{x\in S} f(\boldsymbol{x})=\min_{x\in S}\{f(\boldsymbol{x})+\sigma p(\boldsymbol{x})\}\geqslant \min_{x\in \mathbf{R}^n}\{f(\boldsymbol{x})+\sigma p(\boldsymbol{x})\} \tag{4.5}$$

记 $\theta(\sigma)=\min\limits_{x\in \mathbf{R}^n}\{f(\boldsymbol{x})+\sigma p(\boldsymbol{x})\}$,因此 $\theta(\sigma)$将原问题(P)提供最优解的下界。为便于考察 $\max\limits_{\sigma\in \mathbf{R}}\theta(\sigma)$,取 $\sigma_1<\sigma_2$,易得

$$f(\boldsymbol{x})+\sigma_1 p(\boldsymbol{x})<f(\boldsymbol{x})+\sigma_2 p(\boldsymbol{x})$$

即

$$\theta(\sigma_1)=\min_{x\in \mathbf{R}^n}\{f(\boldsymbol{x})+\sigma_1 p(\boldsymbol{x})\}<\min_{x\in \mathbf{R}^n}\{f(\boldsymbol{x})+\sigma_2 p(\boldsymbol{x})\}=\theta(\sigma_2) \tag{4.6}$$

由此可得 $\theta(\sigma)$是一个关于 σ 的单调递增函数,因此 $\max\limits_{\sigma\in \mathbf{R}}\theta(\sigma)\Leftrightarrow\lim\limits_{\sigma\to\infty}\theta(\sigma)$。

例 4.1 求解下列优化问题:

$$\begin{aligned}&\min_{x\in \mathbf{R}^2} x_1+x_2\\&\text{s. t. } x_2-x_1^2\end{aligned}$$

解 $\min\limits_{x\in \mathbf{R}^2} p(\boldsymbol{x},\sigma)=x_1+x_2+\sigma\,(x_2-x_1^2)^2$。

令$\nabla_x p(\boldsymbol{x},\sigma)=0$,可得

$$\begin{cases}\dfrac{\partial p(\boldsymbol{x},\sigma)}{\partial x_1}=1-4\sigma x_1(x_2-x_1^2)=0\\[2ex]\dfrac{\partial p(\boldsymbol{x},\sigma)}{\partial x_2}=1+2\sigma x_1(x_2-x_1^2)=0\end{cases}\Rightarrow\begin{cases}x_1(\sigma)=-\dfrac{1}{2}\\[2ex]x_2(\sigma)=-\dfrac{1}{4}-\dfrac{1}{2\sigma}\end{cases}$$

若令 $\sigma\to\infty$,则 $\boldsymbol{x}(\sigma)\to\boldsymbol{x}^*=\left(-\dfrac{1}{2},\dfrac{1}{4}\right)^{\mathrm{T}}$,$\boldsymbol{x}^*$ 为可行点,是否为最优解,需进一步判断

无约束优化问题的二阶最优条件。

等式约束罚函数算法

步骤 1:初始化 $\boldsymbol{x}^0$,$\sigma_1 \geqslant 0$,$\varepsilon > 0$,$k:=1$;

步骤 2:以 $\boldsymbol{x}^{k-1}$ 为初始点,求解$\min\limits_{\boldsymbol{x}\in \mathbf{R}^n}\{f(\boldsymbol{x})+\sigma_k p(\boldsymbol{x})\}$ 得到求 $\boldsymbol{x}^k$;

步骤 3:若 $\sigma_k p(\boldsymbol{x}^k) \leqslant \varepsilon$,则停止迭代;

步骤 4:更新 $\sigma_{k+1}(k:=k+1)$,转步骤 2。

σ_{k+1}更新策略主要有两种:一是固定更新:$\sigma_{k+1}=\beta\sigma_k(\beta>1)$;二是取决于问题难度:若问题较容易,则 $\sigma_{k+1}=10\sigma_k$(经验值);反之问题较难解,则 $\sigma_{k+1}=2\sigma_k$。

(2) 仅不等式约束外点罚函数

考虑仅不等式约束优化问题,即

$$\begin{aligned}&\min_{\boldsymbol{x}\in \mathbf{R}^n} f(\boldsymbol{x})\\&\text{s. t. } g_i(\boldsymbol{x}) \leqslant 0 \quad (i \in \mathcal{I})\end{aligned} \tag{4.7}$$

设

$$c_i(\boldsymbol{x}) = \max\{0, g_i(\boldsymbol{x})\} = \begin{cases}0 & (g_i(\boldsymbol{x}) \leqslant 0)\\ g_i(\boldsymbol{x}) & (g_i(\boldsymbol{x}) > 0)\end{cases}$$

构造罚函数

$$p(\boldsymbol{x}) = \sum_{i\in\mathcal{E}} c_i^2(\boldsymbol{x}) \tag{4.8}$$

构造无约束优化问题

$$\min_{\boldsymbol{x}\in \mathbf{R}^n} p(\boldsymbol{x},\sigma) = f(\boldsymbol{x}) + \sigma p(\boldsymbol{x}) \tag{4.9}$$

此时也允许迭代点在可行域之外进行迭代搜索。值得注意的是 $p(\boldsymbol{x},\sigma)$仍然是可导数函数,可以利用梯度类算法求解。算法求解与等式约束类似。

(3) 一般形式约束优化问题的外点罚函数

对于一般形式的约束优化问题,构造罚函数

$$p(\boldsymbol{x}) = \sum_{i\in\mathcal{E}} h_i^{\beta}(\boldsymbol{x}) + \sum_{i\in\mathcal{I}} u_i^{\alpha}(\boldsymbol{x}) \tag{4.10}$$

其中

$$u_i(\boldsymbol{x}) = \max\{0, g_i(\boldsymbol{x})\} = \begin{cases}0 & (g_i(\boldsymbol{x}) \leqslant 0)\\ g_i(\boldsymbol{x}) & (g_i(\boldsymbol{x}) > 0)\end{cases}$$

通常来说,一般取 $\alpha=1$,$\beta=2$。

罚函数 $p(\boldsymbol{x})$满足三个性质:$p(\boldsymbol{x})$为连续函数;对 $\forall\, \boldsymbol{x}\in \mathbf{R}^n$,$p(\boldsymbol{x})\geqslant 0$;若 $\forall\, \boldsymbol{x}\in D$,$p(\boldsymbol{x})=0$。

构造增广目标函数

$$\tilde{f}(\boldsymbol{x},\sigma)=f(\boldsymbol{x})+\sigma p(\boldsymbol{x}) \tag{4.11}$$

式中$\sigma>0$为罚因子。

显然，当$x\in S$时$f(\boldsymbol{x})=\tilde{f}(\boldsymbol{x},\sigma)$，当$\boldsymbol{x}\notin S$时$f(\boldsymbol{x})<\tilde{f}(\boldsymbol{x},\sigma)$，此时目标函数受到额外的惩罚，$\sigma$越大，受到惩罚越严重。当$\sigma$充分大时，要使$\tilde{f}(\boldsymbol{x},\sigma)$达到极小，则罚函数$p(\boldsymbol{x})$应充分小，即$\tilde{f}(\boldsymbol{x},\sigma)$极小点充分逼近可行域$S$，而$\tilde{f}(\boldsymbol{x},\sigma)$的极小值充分逼近$f(\boldsymbol{x})$的极小值。此时约束优化问题可以转化为无约束优化问题，即

$$\min \tilde{f}(x,\sigma_k)=f(\boldsymbol{x})+\sigma_k p(\boldsymbol{x}) \tag{4.12}$$

其中$\sigma_k\in\mathbf{R}_+$，且$\sigma_k\to+\infty$。

一般约束优化问题和等式约束优化问题求解算法相同，只不过构造惩罚函数的方法不同，并且最优解性质和等式约束优化问题相同。

外罚函数法算法
步骤1：初始化$k=1,0<\varepsilon\ll 1,\sigma_1>0,r>1$，初始点$\boldsymbol{x}_0$；
步骤2：求解$\min \tilde{f}(\boldsymbol{x},\sigma_k)$，得到极小点$x_k$；
步骤3：若$\sigma_k p(\boldsymbol{x}^k)\leqslant\varepsilon$，则停止迭代；否则转步骤4；
步骤4：令$\sigma_{k+1}=r\sigma_k(k=k+1)$，转步骤2。

若$\boldsymbol{x}^*$为原约束优化问题的全局极小点，$\boldsymbol{x}_k$为无约束优化问题的全局极小点，则当$\sigma_k\to+\infty$，点列$\{\boldsymbol{x}_k\}$的任意聚点均为原约束优化问题的全局极小点，即算法是收敛到$\boldsymbol{x}^*$。

外罚函数法算法简单，且可以求解等式约束和不等式约束的一般约束优化问题，但也存在如下不足：$\boldsymbol{x}_k$往往不在可行域内，即不是可行解；合适罚因子σ_k的选取比较困难，惩罚项趋近于无穷才能近似最优解逼近真正的最优解，且随着惩罚项增大，海森矩阵趋于病态，在数值迭代过程中易造成不稳定的现象，甚至无法求解；$p(\boldsymbol{x})$一般不可微，因而难以直接使用导数的优化算法，从而收敛速度较慢。

4.2.2　障碍函数法

虽然外罚函数法具有一定优点，但还是有其局限性，特别是迭代过程中的近似最优解一般都在可行域的外部，这对某些目标函数在可行域外没有定义的约束问题就不适用。

为此提出了障碍函数法（内点罚函数法）。其主要思想是迭代中总是从内点出发，并保证在可行域内部搜索；通过引入效用函数的方法将约束优化问题转换为无约束问题，再利用优化迭代过程不断地更新效用函数，以使得算法收敛。内点罚函数法主要用于不等式约束优化问题的求解。

考虑如下不等式约束约束优化问题：

$$\begin{aligned}&\min_{x\in\mathbf{R}^n} f(\boldsymbol{x})\\&\text{s.t. } g_i(\boldsymbol{x})\leqslant 0 \quad (i\in\mathcal{I})\end{aligned} \tag{4.13}$$

假设函数 $f(\boldsymbol{x}),g_i(\boldsymbol{x})$均为连续函数。可行域可表示为

$$D=\{\boldsymbol{x}\in\mathbf{R}^n\,|\,g_i(\boldsymbol{x})\leqslant 0 \quad (i\in\mathcal{I})\}$$

为了保证迭代点始终位于可行域内部，定义障碍函数

$$G(\boldsymbol{x},r)=f(\boldsymbol{x})+rB(\boldsymbol{x}) \tag{4.14}$$

其中 $B(\boldsymbol{x})$是连续函数，当 $\boldsymbol{x}$ 趋向可行域的边界时 $B(\boldsymbol{x})\to+\infty$。

$B(\boldsymbol{x})$主要有两种形式：

$$B(\boldsymbol{x})=\sum_{i=1}^{m}\frac{1}{g_i(x)} \tag{4.15}$$

$$B(\boldsymbol{x})=-\sum_{i=1}^{m}\log g_i(\boldsymbol{x}) \tag{4.16}$$

r 为很小的正数，因此当 x 趋向可行域的边界时 $G(\boldsymbol{x},r)\to+\infty$；若 $\boldsymbol{x}\in\text{int }D$，即 x 在可行域 D 的内部，$G(\boldsymbol{x},r)$趋近于 $f(\boldsymbol{x})$。因此可以通过求解下列问题得到原约束问题的近似解：

$$\begin{aligned}&\min G(\boldsymbol{x},r)\\&\text{s.t. } \boldsymbol{x}\in\text{int }D\end{aligned} \tag{4.17}$$

由于 $B(\boldsymbol{x})$的作用，约束条件 $\boldsymbol{x}\in\text{int }D$ 自动满足，则上式可以当作无约束问题求解。

内点法算法

步骤 1：初始化 $k=1$，$0<\varepsilon\ll 1$，$\beta\in(0,1)$，r_1，初始点 $\boldsymbol{x}_0\in\text{int }D$；

步骤 2：求解$\min G(\boldsymbol{x},r_k)$，得到极小点 $\boldsymbol{x}_k$；

步骤 3：若 $r_kB(\boldsymbol{x}_k)\leqslant\varepsilon$，则停止迭代；否则转步骤 4；

步骤 4：令 $r_{k+1}=\beta r_k(k=k+1)$，转步骤 2。

例 4.2 内点法求解下列优化问题：

$$\min f(\boldsymbol{x})=\frac{1}{12}(x_1+1)^3+x_2$$

$$\text{s.t.}\begin{cases}x_1-1\geqslant 0\\x_2\geqslant 0\end{cases}$$

令 $G(\boldsymbol{x},r_k)=\frac{1}{12}(x_1+1)^3+x_2+r_k\left(\frac{1}{x_1-1}+\frac{1}{x_2}\right)$，则

$$\frac{\partial G(\boldsymbol{x},r_k)}{\partial x_1}=\frac{1}{4}(x_1+1)^2-\frac{r_k}{x_1-1}=0$$

$$\frac{\partial G(\boldsymbol{x},r_k)}{\partial x_2}=1-\frac{r_k}{x_2^2}=0$$

联立两式可得 $\boldsymbol{x}_k=(x_1,x_2)=\left(\sqrt{1+2\sqrt{r_k}},\sqrt{r_k}\right)$。当 $r_k\to 0$ 时，$\boldsymbol{x}_k\to\boldsymbol{x}^*=(1,0)$，其中 $\boldsymbol{x}^*$ 为原问题的最优解。

内点法算法简单，且是收敛的。但随着迭代过程的进行，罚因子将变得越来越小，趋近于 0，使得增广的目标函数的病态性将越来越严重，导致迭代失败，此外要求初始点 $\boldsymbol{x}_0\in\mathrm{int}\,D$ 也是比较困难，且只能处理不等式约束优化问题。

为了解决一般形式的优化问题，考虑结合外函数法和内点法的优点，采用混合函数法，即对等于约束采用“外罚函数”的思想，对不等式约束采用“障碍函数”的思想，构造混合增广目标函数，即

$$H(\boldsymbol{x},\mu)=f(\boldsymbol{x})+\frac{1}{2\mu}\sum_{i\in\mathcal{E}}h_i^2(\boldsymbol{x})+\mu\sum_{i\in\mathcal{I}}\frac{1}{g_i(\boldsymbol{x})}\tag{4.18}$$

或

$$H(\boldsymbol{x},\mu)=f(\boldsymbol{x})+\frac{1}{2\mu}\sum_{i\in\mathcal{E}}h_i^2(\boldsymbol{x})+\mu\sum_{i\in\mathcal{I}}\ln g_i(\boldsymbol{x})\tag{4.19}$$

4.2.3　增广拉格朗日乘子法

乘子法的基本思想是在原问题的拉格朗日函数基础上，再加上适当的罚函数，从而将原问题转化为无约束优化问题。它主要解决了增广矩阵的病态性使无约束优化方法的计算难以迭代计算的问题。

首先考虑等式约束的优化问题。其拉格朗日函数为

$$L(\boldsymbol{x},\lambda)=f(\boldsymbol{x})+\sum_{i\in\mathcal{E}}\lambda_i h_i(\boldsymbol{x})\tag{4.20}$$

其中 λ 为拉格朗日乘子。

增广的目标函数可表示为

$$\begin{aligned}\varphi(\boldsymbol{x},\boldsymbol{\lambda},\sigma)&=L(\boldsymbol{x},\boldsymbol{\lambda})+\frac{\sigma}{2}\sum_{i\in\mathcal{E}}h_i^2(\boldsymbol{x})\\&=f(\boldsymbol{x})+\sum_{i\in\mathbf{E}}\lambda_i h_i(\boldsymbol{x})+\frac{\sigma}{2}\sum_{i\in\mathcal{E}}h_i^2(\boldsymbol{x})\\&=f(\boldsymbol{x})+\boldsymbol{\lambda}^{\mathrm{T}}\boldsymbol{h}(\boldsymbol{x})+\frac{\sigma}{2}\|\boldsymbol{h}(\boldsymbol{x})\|^2\end{aligned}\tag{4.21}$$

其中 $\boldsymbol{\lambda}=(\lambda_1,\lambda_2,\cdots,\lambda_l)^{\mathrm{T}}$，$\boldsymbol{h}=(h_1,h_2,\cdots,h_l)^{\mathrm{T}}$。

由约束优化问题的 KKT 条件，可得 λ 的迭代公式为

$$\lambda_{k+1}=\lambda_{k+1}-\sigma\boldsymbol{h}(\boldsymbol{x}_k)$$

由于 $\boldsymbol{h}(\boldsymbol{x}_k)\to 0$，因此点列 $\{\lambda_k\}$ 是收敛的。

增广拉格朗日乘子算法

步骤 1：初始化 $k=1, 0<\varepsilon\ll 1, \sigma_1>0, 0<\theta<1, r>1, \boldsymbol{x}_0, \lambda_0$；

步骤 2：求解 $\min \varphi(\boldsymbol{x}, \lambda_k, \sigma_k)$，得到极小点 $\boldsymbol{x}_k$；

步骤 3：若 $\|\boldsymbol{h}(\boldsymbol{x}_k)\|\leqslant\varepsilon$，则停止迭代；否则转步骤 4；

步骤 4：令 $\lambda_{k+1}=\lambda_{k+1}-\sigma\boldsymbol{h}(\boldsymbol{x}_k)$，若 $\|\boldsymbol{h}(\boldsymbol{x}_k)\|\geqslant\theta\|\boldsymbol{h}(\boldsymbol{x}_{k-1})\|$，则 $\sigma_{k+1}=r\sigma_k$；否则 $\sigma_{k+1}=\sigma_k(k=k+1)$，转步骤 2。

4.3 可行方向法

可行方向法是一类直接处理约束优化问题的方法，其基本思想是要求每一步迭代产生的搜索方向不仅对目标函数是下降方向的，而且对约束函数来说也是可行方向的，即迭代点总是满足所有的约束条件，这类方法称为可行方向法。

假设在给定一个可行点 $\boldsymbol{x}_k$ 之后，用某种方法确定一个改进的可行方向 $\boldsymbol{d}_k$，然后用沿方向 $\boldsymbol{d}_k$，求解一个有约束的线搜索问题，得到搜索步长的极小点 λ_k。令 $\boldsymbol{x}_{k+1}=\boldsymbol{x}_k+\lambda_k\boldsymbol{d}_k$。若 $\boldsymbol{x}_{k+1}$ 仍不是最优解，则重复上述步骤。

不同的可行方向的主要区别在于，选择可行方向的策略不同，大体上可以分为三类：

利用求解线性规划问题来确定可行方向，如 Zoutendijk 方法、Frank-Wolfe 方法方法和 Topkis-Veinott 方法等；

利用投影矩阵来直接构造一个改进的可行方向，如 Rosen 的梯度投影法和 Rosen-Polak 方法等；

利用既约梯度直接构造一个改进的可行方向，如 Wolfe 的既约梯度法及其改进方法。

这里主要介绍 Zoutendijk 可行方向法、解线性约束问题的投影梯度法和既约梯度法，然后介绍求解少量非线性约束优化问题的广义既约梯度法。

4.3.1 Zoutendijk 可行方向法

可行方向：如果 $\exists\delta>0$，使得对 $\forall\lambda\in(0,\delta)$ 都有 $\boldsymbol{x}+\alpha\boldsymbol{d}\in\Omega$，非零向量 $\boldsymbol{d}$ 称为点 $\boldsymbol{x}\in\Omega$ 的一个可行方向。

可行下降方向：如果 $\exists\delta>0$，使得对 $\forall\alpha\in(0,\delta)$ 都有 $\boldsymbol{x}+\alpha\boldsymbol{d}\in\Omega$，且 $f(x+\alpha d)<f(\boldsymbol{x})$，则非零向量 $\boldsymbol{d}$ 称为点 $\boldsymbol{x}\in\Omega$ 的一个可行下降方向。

设 $\boldsymbol{x}\in\mathbf{R}^n$ 是线性约束优化问题的一个可行解：

$$\min_{\boldsymbol{x}\in\mathbf{R}^n} f(\boldsymbol{x})$$

$$\text{s. t.} \begin{cases}\boldsymbol{Ax}\leqslant \boldsymbol{b}\\ \boldsymbol{Ex}=\boldsymbol{e}\end{cases} \tag{4.22}$$

假定 $\boldsymbol{A}_1\boldsymbol{x}=\boldsymbol{b}_1,\boldsymbol{A}_2\boldsymbol{x}\leqslant\boldsymbol{b}_2$，其中 $\boldsymbol{A}^{\mathrm{T}}=(\boldsymbol{A}_1^{\mathrm{T}},\boldsymbol{A}_2^{\mathrm{T}}),\boldsymbol{b}^{\mathrm{T}}=(\boldsymbol{b}_1^{\mathrm{T}},\boldsymbol{b}_2^{\mathrm{T}})$，矩阵 $\boldsymbol{A}\in\mathbf{R}^{m\times n},\boldsymbol{E}\in\mathbf{R}^{l\times n},\boldsymbol{b}\in\mathbf{R}^n,\boldsymbol{e}\in\mathbf{R}^l$，则非零向量 $\boldsymbol{d}$ 在点 $\boldsymbol{x}$ 处为可行方向，当且仅当 $\boldsymbol{A}_1\boldsymbol{d}\leqslant 0,\boldsymbol{Ed}=0$；如果 $\nabla f^{\mathrm{T}}(\boldsymbol{x})\boldsymbol{d}<0$，则 $\boldsymbol{d}$ 为下降方向。

对于可行方向来说，关键是如何找到可行的下降方向。对于线性约束的优化问题，可以通过求解如下优化问题：

$$\min \nabla f^{\mathrm{T}}(\boldsymbol{x})\boldsymbol{d}$$

$$\text{s. t.} \begin{cases}\boldsymbol{A}_1\boldsymbol{d}\leqslant 0,\boldsymbol{Ed}=0\\ |d_i|\leqslant 1\ (i=1,2,\cdots,n)\end{cases} \tag{4.23}$$

其中 $|d_i|\leqslant 1$ 约束是保证解是有界的。

上述讨论了搜索方向 d 的求解，下面给出迭代步长 α 的上界求解公式。

$$\bar{\alpha}=\begin{cases}\min\left\{\dfrac{\bar{b}_i}{\bar{d}_i}=\dfrac{(\boldsymbol{b}_2-\boldsymbol{A}_2\boldsymbol{x}_k)_i}{(\boldsymbol{A}_2\boldsymbol{d}_k)_i}\right\} & (\bar{d}\ngeqslant 0)\\ +\infty & (\bar{d}\geqslant 0)\end{cases} \tag{4.24}$$

其中 $\bar{b}_i,\bar{d}_i$ 表示向量 $\bar{\boldsymbol{b}}=\boldsymbol{b}_2-\boldsymbol{A}_2\boldsymbol{x}_k,\bar{\boldsymbol{d}}=\boldsymbol{A}_2\boldsymbol{d}_k$ 的第 i 个分量。因此求解(4.23)等价求解

$$\min f(\boldsymbol{x}_k+\alpha\boldsymbol{d}_k)$$

$$\text{s. t. } 0\leqslant\alpha\leqslant\bar{\alpha} \tag{4.25}$$

线性约束的 Zoutendijk 算法

步骤1：给出线性约束的初始可行解 $\boldsymbol{x}_0$，初始化 $k=0$；$0\leqslant\varepsilon\ll 1$；

步骤2：对于可行点 $\boldsymbol{x}_k$，设 $\boldsymbol{A}_1\boldsymbol{x}_k=\boldsymbol{b}_1,\boldsymbol{A}_2\boldsymbol{x}_k\leqslant\boldsymbol{b}_2$，求解问题(4.23)得最优解 $\boldsymbol{d}_k$，若 $|\nabla f^{\mathrm{T}}(\boldsymbol{x}_k)\boldsymbol{d}_k|\leqslant\varepsilon$，则迭代结束，$\boldsymbol{x}_k$ 是 KKT 点，取 $\boldsymbol{x}^*=\boldsymbol{x}_k$；否则转步骤3；

步骤3：求解线搜索问题 $\min f(\boldsymbol{x}_k+\alpha\boldsymbol{d}_k)$，s. t. $0\leqslant\alpha\leqslant\bar{\alpha}$，得到步长 α_k。令 $\boldsymbol{x}_{k+1}=\boldsymbol{x}_k+\alpha_k\boldsymbol{d}_k(k=k+1)$，转步骤2。

下面讨论非线性约束问题。设 $\boldsymbol{x}\in\mathbf{R}^n$ 是非线性约束优化问题的一个可行解：

$$\min f(\boldsymbol{x})$$

$$\text{s. t. } g_i(\boldsymbol{x})\leqslant 0\quad(i=1,2,\cdots,m) \tag{4.26}$$

令 $S=\{\boldsymbol{x}\in\mathbf{R}^n|g_i(\boldsymbol{x})\leqslant 0\ (i=1,2,\cdots,m)\}$，令 $I=\{i|g_i(\boldsymbol{x})=0\}$ 是 $\boldsymbol{x}$ 点的紧约束指标集，设 $f(\boldsymbol{x}),g_i(\boldsymbol{x})\ (i\in I)$ 在点 $\boldsymbol{x}$ 处可微，$g_i(\boldsymbol{x})\ (i\notin I)$ 在点 $\boldsymbol{x}$ 处连续，若 $\nabla f^{\mathrm{T}}(\boldsymbol{x})\boldsymbol{d}<0$，

$\nabla g_i^{\mathrm{T}}(\boldsymbol{x})\boldsymbol{d}<0\ (i\in I)$,则 $\boldsymbol{d}$ 是一个可行下降方向。

对于非线性约束的优化问题,求解下列优化问题找到下降方向 d:

$$\min z$$
$$\text{s. t.} \begin{cases}\nabla f^{\mathrm{T}}(\boldsymbol{x})\boldsymbol{d}-z\leqslant 0\\ \nabla g_i^{\mathrm{T}}(\boldsymbol{x})\boldsymbol{d}<0 \quad (i\in I)\\ |d_i|\leqslant 1 \quad (i=1,2,\cdots,n)\end{cases} \tag{4.27}$$

令$(\bar{z},\bar{\boldsymbol{d}})$是上述优化问题的最优解,易知 $\bar{z}\leqslant 0$。若 $\bar{z}<0$,则 $\bar{\boldsymbol{d}}$ 为改进的可行下降方向,否则可以证明,在一定条件下,$\boldsymbol{x}$ 是 KKT 条件的充要条件为 $\bar{z}=0$。

非线性约束的 Zoutendijk 算法

步骤 1:给出非线性约束的初始可行解 $\boldsymbol{x}_0$,初始化 $k=0$;$0\leqslant\varepsilon_1\ll 1$,$0\leqslant\varepsilon_2\ll 1$;

步骤 2:确定指标集 $I_k=\{i|g_i(\boldsymbol{x}_k)=0\}$;

步骤 3:若 $I_k=\varnothing$,且 $|\nabla f^{\mathrm{T}}(\boldsymbol{x}_k)\boldsymbol{d}_k|\leqslant\varepsilon_1$,计算结束,$\boldsymbol{x}_k$ 是 KKT 点,取 $\boldsymbol{x}^*=\boldsymbol{x}_k$;若 $I_k=\varnothing$,且 $|\nabla f^{\mathrm{T}}(\boldsymbol{x}_k)\boldsymbol{d}_k|>\varepsilon_1$,令 $\boldsymbol{d}_k=-\nabla f(\boldsymbol{x}_k)$,转步骤 5;若 $I_k\neq\varnothing$,转步骤 4;

步骤 4:求解式(4.27)得到$(\bar{z}_k,\bar{\boldsymbol{d}}_k)$,若 $|\bar{z}_k|\leqslant\varepsilon_2$,则计算计算结束,$x_k$ 是 KKT 点;否则令 $\boldsymbol{d}_k=\bar{\boldsymbol{d}}_k$ 转步骤 5;

步骤 5:求解线搜索问题$\min f(\boldsymbol{x}_k+\alpha\boldsymbol{d}_k)$,s. t. $0\leqslant\alpha\leqslant\alpha_{\max}$,其中

$$\alpha_{\max}=\begin{cases}\min\left\{\dfrac{\bar{b}_i}{\bar{d}_i}=\dfrac{(\boldsymbol{b}_2-\boldsymbol{A}_2\boldsymbol{x}_k)_i}{(\boldsymbol{A}_2\boldsymbol{d}_k)_i}\,\middle|\,(\boldsymbol{A}_2\boldsymbol{d}_k)_i<0\right\} & (\boldsymbol{A}_2\boldsymbol{d}_k)<0)\\ +\infty & (\boldsymbol{A}_2\boldsymbol{d}_k)_i\geqslant 0\end{cases};$$

步骤 6:令 $\boldsymbol{x}_{k+1}=\boldsymbol{x}_k+\alpha_k\boldsymbol{d}_k(k=k+1)$,转步骤 2。

4.3.2 梯度投影法

梯度投影法是 Rosen 于 1961 年针对线性约束的优化问题首先提出来的优化算法,1962 年 Rosen 又将该算法推广到非线性约束优化问题。其基本思想是:当迭代点 $\boldsymbol{x}_k$ 在可行域Ω 的内部时,取 $\boldsymbol{d}_k=-\nabla f(\boldsymbol{x}_k)$;当 $\boldsymbol{x}_k$ 在可行域Ω 的边界上时,取$-\nabla f(\boldsymbol{x}_k)$在这些边界面交集上的投影为迭代方向。

定义矩阵 $\boldsymbol{P}\in\mathbf{R}^{n\times n}$ 为投影矩阵,则矩阵 $\boldsymbol{P}$ 满足 $\boldsymbol{P}=\boldsymbol{P}^{\mathrm{T}}$,$\boldsymbol{P}^2=\boldsymbol{P}$。投影矩阵满足以下性质:

(1) $\boldsymbol{P}\in\mathbf{R}^{n\times n}$ 为投影矩阵,则 $\boldsymbol{P}$ 为半正定矩阵 $\boldsymbol{P}\geqslant 0$;

(2) 若 $\boldsymbol{P}\in\mathbf{R}^{n\times n}$ 为投影矩阵,当且仅当 $\boldsymbol{I}-\boldsymbol{P}$ 也是投影矩阵,$\boldsymbol{I}$ 为 n 阶单位阵。

设 $\boldsymbol{x}\in\mathbf{R}^n$ 是线性约束优化问题式(4.22)的一个可行解,假定 $\boldsymbol{A}_1\boldsymbol{x}=\boldsymbol{b}_1,\boldsymbol{A}_2\boldsymbol{x}\leqslant\boldsymbol{b}_2$,其中 $\boldsymbol{A}^{\mathrm{T}}=(\boldsymbol{A}_1^{\mathrm{T}},\boldsymbol{A}_2^{\mathrm{T}}),\boldsymbol{b}^{\mathrm{T}}=(\boldsymbol{b}_1^{\mathrm{T}},\boldsymbol{b}_2^{\mathrm{T}})$。又设矩阵 $\boldsymbol{M}^{\mathrm{T}}=(\boldsymbol{A}_1^{\mathrm{T}},\boldsymbol{E}^{\mathrm{T}})$ 是满秩矩阵,可知 $\boldsymbol{P}=\boldsymbol{I}-\boldsymbol{M}^{\mathrm{T}}\cdot(\boldsymbol{M}\boldsymbol{M}^{\mathrm{T}})^{-1}\boldsymbol{M}$ 为投影矩阵,若 $\boldsymbol{P}\nabla f(\boldsymbol{x})\neq0$,若取 $\boldsymbol{d}=-\boldsymbol{P}\nabla f(\boldsymbol{x})$,则 $\boldsymbol{d}$ 是一个可行下降方向。

若设 $\boldsymbol{w}=-(\boldsymbol{M}\boldsymbol{M}^{\mathrm{T}})^{-1}\boldsymbol{M}\nabla f(\boldsymbol{x}),\boldsymbol{w}^{\mathrm{T}}=(\boldsymbol{u}^{\mathrm{T}},\boldsymbol{v}^{\mathrm{T}})$,设 $\boldsymbol{P}\nabla f(\boldsymbol{x})=0$,则

(1) 若 $\boldsymbol{u}\geqslant0$,则 $\boldsymbol{x}$ 是一个 KKT 点;

(2) 若 $\boldsymbol{u}<0$,令 $\boldsymbol{u}_j$ 是 $\boldsymbol{u}$ 的某个负分量,$\bar{\boldsymbol{M}}^{\mathrm{T}}=(\bar{\boldsymbol{A}}_1^{\mathrm{T}},\boldsymbol{E}^{\mathrm{T}})$,其中 $\bar{\boldsymbol{A}}_1$ 是由 $\boldsymbol{A}_1$ 去掉第 j 行后得到的矩阵,令 $\bar{\boldsymbol{P}}=\boldsymbol{I}-\bar{\boldsymbol{M}}^{\mathrm{T}}(\bar{\boldsymbol{M}}\bar{\boldsymbol{M}}^{\mathrm{T}})^{-1}\bar{\boldsymbol{M}},\boldsymbol{d}=-\bar{\boldsymbol{P}}\nabla f(\boldsymbol{x})$,则 $\boldsymbol{d}$ 是一个可行下降方向。

线性约束问题的 Rosen 梯度投影算法

步骤 1: 给定初始可行解 $\boldsymbol{x}_0$,初始化 $k=0$;

步骤 2: 在 $\boldsymbol{x}_k$ 处确定有效约束 $\boldsymbol{A}_1\boldsymbol{x}_k=\boldsymbol{b}_1$ 和非有效约束,其中 $\boldsymbol{A}^{\mathrm{T}}=(\boldsymbol{A}_1^{\mathrm{T}},\boldsymbol{A}_2^{\mathrm{T}}),\boldsymbol{b}^{\mathrm{T}}=(\boldsymbol{b}_1^{\mathrm{T}},\boldsymbol{b}_2^{\mathrm{T}})$;

步骤 3: 令 $\boldsymbol{M}^{\mathrm{T}}=(\boldsymbol{A}_1^{\mathrm{T}},\boldsymbol{E}^{\mathrm{T}})$,若 $\boldsymbol{M}$ 为空矩阵,则令 $\boldsymbol{P}=\boldsymbol{I}$;否则 $\boldsymbol{P}=\boldsymbol{I}-\boldsymbol{M}^{\mathrm{T}}\cdot(\boldsymbol{M}\boldsymbol{M}^{\mathrm{T}})^{-1}\boldsymbol{M}$;

步骤 4: 计算且 $\boldsymbol{d}_k=-\boldsymbol{P}\nabla f(\boldsymbol{x}_k)$,若 $\boldsymbol{d}_k\neq0$,转步骤 6;否则转步骤 5;

步骤 5: 计算 $\boldsymbol{w}=-(\boldsymbol{M}\boldsymbol{M}^{\mathrm{T}})^{-1}\boldsymbol{M}\nabla f(\boldsymbol{x}),\boldsymbol{w}^{\mathrm{T}}=(\boldsymbol{u}^{\mathrm{T}},\boldsymbol{v}^{\mathrm{T}})$;若 $\boldsymbol{u}\geqslant0$,停止计算,则 $\boldsymbol{x}_k$ 是 KKT 点;否则选取 $\boldsymbol{u}$ 的某个分量,如 $\boldsymbol{u}_j<0$,修正 $\boldsymbol{M}^{\mathrm{T}}=(\bar{\boldsymbol{A}}_1^{\mathrm{T}},\boldsymbol{E}^{\mathrm{T}})$,转步骤 3;

步骤 6: 求解线搜索问题 $\min f(\boldsymbol{x}_k+\alpha\boldsymbol{d}_k)$, s. t. $0\leqslant\alpha\leqslant\alpha_{\max}$, $\alpha_{\max}=\max\{\alpha\,|\,\boldsymbol{x}_k+\alpha_k\boldsymbol{d}_k\in S\}$;令 $\boldsymbol{x}_{k+1}=\boldsymbol{x}_k+\alpha_k\boldsymbol{d}_k(k=k+1)$,转步骤 2。

4.3.3　既约梯度法

1963 年 Wolfe 将线性规划的单纯形法推广到具有非线性目标函数的问题,提出了产生可行下降方向的另外一类方法,称为既约梯度法(Reduced Gradient Method)。

该方法的基本思想是:利用约束条件将问题中某些变量用其他的一组独立变量来表示,从而使问题的维数降低;利用既约梯度,直接构造一个改进的可行方向,然后沿着此方向进行线搜索,从而求得一个新的迭代点,这样一步步逼近原问题的最优解。

设 $x\in\mathbf{R}^n$ 是线性约束优化问题,

$$\min_{\boldsymbol{x}\in\mathbf{R}^n} f(\boldsymbol{x})$$
$$\text{s. t.}\begin{cases}\boldsymbol{A}\boldsymbol{x}=\boldsymbol{b}\\ \boldsymbol{x}\geqslant0\end{cases}\tag{4.28}$$

其中矩阵 $\boldsymbol{A}\in\mathbf{R}^{m\times n}(m\leqslant n)$，$\boldsymbol{b}\in\mathbf{R}^{n}$。

假设问题(4.28)的约束为非退化的，且 $\mathrm{rank}(\boldsymbol{A})=m$，令

$$\boldsymbol{A}=(\boldsymbol{B},\boldsymbol{N}),\quad \boldsymbol{x}=\begin{pmatrix}\boldsymbol{x_B}\\ \boldsymbol{x_N}\end{pmatrix}$$

其中 $\boldsymbol{B}$ 为基矩阵，$\boldsymbol{N}$ 为非基矩阵，$\boldsymbol{x}_B$，$\boldsymbol{x}_N$ 分别为基变量列和非基变量列。则式(4.28)可以转化为

$$\min_{x\in\mathbf{R}^n} f(\boldsymbol{x}_B,\boldsymbol{x}_N)$$
$$\text{s.t.}\begin{cases}\boldsymbol{Bx_B}+\boldsymbol{Nx_N}=\boldsymbol{b}\\ \boldsymbol{x_B}\geqslant 0,\boldsymbol{x_N}\geqslant 0\end{cases}\tag{4.29}$$

利用 $\boldsymbol{Bx_B}+\boldsymbol{Nx_N}=\boldsymbol{b}$，求得 $\boldsymbol{x_B}=\boldsymbol{B}^{-1}\boldsymbol{b}-\boldsymbol{B}^{-1}\boldsymbol{Nx_N}$，则式(4.29)可以简化为

$$\min_{x\in\mathbf{R}^n} f(\boldsymbol{x_B},\boldsymbol{x_N})$$
$$\text{s.t.}\begin{cases}\boldsymbol{x_B}=\boldsymbol{B}^{-1}\boldsymbol{b}-\boldsymbol{B}^{-1}\boldsymbol{Nx_N}\\ \boldsymbol{x_N}\geqslant 0\end{cases}\tag{4.30}$$

这是一个 $n-m$ 维问题，而且除变量非负约束外，没有其他约束，因此问题比原问题是较低维的简单问题。$f(\boldsymbol{x})$可以写成关于 $\boldsymbol{x_N}$ 的函数，即

$$f(\boldsymbol{x})=f(\boldsymbol{x_B},\boldsymbol{x_N})=f(\boldsymbol{B}^{-1}\boldsymbol{b}-\boldsymbol{B}^{-1}\boldsymbol{Nx_N},\boldsymbol{x_N})\triangleq F(\boldsymbol{x_N})$$

$F(\boldsymbol{x_N})$的梯度为 $f(\boldsymbol{x})$的既约梯度，记为 $\boldsymbol{r}(\boldsymbol{x_N})$，可表示为

$$\begin{aligned}\boldsymbol{r}(\boldsymbol{x_N})&=\nabla_{x_N}F(\boldsymbol{x_N})=\nabla_{x_N}f(\boldsymbol{B}^{-1}\boldsymbol{b}-\boldsymbol{B}^{-1}\boldsymbol{Nx_N},\boldsymbol{x_N})\\&=\nabla_{x_N}f(\boldsymbol{x_B},\boldsymbol{x_N})-(-1)^{\mathrm{T}}\nabla_{x_B}f(\boldsymbol{x}_B,\boldsymbol{x}_N)\end{aligned}$$

根据可行下降方向的充要条件，约束优化问题可简化为

$$\min \nabla f^{\mathrm{T}}(\boldsymbol{x})\boldsymbol{d}$$
$$\text{s.t.}\begin{cases}\boldsymbol{A}_1\boldsymbol{d}\leqslant 0,\boldsymbol{Ed}=0\\ |d_i|\leqslant 1\quad(i=1,2,\cdots,n)\end{cases}\tag{4.31}$$

4.4　多维非线性约束优化 MATLAB 实现

在 MATLAB 优化工具箱中提供了求解多维优化问题的优化函数 fmincon 和 fminsearch。其功能是求解多变量非线性优化的最小值。其数学模型为

$$
\min f(\boldsymbol{x})
$$
$$
\text{s. t.}\begin{cases} c(\boldsymbol{x}) \leqslant 0 \\ c_{\mathrm{eq}}(\boldsymbol{x}) = 0 \\ \boldsymbol{A}\boldsymbol{x} \leqslant \boldsymbol{b} \\ \boldsymbol{A}_{\mathrm{eq}}\boldsymbol{x} = \boldsymbol{b}_{\mathrm{eq}} \\ \boldsymbol{lb} \leqslant \boldsymbol{x} \leqslant \boldsymbol{ub} \end{cases} \tag{4.32}
$$

fmincon 函数是求解约束非线性优化问题。

fmincon 函数的调用格式为：

x=fmincon(fun,x0,A,b,Aeq,beq,lb,ub)

x=fmincon(fun, x0, A,b,Aeq,beq,lb,ub ,options)

[x,fval]=fmincon(…)

[x,fval,exitflag]=fmincon(…)

[x,fval,exitflag,output]=fmincon(…)

x 返回目标函数 fun(x)函数极小值对应的最优解；fval 为目标函数 fun(x)极小值；exitflag 为终止迭代条件，其取值及说明如表 4.1 所示。

表 4.1 exitflag 值及其含义

exitflag 值	说　　　明
0	表示迭代次数超过 option. MaxIter 或者函数值大于 options. FunEvals
1	表示已满足一阶最优性条件
2	表示相邻两次迭代点的变化小于预先给定的容忍度
3	搜索目标函数值相邻两次迭代点处的变化小于预先给定的容忍度
4	搜索方向幅值小于给定的容差或约束违背小于约束容差 TolCon
5	搜索方向变化率小于给定的容差或约束违背小于约束容差 TolCon
−1	表示算法被输出函数终止
−2	表示该优化问题没有可行解
−3	表示所求解的线性规划问题是无界的

output 为优化输出信息，其取值及其说明如表 4.2 所示。

表 4.2 output 值及其含义

output 值	说　　　明
iterations	表示算法的迭代次数
funCount	表示函数计算的次数
Is length	线性搜索步长与方向

续表

output 值	说　　明
constrviolation	最大约束
size	算法在最后一步所选的步长
algorithm	表示求解所用算法
cgiterations	共轭梯度法迭代次数
firstorderopt	一阶最优性度量(无约束条件解处梯度无穷范数)
size	最终步长大小
message	算法的终止信息

options 为指定优化参数选项,其取值及说明如表 4.3 所示。

表 4.3　options 值及其含义

options 值	说　　明
GradConstr	用户定义的非线性约束函数。当设置为 on 时,返回 4 个输出;设置为 off 时,即为非线性约束的梯度估计误差
GradObj	用户定义的目标函数梯度。对于大规模问题为必选项,对于中小规模问题为可选项
Display	设置为 off 即不显示;设置为 iter 即显示每一次迭代信息;设置为 final 只显示最终结果
MaxFunEvals	函数评价所允许最大迭代次数
MaxIter	函数所允许最大迭代次数
OutputFcn	在每次迭代中指定一个或多个用户定义的目标优化函数
TolX	x 的容忍度
TolFun	函数值处的容忍度
TypicalX	典型 x 值(大规模算法)

lambdaw 为输出各个约束所对应的拉格朗日乘子,其取值及说明如表 4.4 所示。

表 4.4　lambda 值及其含义

lambda 值	说　　明
lower	表示下界约束对应的拉格朗日乘子向量
upper	表示上界约束对应的拉格朗日乘子向量
ineqlin	表示不等式约束对应的拉格朗日乘子向量
eqlin	表示等式约束对应的拉格朗日乘子向量

续表

lambda 值	说　　明
ineqnonlin	表示非线性不等式约束对应的拉格朗日乘子向量
eqnonlin	表示非线性等式约束对应的拉格朗日乘子向量

例 4.3 求解有约束优化问题

$$\min f(\boldsymbol{x}) = x_1^2 + x_2^2 - x_1x_2 + \frac{1}{30}x_1^3$$

$$\text{s.t.}\begin{cases} x_1 + 0.5x_2 \geqslant 0.4 \\ 0.5x_1 + x_2 \geqslant 0.5 \\ x_1 \geqslant 0, x_2 \geqslant 0 \end{cases}$$

首先编写目标函数的 M 文件 mufun. m：

```
function f=myfun(x)
f=0.4*x(2)+x(1)^2+x(2)^2-x(1)*x(2)+1/30*x(1)^3;
end
```

最后调用 fmincon 函数求解：

```
clc;clear all
% 利用 fmincon 函数求解约束优化问题
x0=[0.5;0.5];%初始值
A=[-1 -0.5;-0.5 -1];%线性不等式系数矩阵
b=[-0.4 ;-0.5];%线性不等式常数
lb=[0;0];
option=optimset;
option.LargeScale='off';
option.Display='off';
[x_val,f_val]=fmincon('myfun',x0,A,b,[],[],lb,[],[],option)
x_val =
    0.3396
    0.3302
f_val =
      0.2456
```

例 4.4 求解有约束优化问题：

$$\min f(\boldsymbol{x}) = 1 - x_1^2 + x_2^2 - 2x_1x_2 - 3x_2 + e^{-x_1-x_2} + e^{x_1}$$

$$\text{s.t.}\ \ x_1^2 + x_2^2 = 5$$

首先编写目标函数的 M 文件 mufun. m：

```
function f=myfun(x)
f=0.4*x(2)+x(1)^2+x(2)^2-x(1)*x(2)+1/30*x(1)^3;
end
```

其次编写非线性约束的 M 文件 nonlinecon.m：

```
function [c,ceq] = nonlinecon(x)
c = [];
ceq = x(1)^2 + x(2)^2 - 5;
end
```

最后调用 fmincon 函数求解：

```
clc;clear all
% 利用fmincon函数求解约束优化问题
x0=[1;1];%初始值
A = [];%线性不等式约束矩阵
b = [];%线性不等式约束常数
Aeq = [];%线性等式约束矩阵
beq = [];%线性等式约束常数
lb = [];%变量的下限
ub = [];%变量的上限
nonlcon = @nonlinecon;%非线性约束
option=optimset;
option.LargeScale='off';
option.Display='off';
[x_val,f_val]=fmincon('myfun',x0,A,b,Aeq,beq,lb,ub,nonlcon,option)
x_val =
    1.4419
    1.7091
f_val =
    -3.9425
```

4.5 约束非线性规划在军事中的典型运用

相对来说，军事领域的大多数优化问题属于有约束优化，因此，其应用范围相当广

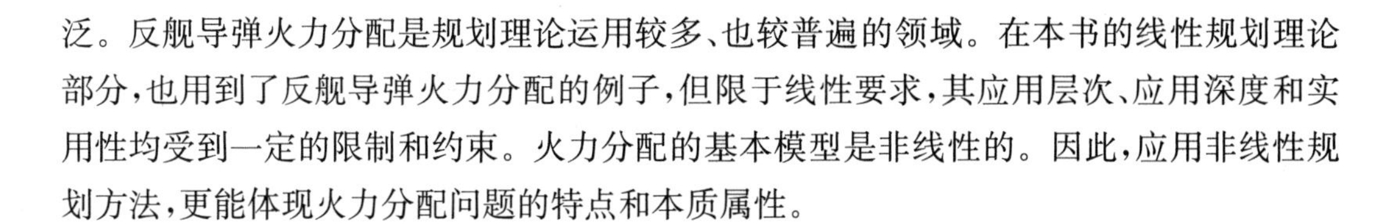

泛。反舰导弹火力分配是规划理论运用较多、也较普遍的领域。在本书的线性规划理论部分,也用到了反舰导弹火力分配的例子,但限于线性要求,其应用层次、应用深度和实用性均受到一定的限制和约束。火力分配的基本模型是非线性的。因此,应用非线性规划方法,更能体现火力分配问题的特点和本质属性。

4.5.1　反舰导弹火力分配问题

这一类问题可以描述如下:有 m 种反舰导弹,其数量分别为 $b_i(i=1,2,\cdots,m)$, n 个目标。第 i 种反舰导弹对第 j 个目标的毁伤概率为 p_{ij},则毁伤目标期望数最大的非线性规划模型为

$$\max z=\sum_{j=1}^{n}\left(1-\prod_{i=1}^{n}(1-p_{ij})^{x_{ij}}\right)$$

$$\text{s.t.}\begin{cases}\sum\limits_{j=1}^{n}x_{ij}\leqslant b_i & (i=1,2,\cdots,m)\\ x_{ij}\in\mathbf{N} & (i=1,2,\cdots,m;j=1,2,\cdots,n)\end{cases}\tag{4.33}$$

式中 m 为反舰导弹类型数;n 为标种类数;x_{ij} 为分配给第 j 个目标的第 i 种反舰导弹的数量;p_{ij} 为第 i 种反舰导弹对第 j 个目标的单发毁伤概率;b_i 为第 i 种反舰导弹的数量。

例 4.5　现有 3 种反舰导弹,4 个不同类型的目标。3 种反舰导弹的数量、不同反舰导弹对不同目标的毁伤概率,如表 4.5 所示。试求毁伤目标期望数最大的火力分配方案。

表 4.5　不同反舰导弹对不同类型目标的毁伤概率

导弹类型	目标 A	目标 B	目标 C	目标 D	导弹数量(枚)
导弹 A	0.27	0.21	0.28	0.22	4
导弹 B	0.29	0.22	0.22	0.26	6
导弹 C	0.26	0.28	0.23	0.20	8

解　设对第 j 个目标分配的第 i 种导弹的数量为 x_{ij},则

$$\begin{aligned}\max z=&1-(1-0.27)^{x_{11}}(1-0.29)^{x_{21}}(1-0.26)^{x_{31}}\\&+1-(1-0.21)^{x_{12}}(1-0.22)^{x_{22}}(1-0.28)^{x_{32}}\\&+1-(1-0.28)^{x_{13}}(1-0.22)^{x_{23}}(1-0.23)^{x_{33}}\\&+1-(1-0.22)^{x_{14}}(1-0.26)^{x_{24}}(1-0.20)^{x_{34}}\end{aligned}$$

$$\text{s.t.}\begin{cases}x_{11}+x_{12}+x_{13}+x_{14}\leqslant 4\\ x_{21}+x_{22}+x_{23}+x_{24}\leqslant 6\\ x_{31}+x_{32}+x_{33}+x_{34}\leqslant 8\\ x_{11}+x_{12}+x_{13}+x_{14}\leqslant 4\\ x_{ij}\in\mathbf{N}\end{cases}$$

若对敌编队中的某些目标,要求毁伤概率不小于某一指标值,则优化模型应为

$$\max z = \sum_{j=1}^{n}(1-\prod_{i=1}^{n}(1-p_{ij})^{x_{ij}})$$

$$\text{s. t}\begin{cases}\sum_{j=1}^{n}\leqslant b_i & (i=1,2,\cdots,n)\\ 1-\prod_{i=1}^{n}(1-p_{ij})^{x_{ij}}\geqslant p_j & (j=1,2,\cdots,n)\\ x_{ij}\in\mathbf{N} & (i=1,2,\cdots,m;j=1,2,\cdots,n)\end{cases}\tag{4.34}$$

在例 4.5 中,要求对第二个目标的毁伤概率不小于 0.85,则约束条件为

$$\text{s. t.}\begin{cases}x_{11}+x_{12}+x_{13}+x_{14}\leqslant 4\\ x_{21}+x_{22}+x_{23}+x_{24}\leqslant 6\\ x_{31}+x_{32}+x_{33}+x_{34}\leqslant 8\\ x_{11}+x_{12}+x_{13}+x_{14}\leqslant 4\\ 1-(1-0.21)^{x_{12}}(1-0.22)^{x_{22}}(1-0.28)^{x_{32}}\geqslant 0.85\\ x_{ij}\in\mathbf{N}\end{cases}$$

优化条件增加非线性约束部分,第二个目标的毁伤概率 $p_2=0.8607$,此时火力分配问题有唯一最优解。

4.5.2 空中飞行器无源定位问题

对于空中飞行器,在其飞行过程中很容易接收到太空卫星的信号。现在考虑通过测量飞行器与地球同步卫星的方向角来实现空中飞行器的自定位。不妨设空中飞行器 P 同时能接收到多颗同步卫星的信号,为了方便检测与同步卫星的方向角,在空中飞行器上固定安装了两个相互垂直的测向阵列,通过测量空中飞行器测向阵列方向 $\boldsymbol{d}_1$ 和 $\boldsymbol{d}_2$ 与多颗地球同步卫星的夹角 α 和 β,建立数学模型对空中飞行器进行定位。表 4.6 给出了 9 颗同步卫星的数据,试确定空中飞行器 P 的位置参数。

表 4.6 某时刻空中飞行器检测到地球同步卫星的相关数据

卫星编号	经度(°)	α_i(°)	β_i(°)
1	E76	21.33	69.25
2	E89	35.82	54.63
3	E110	60.73	29.81
4	E125	79.24	11.99
5	E130	85.46	6.95

续表

卫星编号	经度(°)	α_i(°)	β_i(°)
6	E136	92.91	5.99
7	E142	100.32	11.58
8	E163	125.58	36.04
9	E172	135.93	46.34

首先以地球中心为坐标原点，以东经0°为x轴，东经90°为y轴，垂直赤道平面方向为z轴建立球心坐标系，z轴指向北半球，在球心坐标系下，设空中飞行器P的空间坐标记为(x,y,z)，不妨设它同时能接收到N颗同步卫星的信号，其N颗同步卫星空间坐标分别记为$(x_i,y_i,z_i)(i=1,2,\cdots,N)$。为了方便检测飞行器与同步卫星的方向角，在空中飞行器上固定安装了两个相互垂直的测向阵列，它们的指向分别为$\boldsymbol{d}_1=(d_{1x},d_{1y},d_{1z})$和$\boldsymbol{d}_2=(d_{2x},d_{2y},d_{2z})$。

根据题意，可以建立如下优化模型：

$$\min f=\sum_{i=1}^{N}(\alpha-\alpha_{mi})^2+\sum_{i=1}^{N}(\beta_i-\beta_{mi})^2$$

$$\text{s. t.}\begin{cases}\alpha_i=\arccos\dfrac{(x_i-x)d_{1x}+(y_i-y)d_{1y}+(z_i-z)d_{1z}}{\sqrt{(x_i-x)^2+(y_i-y)^2+(z_i-z)^2}\cdot\sqrt{d_{1x}^2+d_{1y}^2+d_{1z}^2}}\\ \beta_i=\arccos\dfrac{(x_i-x)d_{2x}+(y_i-y)d_{2y}+(z_i-z)d_{2z}}{\sqrt{(x_i-x)^2+(y_i-y)^2+(z_i-z)^2}\cdot\sqrt{d_{2x}^2+d_{2y}^2+d_{2z}^2}}\\ d_{1x}d_{2x}+d_{1y}d_{2y}+d_{1z}d_{2z}=0\\ x^2+y^2+z^2>0\end{cases}\tag{4.35}$$

这是一个非线性优化模型，可以利用MATLAB软件包编程求解。

习　　题

1. 求解如下约束优化问题：

(1) $\min f(\boldsymbol{x})=x_1^2+x_2^2-14x_1-6x_2$

$$\text{s. t.}\begin{cases}2-x_1-x_2\geqslant0\\3-x_1-x_2\geqslant0\end{cases};$$

(2) $\min f(\boldsymbol{x})=x_1^2+x_2^2$

$$\text{s. t.}\begin{cases}2x_1+x_2-\leqslant0\\1-x_1\leqslant0\end{cases};$$

(3) $\min f(\boldsymbol{x})=1-x_1^2+x_2^2-2x_1x_2-3x_2+e^{-x_1-x_2}+e^{x_1}$

s. t. $x_1^2+x_2^2-5=0$；

(4) $\min f(\boldsymbol{x})=x_1^2+x_2^2+2x_1x_2+2x_1+6x_2+\mathrm{e}^{-x_1-x_2}$

s. t. $\begin{cases}2-x_1-x_2\geqslant 0\\ x_1\quad 0, x_2\quad 0\end{cases}$。

2. 有3种反舰导弹，4个不同类型的目标。3种反舰导弹的数量、不同反舰导弹对不同目标的毁伤概率，如下表所示。试求毁伤目标期望数最大的火力分配方案。

导弹类型	目标A	目标B	目标C	目标D	导弹数量(枚)
导弹A	0.37	0.31	0.23	0.24	5
导弹B	0.19	0.32	0.25	0.29	6
导弹C	0.36	0.23	0.33	0.40	7

3. 有6个岸舰导弹发射阵地，其坐标如下表所示。1个技术保障分队，按其保障能力，只能保障6个岸舰导弹发射阵地中的4个阵地。试确定技术保障阵地的坐标，以使其保障距离最短。

坐标	阵地1	阵地2	阵地3	阵地4	阵地5	阵地6
X坐标	2	7	5	13	21	30
Y坐标	2	15	11	20	25	27

第5章　线性规划算法及其MATLAB实现

线性规划(Linear Programming,LP)泛指研究线性约束条件下线性目标函数的极值问题的最优化理论与方法及应用,是最优化理论中非常重要的一类优化问题,它在形式上是最简单且最具广泛应用的数学优化问题。线性规划在经济管理、金融、军事、交通运输、工业等领域有着广泛的应用,为合理地利用有限的人力、物力、财力等资源做出最优决策,提供科学的方法。

线性规划起源于第二次世界大战军事作战的需求,是现代数学优化的起源和标志。第二次世界大战期间,美、英、德军队中成立了运筹学研究小组,开展了护航舰队保护商船的编队问题和当船队遭受德国潜艇攻击时,如何使船队损失最小问题的研究。线性规划这一概念是在同军事行动计划有关的实践中产生的。1947年在美国海军工作的数学家Dantzig提出求解线性规划的单纯形法,为解决美国和盟军军事问题以及赢得战争最后的胜利做出了巨大贡献,同时奠定了线性规划这门学科的基础。同在1947年,20世纪非常重要的数学家冯·诺依曼提出了线性规划的对偶理论,开创了线性规划的许多新的研究领域,扩大了它的应用范围和解题能力。1950年后学者们对线性规划进行了大量的理论研究,并涌现出一大批新的算法。例如,1954年Lemarechal提出了对偶单纯形法,1954年Shetty等解决了线性规划的灵敏度分析和参数规划问题,1956年Tucker提出了互补松弛定理,1960年Dantzig和Wolfe提出了分解算法等。1979年苏联科学家L. G. Khachiyan提出了解线性规划问题的椭球算法,并证明它是多项式时间算法。1984年美国贝尔电话实验室的印度科学家Karmarkar提出了解线性规划问题的新的多项式时间算法,用这种方法求解变量个数为5000的线性规划问题时所用时间为单纯形法所用时间的1/50,现已形成线性规划多项式算法理论。

5.1　线性规划问题

所有军事活动,从本质上说,都是运用一定的作战资源达成一定作战目的的活动,是对作战资源(包括兵力、武器装备等)的运用方式和运用过程。一般情况下,作战资源和作战效果是相互矛盾的。军事活动中，经常会遇到这样两类问题：一是如何以有限的作战资源去达到最大的作战效果；二是如何以最少的作战资源或最小的代价去完成一项作战任务。第一类问题，资源是确定的、有限的，作战效果是未知量，通常作为目标函数；第二类问题，作战任务是确定的，资源是未知的，通常把资源的最小化作为目标函数。

例 5.1　以有限的作战资源达到最大的作战效果。在对某类地面目标的突击中，可以使用轰炸机和歼轰机两种飞机。轰炸机最大挂载量为 8 枚制导导弹，而歼轰机可以同时挂载 2 枚制导导弹和 2 组火箭。两种飞机的数量、制导炸弹和火箭的数量、杀伤力指数如表 5.1、表 5.2 所示。问：如何编组才能使突击编队对地面目标的杀伤力指数最大？

表 5.1　对地面目标空中突击的参数

飞机类型	现有数量(架)	出动数量(架)	制导炸弹挂载量(枚)	火箭弹挂载量(组)
轰炸机	12	x_1	8	0
歼轰机	30	x_2	2	2

表 5.2　武器装备参数

装备类型	杀伤力指数	现有数量
制导炸弹	40	130 枚
火箭	25	50 组

解　设 x_1, x_2 分别为轰炸机和歼轰机的规划出动数量，则

$$\max f(\boldsymbol{x}) = (40 \times 8)x_1 + (40 \times 2 + 25 \times 2)x_2$$

$$\text{s.t.} \begin{cases} 8x_1 + 2x_2 \leqslant 130 \\ 2x_1 \leqslant 50 \\ x_1 \leqslant 12 \\ x_2 \leqslant 30 \\ x_1, x_2 \in \mathbf{N} \end{cases} \tag{5.1}$$

模型中：第一行表示使对地面目标的杀伤力指数最大；第二行表示突击编队挂载的制导炸弹的数量不能超过 130 枚；第三行表示突击编队挂载的火箭的数量不能超过 50 组；第四行表示轰炸机的出动数量不能超过 12 架；第五行表示歼轰机的出动数量不能超过 30 架；第六行表示轰炸机和歼轰机的规划数量为非负整数。

这就是原问题的数学模型。它将原问题用数学语言完全表达出来了。

例 5.2　以最小的代价完成既定任务。在航空兵对岸上目标突击中，可以选择使用轰炸机和歼轰机两种飞机。轰炸机对面状目标的突击效果较好，而歼轰机对点状目标的突击效果较好，且其战损率低于轰炸机。根据任务要求，对任务规则中点状目标和面状

目标的杀伤力指数均不得小于5000突击参数，各项数据如表5.3所示。问：如何编组突击编队才能使兵力损失最小？

表5.3　对岸上目标空中突击参数

飞机类型	现有数量(架)	出动数量(架)	战损率	点状目标杀伤力指数	面状目标杀伤力指数
轰炸机	12	x_1	0.12	60	190
歼轰机	30	x_2	0.07	160	70

解　设 x_1,x_2 分别表示轰炸机和歼轰机的规划出动数量，则

$$\min f(\boldsymbol{x}) = 0.12x_1 + 0.07x_2$$

$$\text{s.t.}\begin{cases}60x_1 + 160x_2 \geqslant 5000\\190x_1 + 700x_2 \geqslant 5000\\x_1,x_2 \in \mathbf{N}\end{cases} \tag{5.2}$$

模型中：第一行表示要使飞机损失的期望架数达到最小；第二行表示整个编队对点状目标的杀伤力指数不小于5000；第三行表示整个编队对面状目标的杀伤力总指数不小于5000；第四行表示轰炸机和歼轰机的规划数量为非负整数。

5.2　线性规划模型

通过上面的两个例子可以看出这一类问题的特征：

(1) 求一组未知变量(决策变量)以便使得某线性函数(目标函数)达到最大或最小；

(2) 这些决策变量需满足一定的线性条件(约束条件)；

(3) 决策变量通常有非负或非负整数约束；

(4) 目标函数为线性函数，约束条件为线性等式或不等式。

5.2.1　线性规划模型的一般形式

线性规划模型的一般形式为

$$\max(\text{或}\min) f(\boldsymbol{x}) = c_1x_1 + c_2x_2 + \cdots + c_nx_n$$

$$\text{s. t.} \begin{cases} a_{11}x_1 + a_{12}x_2 + \cdots + a_{1n}x_n \leqslant (=, \geqslant) b_1 \\ a_{21}x_1 + a_{22}x_2 + \cdots + a_{2n}x_n \leqslant (=, \geqslant) b_2 \\ \cdots\cdots \\ a_{m1}x_1 + a_{m2}x_2 + \cdots + a_{mn}x_n \leqslant (=, \geqslant) b_m \\ x_1, x_2, \cdots, x_q \geqslant 0 \\ x_{q+1}, \cdots, x_n \geqslant (\leqslant) 0 \end{cases} \tag{5.3}$$

5.2.2 线性规划模型的标准形式

线性规划模型的标准形式规定为目标函数为求最小值、约束条件全为线性等式、决策变量满足非负条件，如式(5.4)。

$$\min f(\boldsymbol{x}) = c_1x_1 + c_2x_2 + \cdots + c_nx_n$$

$$\text{s. t.} \begin{cases} a_{11}x_1 + a_{12}x_2 + \cdots + a_{1n}x_n = b_1 \\ a_{21}x_1 + a_{22}x_2 + \cdots + a_{2n}x_n = b_2 \\ \cdots\cdots \\ a_{m1}x_1 + a_{m2}x_2 + \cdots + a_{mn}x_n = b_m \\ x_1, x_2, \cdots, x_n \geqslant 0 \end{cases} \tag{5.4}$$

上述模型可以简写为

$$\min f(\boldsymbol{x}) = \sum_{j=1}^{n} c_jx_j$$

$$\text{s. t.} \begin{cases} \sum_{j=1}^{n} a_{ij}x_j = b_i \quad (i = 1,2,\cdots,m) \\ x_j \geqslant 0 \qquad\qquad (j = 1,2,\cdots,n) \end{cases} \tag{5.5}$$

若令 $\boldsymbol{x}=(x_1,x_2,\cdots,x_n)^{\mathrm{T}}\in\mathbf{R}^n$ 为决策变量，$\boldsymbol{c}=(c_1,c_2,\cdots,c_n)^{\mathrm{T}}\in\mathbf{R}^n$ 为给定的 n 维向量，$\boldsymbol{A}(a_{ij})_{m\times n}\in\mathbf{R}^{n\times m}$ 为给定的 $m\times n$ 矩阵。$\boldsymbol{b}=(b_1,b_2,\cdots,b_m)^{\mathrm{T}}\in\mathbf{R}^m$ 为给定 m 维向量，$\mathbf{R}_+^n=\{\boldsymbol{x}\subset\mathbf{R}^n \mid \boldsymbol{x}\geqslant 0\}$。则线性规划问题的标准型可写为

$$\min \boldsymbol{c}^{\mathrm{T}}\boldsymbol{x}$$

$$\text{s. t.} \begin{cases} \boldsymbol{Ax} = \boldsymbol{b} \\ \boldsymbol{x} \in \mathbf{R}_+^n \end{cases} \tag{5.6}$$

若将 $\boldsymbol{c}$ 看成单位费用组成的向量，$\boldsymbol{A}$ 为单位材料的消耗矩阵，$\boldsymbol{b}$ 为各项材料的给定量，则线性规划模型描述了在材料资源限定的条件下如何选取决策变量 $\boldsymbol{x}$ 使得花费最小这样一类应用问题。

满足约束条件的点 $\boldsymbol{x}=(x_1,x_2,\cdots,x_n)^{\mathrm{T}}$称为可行解；所有可行解构成的集合为可行

解集；使目标函数达到最小值（最大值）的可行解称为最优解。

在可行解集非空情况下，不失一般性，标准模型中可以假设 $\boldsymbol{A}$ 的行向量线性无关，即 $\mathrm{rank}(\boldsymbol{A})=m(m<n)$，即约束系数矩阵 $\boldsymbol{A}$ 是行满秩的（否则可以通过消元法去掉多余的方程，且不改变可行解集合）；同时 $\boldsymbol{b}$ 是非负向量（否则，可以相应地在等式约束两端同乘以 -1）。

5.2.3　一般线性规划问题的标准化

任何一个线性规划问题都可以化成标准型。

（1）目标函数标准化

$$\max f(\boldsymbol{x})=\boldsymbol{c}^{\mathrm{T}}\boldsymbol{x}=-\min f(-\boldsymbol{c}^{\mathrm{T}}\boldsymbol{x}) \tag{5.7}$$

（2）约束条件标准化

假设约束条件中有不等式约束

$$a_{i1}x_1+a_{i2}x_2+\cdots+a_{in}x_n\leqslant b_i \tag{5.8}$$

或

$$a_{i1}x_1+a_{i2}x_2+\cdots+a_{in}x_n\geqslant b_i \tag{5.9}$$

引入新变量 x_{n+1}，x_{n+2}（称为松弛变量），则以上两式等价于

$$a_{i1}x_1+a_{i2}x_2+\cdots+a_{in}x_n+x_{n+1}=b_i\quad(x_{n+1}\geqslant 0) \tag{5.10}$$

或

$$a_{i1}x_1+a_{i2}x_2+\cdots+a_{in}x_n-x_{n+2}=b_i\quad(x_{n+2}\geqslant 0) \tag{5.11}$$

（3）自由变量的标准化

若 x_i 为自由变量（即没有非负性要求的变量），可引入两个非负变量 x_i' 和 x_i''，令 $x_i=x_i'-x_i''$。

5.3　线性规划问题的解

给出线性规划问题的标准形式模型

$$\min f(\boldsymbol{x})=\boldsymbol{c}^{\mathrm{T}}\boldsymbol{x}$$
$$\text{s.t.}\begin{cases}\boldsymbol{Ax}=\boldsymbol{b}\\ \boldsymbol{x}\geqslant 0\end{cases} \tag{5.12}$$

定义　线性规划问题系数矩阵 $\boldsymbol{A}(\mathrm{rank}(\boldsymbol{A})=m)$ 的一个 $m\times m$ 阶非奇异子矩阵称为线性规划问题的一组基；即线性规划问题的基是由矩阵 $\boldsymbol{A}$ 的 m 个线性无关列组成的子矩

阵。构成子矩阵的列称为基向量，与基向量对应的变量称为基变量，除基变量以外，变量称为非基变量。

不失一般性，假定设 $\boldsymbol{A}$ 的前 m 列是线性无关的，构成非奇异矩阵 $\boldsymbol{B}$，即 $\boldsymbol{A}=[\boldsymbol{B}\quad \boldsymbol{N}]$，矩阵 $\boldsymbol{N}$ 是矩阵 $\boldsymbol{A}$ 的其他 $n-m$ 列构造的子矩阵。

由于 $\boldsymbol{B}$ 是非奇异矩阵，即存在向量 $\boldsymbol{x_B}\in\mathbf{R}^{m\times1}$ 满足 $\boldsymbol{Bx_B}=\boldsymbol{b}$，即存在唯一解 $\boldsymbol{x}_B=\boldsymbol{B}^{-1}\boldsymbol{b}$。令 $\boldsymbol{x}^{\mathrm{T}}=[\boldsymbol{x}_B^{\mathrm{T}}\quad \boldsymbol{0}^{\mathrm{T}}]$，即可得到线性方程组 $\boldsymbol{Ax}=\boldsymbol{b}$ 的解 $\boldsymbol{x}$。称 $\boldsymbol{B}$ 为线性规划的基矩阵或者基，$\boldsymbol{x}$ 为线性方程组 $\boldsymbol{Ax}=\boldsymbol{b}$ 关于基矩阵 $\boldsymbol{B}$ 的基本解。

(1) 基变量与非基变量：基矩阵的列对应的 $\boldsymbol{x}$ 的 m 分量为基变量，其余 $n-m$ 个变量为非基变量。

(2) 基本解：令非基本变量等于 0 时得到的解 $\boldsymbol{x}^{\mathrm{T}}=[\boldsymbol{x}_B^{\mathrm{T}}\quad \boldsymbol{0}^{\mathrm{T}}]$。

(3) 可行解：满足约束条件 $\{\boldsymbol{x}|\boldsymbol{Ax}=\boldsymbol{b}(\boldsymbol{x}\geqslant0)\}$ 的解。

(4) 基本可行解：既是基本解，又是可行解，即所有分量非负的基本解。

注 矩阵 $\boldsymbol{A}_{m\times n}$ 最多有 C_n^m 个不同的基，而一个基最多对应一个基本可行解。

下面再给出两个后面需要用到的概念：

(1) 最优基本可行解

若 $\boldsymbol{x}_0$ 是一个基本可行解，且对任意的基本可行解 $\boldsymbol{x}$，都有 $f(\boldsymbol{x}_0)\leqslant f(\boldsymbol{x})$，则称 $\boldsymbol{x}_0$ 是一个最优基可行解，而 $\boldsymbol{x}_0$ 所对应的基为最优基。

(2) 顶点或极点

设 $C\subset\mathbf{R}^n$ 是闭凸集，$\boldsymbol{x}\in C$，若不存在两个不同点 $\boldsymbol{x}_1,\boldsymbol{x}_2\in C$ 及 θ，使得 $\boldsymbol{x}=\theta\boldsymbol{x}_1+(1-\theta)\boldsymbol{x}_2$，则称 $\boldsymbol{x}$ 是凸集 C 的一个顶点或者极点，即 $\boldsymbol{x}\in C$ 是顶点的充要条件是 $\boldsymbol{x}$ 不能表示成凸集 C 中两个不同点的凸组合（内点）。

5.4 线性规划问题的求解方法

求解线性规划问题的基本方法有单纯形法和内点法。对于只有两个变量的简单的线性规划问题，也可以采用图解法求解。这个方法的特点是直观而易于理解，但实用价值不大。这里我们不作介绍，有兴趣的读者可以阅读相关文献，这里主要介绍单纯形法。

单纯形法的基本思路：是有选择地取（而不是枚举所有的）基本可行解，即是从可行域的一个顶点出发，沿着可行域的边界移到另一个相邻的顶点，要求新顶点的目标函数值不比原目标函数值差，如此迭代，直至找到最优解，或判定问题无界。迭代流程图如图 5.1 所示.

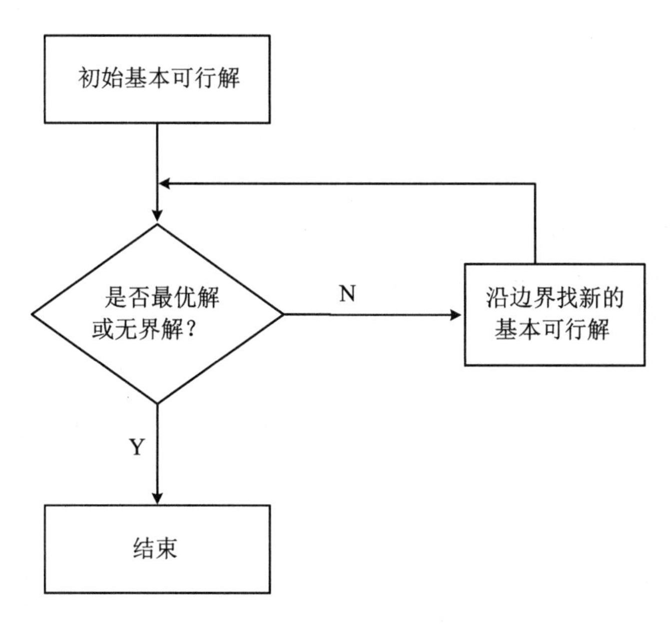

图 5.1　单纯形法迭代流程图

（1）基本可行解形式

线性规划问题的标准型可写为

$$\min \boldsymbol{c}^{\mathrm{T}}\boldsymbol{x}$$
$$\text{s. t.} \begin{cases} \boldsymbol{A}\boldsymbol{x} = \boldsymbol{b} \\ \boldsymbol{x} \in \mathbf{R}_{+}^{n} \end{cases} \tag{5.13}$$

假定决策变量 $\boldsymbol{x}$ 的初始基本可行解 $\boldsymbol{x}=[\boldsymbol{x}_B \quad \boldsymbol{x}_N]$，其中 $\boldsymbol{x}_B$ 为基变量（对应 m 个非零分量），$\boldsymbol{x}_N$ 为非基变量。利用分块矩阵 $\boldsymbol{A}=[\boldsymbol{B} \quad \boldsymbol{N}]$，其中基矩阵 $\boldsymbol{B}$ 为 $\boldsymbol{x}_B$ 对应的系数矩阵 $\boldsymbol{A}$ 相应列向量 $\boldsymbol{a}_i(i=1,2,\cdots,m)$ 组成的矩阵，这 m 个基向量 $\boldsymbol{a}_i(i=1,2,\cdots,m)$ 之间相互独立，即 $\exists(\lambda_1,\lambda_2,\cdots,\lambda_n)\neq 0$ 使得

$$\lambda_1\boldsymbol{a}_1+\lambda_2\boldsymbol{a}_2+\cdots+\lambda_m\boldsymbol{a}_1=\boldsymbol{B}\boldsymbol{\lambda}_B=0 \tag{5.14}$$

任选一个非基向量 $\boldsymbol{a}_e$，$\exists\,\boldsymbol{\lambda}_B=(\lambda_1,\lambda_2,\cdots,\lambda_m)^{\mathrm{T}}\neq 0$，使得

$$\lambda_1\boldsymbol{a}_1+\lambda_2\boldsymbol{a}_2+\cdots+\lambda_m\boldsymbol{a}_m=\boldsymbol{B}\boldsymbol{\lambda}_B=\boldsymbol{a}_e \tag{5.15}$$

令 $\theta=\min\limits_{x_i>0,\boldsymbol{a}_i\in B}\dfrac{\boldsymbol{x}_i}{\lambda_i}\triangleq\dfrac{\boldsymbol{x}_l}{\lambda_l}$，其中 $l=\arg\min\limits_{x_i>0,\boldsymbol{a}_i\in B}\dfrac{\boldsymbol{x}_i}{\lambda_i}$，这个参数 θ 表示是非零基向量 $\boldsymbol{x}_i$ 与 λ_i 的最小比值（选择一个最小比值才能保证构造的新解 $\boldsymbol{x}'>0$）。第 l 个变量 $\boldsymbol{x}_l$ 为出基变量，对应的 $\boldsymbol{A}$ 中的基向量称为出基，第 e 个变量 $\boldsymbol{x}_e$ 为入基变量（利用 $\boldsymbol{x}$ 构造的新解 $\boldsymbol{x}'$ 的时候会把第 l 个变量 $\boldsymbol{x}_l$ 变为非基变量，所以称为出基变量，相应地，第 e 个变量 $\boldsymbol{x}_e$ 为入基变量，称之为入基）。

（2）构造新的解

令 $\boldsymbol{x}'=\boldsymbol{x}-\theta\lambda$，其中 $\theta=\min\limits_{x_i>0,\boldsymbol{a}_i\in \boldsymbol{B}}\dfrac{\boldsymbol{x}_i}{\lambda_i}\triangleq\dfrac{\boldsymbol{x}_l}{\lambda_l}$，$\boldsymbol{x}'$ 是基 $\boldsymbol{B}'=\boldsymbol{B}-\{\boldsymbol{a}_l\}\cup\{\boldsymbol{a}_e\}$ 对应的一组解，其中

$\boldsymbol{\lambda}$ 为

$$\boldsymbol{\lambda} = (\lambda_1, \lambda_2, \cdots, \lambda_m, 0, \cdots, -1, \cdots, 0)^{\mathrm{T}} \tag{5.16}$$

即出基变量对应的系数为−1。下面证明 $\boldsymbol{x}'=\boldsymbol{x}-\theta\boldsymbol{\lambda}$ 是线性规划问题的基本可行解。

证明 因为 $\boldsymbol{A}\boldsymbol{x}'=\boldsymbol{A}(\boldsymbol{x}-\theta\boldsymbol{\lambda})=\boldsymbol{A}\boldsymbol{x}-\theta(\boldsymbol{A}\boldsymbol{\lambda})$，且

$$\boldsymbol{A}\boldsymbol{\lambda} = \lambda_1\boldsymbol{a}_1 + \lambda_2\boldsymbol{a}_2 + \cdots + \lambda_m\boldsymbol{a}_1 - \boldsymbol{a}_e = 0$$

则 $\boldsymbol{A}\boldsymbol{x}'=\boldsymbol{A}\boldsymbol{x}=\boldsymbol{b}$，即 $\boldsymbol{x}'=\boldsymbol{x}-\theta\boldsymbol{\lambda}$ 是线性规划问题的基本可行解。

(3) 选择入基向量

前面我们假设已经得到一个基本可行解 $\boldsymbol{x}=[\boldsymbol{x}_B \quad \boldsymbol{x}_N]$，并且系数矩阵 $\boldsymbol{A}$ 和约束系数 $\boldsymbol{c}$ 按照相同的方式进行分块 $\boldsymbol{A}=[\boldsymbol{B} \quad \boldsymbol{N}]$，$\boldsymbol{c}=[\boldsymbol{c}_B \quad \boldsymbol{c}_N]$(其实是 $\boldsymbol{x}$ 根据 $\boldsymbol{A}$ 进行分块)，$\boldsymbol{A}\boldsymbol{x}=\boldsymbol{b}$ 可以改写为

$$\boldsymbol{A}\boldsymbol{x} = (\boldsymbol{B} \quad \boldsymbol{N})\begin{pmatrix}\boldsymbol{x}_B \\ \boldsymbol{x}_N\end{pmatrix} = \boldsymbol{B}\boldsymbol{x}_B + \boldsymbol{N}\boldsymbol{x}_N = \boldsymbol{b} \tag{5.17}$$

求解 $\boldsymbol{x}_B=\boldsymbol{B}^{-1}\boldsymbol{b}-\boldsymbol{B}^{-1}\boldsymbol{N}\boldsymbol{x}_N$。考虑 $\boldsymbol{x}_N=0$，则

$$\boldsymbol{x}_B = \boldsymbol{B}^{-1}\boldsymbol{b} \tag{5.18}$$

此时目标函数 $f=\boldsymbol{c}^{\mathrm{T}}\boldsymbol{x}=\boldsymbol{c}_B^{\mathrm{T}}\boldsymbol{x}_B=\boldsymbol{c}_B^{\mathrm{T}}\boldsymbol{B}^{-1}\boldsymbol{b}$。

接下来考虑一个新的可行解 $\boldsymbol{x}'=[\boldsymbol{x}'_B \quad \boldsymbol{x}'_N]$，则 $\boldsymbol{A}\boldsymbol{x}'=\boldsymbol{B}\boldsymbol{x}'_B+\boldsymbol{N}\boldsymbol{x}'_N=\boldsymbol{b}$，得到 $\boldsymbol{x}'_B=\boldsymbol{B}^{-1}\boldsymbol{b}-\boldsymbol{B}^{-1}\boldsymbol{N}\boldsymbol{x}'_N$，新的可行解对应的目标函数值为

$$\begin{aligned}
f' &= \boldsymbol{c}^{\mathrm{T}}\boldsymbol{x}' = \boldsymbol{c}_B^{\mathrm{T}}\boldsymbol{x}'_B + \boldsymbol{c}_N^{\mathrm{T}}\boldsymbol{x}'_N \\
&= \boldsymbol{c}_B^{\mathrm{T}}(\boldsymbol{B}^{-1}\boldsymbol{b} - \boldsymbol{B}^{-1}\boldsymbol{N}\boldsymbol{x}'_N) + \boldsymbol{c}_N^{\mathrm{T}}\boldsymbol{x}'_N = \boldsymbol{c}_B^{\mathrm{T}}\boldsymbol{B}^{-1}\boldsymbol{b} - (\boldsymbol{c}_B^{\mathrm{T}}\boldsymbol{B}^{-1}\boldsymbol{N} - \boldsymbol{c}_N^{\mathrm{T}})\boldsymbol{x}'_N \\
&= f - \sum_{j=m+1}^{n}(\boldsymbol{c}_B^{\mathrm{T}}\boldsymbol{B}^{-1}a_j - c_j)x'_j \\
&= f - \sum_{j=m+1}^{n}(z_j - c_j)x'_j
\end{aligned} \tag{5.19}$$

其中 $z_j=\boldsymbol{c}_B^{\mathrm{T}}\boldsymbol{B}^{-1}a_j(m+1\leqslant j\leqslant n)$ 表示对应非基的位置。我们从 $[m+1,n]$ 中选择一个变量 k，令 $x_k>0$，且同时有 $z_j-c_j>0$，则新的目标函数 $f'<f$，此时得到的新的基本可行解 $\boldsymbol{x}'$ 优于之间的解 $\boldsymbol{x}$。

但是我们希望每次尽可能地使目标函数 $\boldsymbol{c}^{\mathrm{T}}\boldsymbol{x}$ 变得更小，所以每次选择 $k=\arg\min\limits_j(z_j-c_j)$，使得对应的 x_k 变化率最大。

上述的 z_j-c_j 称之为判别数或检验数。因此如何选择入基变量的关键在于判断某一非基变量的对应的判别数是否大于 0，然后从判别数大于 0 的非基变量中选择一个判别数最大的作为入基变量。

(4) 判断最优解

当某一解 $\boldsymbol{x}$ 的所有非基变量对应的判别数均小于 0 时，该基本可行解为最优解。

(5) 求解初始基本可行解(两阶段法)

首先需要根据原线性规划问题的线性约束构造一个新的线性规划问题：

$$\min g = \boldsymbol{c}^{\mathrm{T}} \boldsymbol{x}_a$$
$$\text{s. t.} \begin{cases} \boldsymbol{A}\boldsymbol{x} + \boldsymbol{x}_a = \boldsymbol{b} \\ \boldsymbol{x}, \boldsymbol{x}_a \in \mathbf{R}_+^n \end{cases} \tag{5.20}$$

基在原来的约束基础上加入变量 $\boldsymbol{x}_{ai}$，这样每个约束条件变为 $\boldsymbol{a}_{i1}\boldsymbol{x}_1 + \boldsymbol{a}_{i2}\boldsymbol{x}_2 + \cdots + \boldsymbol{a}_{in}\boldsymbol{x}_n + \boldsymbol{x}_{ai} = \boldsymbol{b}_i$，此处加入的 $\boldsymbol{x}_a$ 为人工变量。从而 $\boldsymbol{A}\boldsymbol{x} + \boldsymbol{x}_a = \boldsymbol{b}$ 可以写为 $[\boldsymbol{A} \quad \boldsymbol{I}]\begin{pmatrix}\boldsymbol{x} \\ \boldsymbol{x}_a\end{pmatrix} = \boldsymbol{b}$，很显然该线性规划问题对应一个初始解为 $\begin{pmatrix}\boldsymbol{x} \\ \boldsymbol{x}_a\end{pmatrix} = \begin{pmatrix}\boldsymbol{0} \\ \boldsymbol{b}\end{pmatrix}$。由此初始解开始迭代，可计算出最优解或判断不存在最优解。

5.5　MATLAB 求解线性规划问题

单纯形法虽然有明确的数学表示式与计算步骤，但应用该算法手工求解多变量线性规划问题并非轻而易举的事，最好借助于计算机工具，将想求解的线性规划问题按照计算机能够理解的方式输入计算机，由计算机代替人的繁杂劳动，直接获得问题的解。本节将介绍基于 MATLAB 最优化工具箱的两种线性规划问题的直接求解方法：基于求解器的求解方法和基于问题的求解方法。

5.5.1　基于求解器的求解方法

线性规划是一类最简单的有约束最优化问题，求解线性规划问题有很多种算法，其中单纯形法是最有效的一种方法，MATLAB 的最优化工具箱中实现了该算法与其他算法，提供了求解线性规划问题的 linprog()函数。该函数的使用前提是需要满足以下的标准形式：

$$\min f(\boldsymbol{x}) = \boldsymbol{c}^{\mathrm{T}} \boldsymbol{x}$$
$$\text{s. t.} \begin{cases} \boldsymbol{A}\boldsymbol{x} \leqslant \boldsymbol{b} \\ \boldsymbol{A}_{\mathrm{eq}}\boldsymbol{x} = \boldsymbol{b}_{\mathrm{eq}} \\ \boldsymbol{lb} \leqslant \boldsymbol{x} \leqslant \boldsymbol{ub} \end{cases} \tag{5.21}$$

其中 $\boldsymbol{c}, \boldsymbol{x}, \boldsymbol{b}, \boldsymbol{b}_{\mathrm{eq}}, \boldsymbol{lb}, \boldsymbol{ub}$ 为列向量；$\boldsymbol{c}$ 为价值向量；$\boldsymbol{b}$ 为资源向量；$\boldsymbol{A}, \boldsymbol{A}_{\mathrm{eq}}$ 为矩阵。

linprog 函数调用方法有多种形式：

(1) x=linprog(c,A,b)；求 $\min f(\boldsymbol{x}) = \boldsymbol{c}^{\mathrm{T}}\boldsymbol{x}$ 在不等式 $\boldsymbol{A}\boldsymbol{x} \leqslant \boldsymbol{b}$ 约束条件下线性规划的

最优解 $\boldsymbol{x}$。

(2) x=linprog(c,A,b,Aeq,beq);求 $\min f(\boldsymbol{x})=\boldsymbol{c}^{\mathrm{T}}\boldsymbol{x}$ 在不等式 $\boldsymbol{Ax}\leqslant\boldsymbol{b}$ 约束和等式 $\boldsymbol{A}_{\mathrm{eq}}\boldsymbol{x}=\boldsymbol{b}_{\mathrm{eq}}$ 约束条件下线性规划的最优解 $\boldsymbol{x}$。

(3) x=linprog(c,A,b,Aeq,beq,lb,ub);求 $\min f(\boldsymbol{x})=\boldsymbol{c}^{\mathrm{T}}\boldsymbol{x}$ 在不等式 $\boldsymbol{Ax}\leqslant\boldsymbol{b}$ 约束和等式 $\boldsymbol{A}_{\mathrm{eq}}\boldsymbol{x}=\boldsymbol{b}_{\mathrm{eq}}$ 约束条件下,且指定 $\boldsymbol{x}$ 范围 $\boldsymbol{lb}\leqslant\boldsymbol{x}\leqslant\boldsymbol{ub}$ 线性规划的最优解 $\boldsymbol{x}$。

(4) x=linprog(c,A,b,Aeq,beq,x0);求 $\min f(\boldsymbol{x})=c^{\mathrm{T}}\boldsymbol{x}$ 在不等式 $\boldsymbol{Ax}\leqslant\boldsymbol{b}$ 约束和等式 $\boldsymbol{A}_{\mathrm{eq}}\boldsymbol{x}=\boldsymbol{b}_{\mathrm{eq}}$ 约束条件下,指定 $\boldsymbol{x}$ 范围 $\boldsymbol{lb}\leqslant\boldsymbol{x}\leqslant\boldsymbol{ub}$,$x_0$ 为初始值的线性规划的最优解 $\boldsymbol{x}$。

注 $\boldsymbol{x}_0$ 为线性规划问题的初始解,该设置仅在中型规模算法中有效,而在默认的大型算法和单纯形算法中,MATLAB 将忽略一切初始解。

(5) x=linprog(c,A,b,Aeq,beq,x0,options);求 $\min f(\boldsymbol{x})=\boldsymbol{c}^{\mathrm{T}}\boldsymbol{x}$ 在不等式 $\boldsymbol{Ax}\leqslant\boldsymbol{b}$ 约束和等式 $\boldsymbol{A}_{\mathrm{eq}}\boldsymbol{x}=\boldsymbol{b}_{\mathrm{eq}}$ 约束条件下,指定 $\boldsymbol{x}$ 范围 $\boldsymbol{lb}\leqslant\boldsymbol{x}\leqslant\boldsymbol{ub}$,$\boldsymbol{x}_0$ 为初始值的线性规划的最优解 $\boldsymbol{x}$,options 为指定的优化参数。

options 为包含算法控制参数的结构变量,可以通过 optimset 命令对这些具体的控制参数进行设置。optimset 函数的调用形式如下:

options=optimset('param1',value1,'param2',value2)。

options 优化参数如表 5.4 所示。

表 5.4 linprog 函数的优化参数 options

优化参数	参　数　说　明
Diagnostics	打印极小化函数的诊断信息
LargeScale	若设置为 on,则使用大规模算法;若设置为 off,则使用中小规模算法
Display	设置为 off 则不显示输出;iter 显示每一次的迭代输出;final 只显示最终结果
MaxIter	函数最大迭代次数
Simplex	如果设置为 on,则使用单纯形算法求解(仅适用于中小规模算法)
TolFun	函数值的容忍度

(6) x=linprog(problem);此格式的线性规划问题通过结构 problem 来指定,此格式 problem 结构包括字段如表 5.5 所示。

表 5.5 problem 结构字段含义

字段	含　义	字段	含　义
c	目标函数的系数向量	lb	变量的下界
A	不等式约束中系数矩阵	ub	变量的上界
b	不等式约束中常数向量	x0	初始优化点

续表

字段	含　义	字段	含　义
Aeq	不等式约束中系数矩阵	options	优化选项
beq	不等式约束中常数向量	solver	求解器，为 linprog

(7) [x,fval]=linprog(…)；fval 为返回目标函数的最优值，即 fval=$\boldsymbol{c}^{\mathrm{T}}\boldsymbol{x}$；

(8) [x,fval,exitlag]=linprog(…)；exitlag 为终止迭代的错误条件；其参数如表 5.6 所示。

表 5.6　exitflag 结构字段含义

exitlag 的值	参　数　说　明
1	函数收敛到最优解 x
0	达到了函数最大评价次数或迭代的最大次数
−2	没有找到最优解
−3	所求解的线性规划问题是无界
−4	执行算法时遇到了 NaN
−5	原问题和对偶问题都是不可行的
−7	搜索方向使得目标函数数值下降的很少

(9) [x,fval,exitlag,output]=linprog(…)；output 关于优化的一些信息，其结构及其说明如表 5.7 所示。

表 5.7　output 结构字段含义

output 结构	参　数　说　明
iterations	算法的迭代次数
algorithm	求解线性规划问题时所用的算法
cgiterations	共轭梯度迭代的次数
message	算法的退出信息
firstorderopt	一阶最优测量
constrviolation	最大约束函数

(10) [x,fval,exitlag,output,lambda]=linprog(…)；lambda 为输出各种约束对应的拉格朗日 Largrange 乘子(即为相应的对偶变量值)，它是个结构体变量，其结构及其说明如表 5.8 所示。

表 5.8　output 结构字段含义

lambda 结构	参　数　说　明
upper	上界约束对应的拉格朗日拉格朗日乘子向量
lower	下界约束对应的拉格朗日拉格朗日乘子向量
ieqlin	不等式约束对应的拉格朗日拉格朗日乘子向量
eqlin	等式约束对应的拉格朗日拉格朗日乘子向量

例 5.3　某炮连计划用 x_1 基数的常规弹和 x_2 基数的特种弹，对某目标实施 40 分钟的火力急袭。已知，每发射一个基数的常规弹可杀伤 4 个目标，需时 20 分钟，并需 6 辆车运输弹药，而对于特种弹相应的数据为 10 个目标，25 分钟和 4 辆车。为达到压制效果，需要打常规弹的总时间必须比特种弹至少多 5 分钟。今全连共有 10 辆运输车，现在要选择合适的常规弹和特种弹的基数，使得杀伤目标最多。

解　令 $\boldsymbol{x}=(x_1,x_2)$，杀伤目标数为 $f(\boldsymbol{x})$，根据题意，可将该问题归结为求解如下线性规划问题：

$$\max f(\boldsymbol{x}) = 4x_1 + 10x_2$$

$$\begin{cases} 20x_1 + 25x_2 \leqslant 40 \\ 6x_1 + 4x_2 \leqslant 10 \\ 20x_1 - 25x_2 \geqslant 5 \\ x_1 \geqslant 0, x_2 \geqslant 0 \end{cases}$$

将该数学模型按照 MATLAB 的格式转化优化模型为，即

$$\min -f(\boldsymbol{x}) = -4x_1 - 10x_2$$

$$\begin{cases} 20x_1 + 25x_2 \leqslant 40 \\ 6x_1 + 4x_2 \leqslant 10 \\ -20x_1 + 25x_2 \leqslant -5 \\ x_1 \geqslant 0, x_2 \geqslant 0 \end{cases}$$

其实现的 MATLAB 代码如下：

```
clc; clear all;close all
f=[-4 -10];%目标函数系数矩阵
A=[20 25;6 4;-20 25];%约束方程中变量的系数
b=[40 10 -5];%约束方程的系数
lb=[0 0]';%变量的下界
[x fval exitflag output lambda]=linprog(f,A,b,[],[],lb);%LP问题求解
```

运行程序，输出为

```
x =
```

```
      1.1250
      0.7000
fval =
   -11.5000
```

由结果可知，常规弹和特种弹的基数分别为1.125，0.7时杀伤目标最多，评估最大杀伤为11.5个目标。

5.5.2　基于问题的求解方法

前面介绍了MATLAB最优化工具箱linprog()函数的使用方法，该方法可以比较容易地描述并求解线性规划问题。从应用角度看，基于求解器的方法有时会比较复杂，需要用户做很多手工转换的工作，能否有一种更简洁易行的方式描述并求解原始的线性规划问题。这里，将介绍2017b版本以后支持的基于问题的最优化问题描述方法，将使得线性规划等问题的描述更加直观方便。下面给出基于问题的线性规划问题描述与求解步骤。

(1) 最优化问题的创建

可以由optimproblem()函数创建一个新的空白最优化问题，该函数的基本调用格式为

```
prob=optimproblem('ObjectSense','max')
```

如果不给出'ObjectSense'属性，则求解默认的最小值问题。

(2) 决策变量的定义

可以由optimvar()函数实现，该语句的一般格式为

x=optimvar('x',n,m, k,'LowerBound',x_m)

其中n,m和k为三维数组的维数；如果不给出k，则可以定义出n×m矩阵矩阵x；若m为1，则可以定义n×1决策变量。如果x_m为标量，则可以将全部决策变量的下限都设置成相同的值。属性名LowerBound可以简化成Lower。也可以用类似的方法定义UpperBoud属性，简称Upper。

有了上述两条定义之后，就可以为prob问题定义出目标函数和约束条件属性，具体的定义格式后面将通过例子直接演示。

(3) 最优化问题的求解

有了prob问题之后，则可以调用sols=solve(prob)函数直接求解相关的最优化问题，得出的结果将在结构体sols返回，该结构体的x的成员变量则为最优化问题的解，也可以由options=optimset()函数设置控制选项，再由sols=solve(prob,'options',options)命令得出问题的解。

由上面的步骤可以看出，基于问题的描述方法是与基于求解器的方法完全不同的，需要用户申明决策变量，然后利用表达式将最优化问题直观地描述出来，这样做的好处是无需将原始问题转换成线性规划标准形式，直接利用表达式就可以生成原始最优化问题的 MATLAB 模型。最优化工具箱还提供 showProblem()函数来显示最优化问题。

（4）最优化问题的显示

可以由 showproblem(prob)显示最优化问题；也可以由命令行 showconstr(prob.Constraints.c1)单独显示约束条件 c1。

例 5.4 重新考虑例 5.3 中的线性规划问题，为叙述方便重新列出原问题：

$$\max f(\boldsymbol{x}) = 4x_1 + 10x_2$$

$$\begin{cases} 20x_1 + 25x_2 \leqslant 40 \\ 6x_1 + 4x_2 \leqslant 10 \\ 20x_1 - 25x_2 \geqslant 5 \\ x_1 \geqslant 0, x_2 \geqslant 0 \end{cases}$$

试用基于问题的语句描述并求解最优化问题。

解 由于原问题中有很多地方和线性规划的标准形式不一致，需要手工转换。例如，最大值问题、≥不等式问题、矩阵的提取等，容易出现错误，所以这里演示一种简单、直观的基于问题的描述与求解方法，得出的结果与例 5.3 完全一致。

```
P=optimproblem('ObjectiveSense','max'); %最大值问题
x=optimvar('x',2,1,'LowerBound',0); %决策变量及下界
P.Objective=4*x(1)+10*x(2); %目标函数
P.Constraints.cons1=20*x(1)+25*x(2)<=40; %约束条件
P.Constraints.cons2=6*x(1)+4*x(2)<=10;
P.Constraints.cons3=20*x(1)-25*x(2)>=5;
sols=solve(P);
x0=sols.x
```

有了该模型，可以使用 showproblem()函数直接显示原始问题的数学模型，这里显示的数学模型与原始的数学问题很接近，便于比较与排查错误。

在前面程序中加入 showproblem(P)，具体显示结果如下：

```
OptimizationProblem :
Solve for:
       x
maximize :
       4*x(1) + 10*x(2)
subject to cons1:
```

```
        20 * x(1) + 25 * x(2) <= 40
    subject to cons2:
        6 * x(1) + 4 * x(2) <= 10
    subject to cons3:
        20 * x(1) - 25 * x(2) >= 5
    variable bounds:
        0 <= x(1)
        0 <= x(2)
```

可见，这里显示的最优化数学问题的形式是通俗易懂的，用户可以将得出的基于问题的方法与原始问题相比较，看看是不是存在建模错误。

运行程序，输出为

```
x0 =
    1.1250
    0.7000
```

5.5.3　线性规划的MATLAB求解实例

(1) 运输问题

军事上的运输问题可以描述如下：有 m 个储存地储存有武器装备或物资，其储存量为 $a_i\,(i=1,2,\cdots,m)$。有 n 个需求地域，需求量为 $b_j\,(j=1,2,\cdots,n)$。若用 c_{ij} 表示从第 i 个储存地到第 j 个需求地域的成本(代价)，x_{ij} 表示第 i 个储存地到第 j 个需求地域的运输量，要求设计成本(代价)最小的运输方案，则有线性规划模型为

$$\min f = \sum_{i=1}^{m}\sum_{j=1}^{n} c_{ij}x_{ij}$$

$$\text{s. t.}\begin{cases}\displaystyle\sum_{i=1}^{m} x_{ij} = b_j \quad (j=1,2,\cdots,n)\\ \displaystyle\sum_{j=1}^{n} x_{ij} \leqslant a_i \quad (i=1,2,\cdots,m)\\ x_{ij} \geqslant 0\end{cases} \tag{5.22}$$

若 $\sum_{i=1}^{m} a_i = \sum_{j=1}^{n} b_j$，则为平衡输送问题，此时 $\sum_{j=1}^{n} x_{ij} = a_i\,(i=1,2,\cdots,m)$。

例 5.5　有两个导弹仓库 A_1 和 A_2，分别储存有一定数量的导弹，需向 B_1，B_2 和 B_3 码头转运。各仓库储存的导弹数量、到各码头的距离、各码头的导弹需求量如表 5.9 所示。试问如何转运才能使总距离最短？

表 5.9

转运距离	仓库	码头			导弹储存量(枚)
	A_1	B_1	B_2	B_3	
	A_2	21	14	22	40
导弹需求量(枚)		30	30	20	50

解 若设 x_{ij} 表示 A_i 转运到 B_j 的导弹数量,则目标函数为

$$\min f = 21x_{11} + 14x_{12} + 22x_{13} + 20x_{21} + 16x_{22} + 24x_{23}$$

约束条件为

$$x_{11} + x_{12} + x_{13} \leqslant 40, x_{21} + x_{22} + x_{23} \leqslant 50 \text{(导弹储存量限制)}$$

$$x_{11} + x_{21} = 30, x_{12} + x_{22} = 30, x_{13} + x_{23} = 20 \text{(导弹需求量限制)}$$

$$x_{ij} \geqslant 0 \quad (i = 1,2; j = 1,2,3) \text{(非负限制)}$$

综合可知,该约束优化问题可表示为

$$\min f = 21x_{11} + 14x_{12} + 22x_{13} + 20x_{21} + 16x_{22} + 24x_{23}$$

$$\text{s. t.} \begin{cases} x_{11} + x_{12} + x_{13} \leqslant 40 \\ x_{21} + x_{22} + x_{23} \leqslant 50 \\ x_{11} + x_{21} = 30 \\ x_{21} + x_{22} = 30 \\ x_{13} + x_{23} = 20 \\ x_{ij} \geqslant 0 \quad (i = 1,2; j = 1,2,3) \end{cases}$$

基于 MATLAB 求解程序:

```
%基于问题的求解方法;
P=optimproblem('ObjectiveSense','min'); %最小值问题
x=optimvar('x',2,3,'LowerBound',0); %决策变量及下界
P.Objective=21*x(1,1)+14*x(1,2)+22*x(1,3)+20*x(2,1)+16*x
(2,2)+24*x(2,3); %目标函数
P.Constraints.cons1=x(1,1)+x(1,2)+x(1,3)<=40; %约束条件
P.Constraints.cons1=x(2,1)+x(2,2)+x(2,3)<=50;
P.Constraints.cons2=x(1,1)+x(2,1)==30;
P.Constraints.cons3=x(1,2)+x(2,2)==30;
P.Constraints.cons4=x(1,3)+x(2,3)==10;
sols=solve(P);
x_opt =sols.x
% 基于求解器的求解方法
```

```
c=[21 14 22 20 16 24];%目标函数系数
intcon =[1:6];
A=[1 1 1 0 0 0;0 0 0 1 1 1];%线性不等式约束
b=[40;50];%约束条件
Aeq=[1 0 0 1 0 0;0 1 0 0 1 0;0 0 1 0 0 1];beq =[30;30;20];%等式约束条件
lb=[zeros(6,1)];%决策变量的下边界
ub=[40;40;40;50;50;50];%决策变量的上边界
[x_opt,fval]=linprog(c,A,b,Aeq,beq,lb,ub);
x_opt=reshape(x_opt,3,2)';
```

运行程序,可得

```
:x_opt =
     0    20    20
30    10     0
fval =1480
```

(2) 武器分配问题

如果计划用 N 类武器来防御空中攻击,如何分配武器,使得靠近易受攻击区域的敌方单一编队的飞机被击毁的平均值最大。定义下述参数:

p_n:第 $n(n=1,2,\cdots,N)$ 类武器击毁敌方一架飞机的概率;

c_n:配置一个第 n 类武器的成本;

C:在易受攻击区域部署武器的总预算;

m_n:操作第 n 类武器所需的人数;

M:假设每个人可以操作一类武器,易受攻击区域可利用的总人数;

K_n:可利用的第 n 类武器总数。

令 x_n 是部署在易受攻击区域的第 n 类武器的数量,被第 n 类武器击毁的敌方飞机平均数是 p_nx_n。若被每类武器击毁的飞机平均数可以累加,敌方被击毁的飞机总平均数 $f=\sum_{n=1}^{N}p_nx_n$,要求这个函数取最大值,因此,优化问题表述如下:

$$\max f=\sum_{n=1}^{N}p_nx_n$$

$$\text{s.t.}\begin{cases}\sum_{n=1}^{N}c_nx_n\leqslant C\\ \sum_{n=1}^{N}m_nx_n\leqslant M\\ 0\leqslant x_n\leqslant K_n\quad(x_n\in\mathbf{Z})\end{cases}$$

其中第1个约束条件 $\sum_{n=1}^{N}c_nx_n\leqslant C$ 为预算约束;第2个约束条件 $\sum_{n=1}^{N}m_nx_n\leqslant M$ 为人员约束;

第 3 个约束条件 $0 \leqslant x_n \leqslant K_n$ 为可用武器数量约束。

例 5.6 某部受领任务保护一处可能受敌人空中攻击的军事后勤基地，后勤基地配有两种类型的地空导弹，Ⅰ型导弹和Ⅱ型导弹各配有 5 枚。Ⅰ型和Ⅱ型导弹每枚使用成本分别为 7 个单位基数和 8.5 个单位基数，导弹可利用的成本基数为 60 个单位。每个Ⅰ型导弹需要 6 个人操作，每个Ⅱ型导弹需要 2 个人操作，某部只有 32 个受过训练的导弹操作手。若该军事后勤基地没有地空导弹防御系统，敌人的空中打击将摧毁后勤基地 95%的军用物资。如果一个Ⅰ型导弹配置在该处，将可以保存 13%的军用物资，相应地配置Ⅱ型导弹则可以保存 9%的军用物资。也就是说，原来 95%的军用物资将被敌人的空对地攻击摧毁，由于Ⅰ型导弹和Ⅱ型导弹的存在，这一数字分别下降为 82%和 86%，目标是怎样混合配置导弹可以最大程度地保护军用物资免受敌人空对地火力打击。

解 设 x_1 和 x_2 分别表示选择使用Ⅰ型导弹和Ⅱ型导弹防卫的数量，则优化问题表述如下：

$$\max f = 13x_1 + 9x_2$$

$$\text{s. t.} \begin{cases} 7x_1 + 8x_2 \leqslant 60 \\ 6x_1 + 2x_2 \leqslant 32 \\ 0 \leqslant x_1 \leqslant 5, x_1 \in \mathbf{Z} \\ 0 \leqslant x_1 \leqslant 5, x_2 \in \mathbf{Z} \end{cases}$$

基于 MATLAB 求解程序：

```
%基于问题的求解方法
prob=optimproblem('ObjectiveSense', 'max');%创建最优化问题
x=optimvar('x',2,'LowerBound',zeros(2,1),'UpperBound',5*ones(2,1));
prob.Objective=13*x(1)+9*x(2); %定义目标函数
prob.Constraints.c1=7*x(1)+8.5*x(2)<=60;%定义约束条件
prob.Constraints.c2=6*x(1)+2*x(2)<=32;
[sol,fval,exitflag,output]=solve(prob)
sol.x
%基于求解器的求解方法
c=-[13 9];%目标函数系数
intcon =[1:2];
A=[7 8.5;6 2];%线性不等式约束
b=[60;32];%约束条件
Aeq=[];beq =[];%等式约束条件
lb=[zeros(2,1)];%决策变量的下边界
ub=[5;5];%决策变量的上边界
```

```
[x_opt,fval]=linprog(c,A,b,Aeq,beq,lb,ub)
```

运行程序,可得

```
x_opt =
    4.1081
    3.6757
```

需要注意的是,使用线性规划得到的解可能为非整数,如 $x_1=4.1081$,$x_2=3.6757$。由于该问题中决策变量只能取整数,可以采取截取或者四舍五入的方式,得到整数解,但可能不再是最优解,即整数解为线性规划求解的次优解,关于整数规划的问题将在第 6 章讨论。

上述讨论的是一个防空区域或者防御地区,若假设有多个防空区域或者防御地区,即 S 个防御地区部署有 N 种类型防空武器,所有防空武器的总预算为 C,操作 n $(n=1,2,\cdots,N)$ 型防空武器的总人数为 M_n,N_n 表示可配置的第 n 型防空武器的最大值。如何配置各个防御地区的防空武器,使得被击毁的敌方飞机的平均值最大。定义如下参数:

$x_{n,s}$:第 $s(s=1,2,\cdots,S)$ 防御地区部署第 $n(n=1,2,\cdots,N)$ 型防空武器的数量

$p_{n,s}$:第 $s(s=1,2,\cdots,S)$ 防御地区部署第 $n(n=1,2,\cdots,N)$ 类防空武器击毁敌方一架飞机的概率;

$c_{n,s}$:第 $s(s=1,2,\cdots,S)$ 防御地区部署第 n 型防空武器的成本;

C:部署防空武器的总预算;

$m_{n,s}$:第 $s(s=1,2,\cdots,S)$ 防御地区操作第 n 型武器所需的人数;

M_n:操作第 n 型武器可利用的总人数;

K_n:可利用的第 n 型武器总数。

该类优化问题可表述如下:

$$\max f=\sum_{n=1}^{N}\sum_{s=1}^{S}p_{n,s}x_{n,s}$$

$$\text{s.t.}\begin{cases}\displaystyle\sum_{n=1}^{N}\sum_{s=1}^{S}c_{n,s}x_{n,s}\leqslant C\\ \displaystyle\sum_{s}^{S}m_{n,s}x_{n,s}\leqslant M_n\\ \displaystyle\sum_{s}^{S}x_{n,s}\leqslant K_n\\ 0\leqslant x_{n,s}\quad(x_{n,s}\in\mathbf{Z})\end{cases}\tag{5.25}$$

例 5.7　某部受领任务保护 2 处可能受敌人空中攻击的军事后勤基地,后勤基地配有两种类型的地空导弹:Ⅰ型导弹和Ⅱ型导弹。除了例 5.6 中假设条件外,还假设部署每个导弹的区域是一样的。此外,在基地 1 和基地 2 可利用的部署区域总面积之比为 6:4,

基地 1 的电子信息系统最多可以支持 4 个Ⅰ型导弹或者 2 个Ⅱ型导弹，基地 2 的电子信息系统最多可以支持 3 个Ⅰ型导弹或者 4 个Ⅱ型导弹，为了提供最佳防御，指挥员该如何部署两个基地的导弹？

解 设 x_{ij} 表示选择部署在基地 $j\,(j=1,2)$ 的 $i\,(i=1,2)$ 型导弹数量，则优化问题表述如下：

$$
\max f = 13x_{11} + 13x_{12} + 9x_{12} + 9x_{22}
$$

$$
\text{s.t.}\begin{cases}
7(x_{11}+x_{12})+8(x_{21}+x_{22})\leqslant 60\\
6(x_{11}+x_{12})+2(x_{21}+x_{22})\leqslant 32\\
x_{11}+x_{12}\leqslant 5\\
x_{21}+x_{22}\leqslant 5\\
(x_{11}+x_{12})/(x_{21}+x_{22})=6/4\\
0\leqslant x_{ij},x_{ij}\in\mathbf{Z}\quad (i=1,2;j=1,2)\\
x_{11}\leqslant 4,x_{12}\leqslant 3,x_{21}\leqslant 2,x_{22}\leqslant 4
\end{cases}
\tag{5.26}
$$

基于问题求解的 MATLAB 程序：

```
prob=optimproblem('ObjectiveSense', 'max');%创建最优化问题,
x=optimvar('x',2,2,'LowerBound',zeros(2,2),'UpperBound',[4 3;2 4]);
prob.Objective=13*x(1,1)+13*x(1,2)+9*x(2,1)+9*x(2,2);
    %定义目标函数
prob.Constraints.c1=7*(x(1,1)+x(1,2))+8.5*(x(2,1)+x(2,2))<=
60;%定义约束条件
prob.Constraints.c2=6*(x(1,1)+x(1,2))+2*(x(2,1)+x(2,2))<=32;
prob.Constraints.c3=(x(1,1)+x(2,1))==6/4*(x(1,2)+x(2,2));
[sol,fval,exitflag,output]=solve(prob)
x_opt=sol.x;
```

运行程序，可得

```
x_opt =
    4.0000    0.1081
    0.6703    3.0054
fval =
   86.4865
```

由以上结果可知，在基地 1 部署 4 个Ⅰ型导弹或者 0.6703 个Ⅱ型导弹，在基地 1 部署 0.1081 个Ⅰ型导弹或者 3.0054 个Ⅱ型导弹，可以保护 86.4865% 的设施资源，这是最佳配置。但优化结果表明，配置数量不是整数，显然不满足问题整数约束条件。对于这类问题，若问题的精度要求不是特别高，则可以采用四舍五入法得到整数结果。否则，应

该求取问题的整数解，这将是第6章整数规划讨论的问题。

习　　题

1.（生产安排问题）某军工厂生产甲、乙、丙三种产品，生产三种产品需要A、B两种资源，其单位需求量及利润由表5.10给出，问每天生产甲、乙、丙三种产品各多少，可使利润最大？

表5.10　各资源单位需求量及利润

	甲	乙	丙	资源的最大量(kg)
A	2	3	1	100
B	3	3	2	120
利润	40元	45元	24元	

2.（采购问题）某部队需要购买A,B两食品，已知食品含有的人体每日必需的营养成分元素1,2,3的多少及每日该三种营养成分每日必须量如表5.11所示，试问该部队应如何指定选购食品的计划，使得在满足需求的情况下总的费用最少。

表5.11　食品含有营养成分元素含量及人体必须量

	A	B	每日该元素最低摄入量(mg)
元素1	10	4	20
元素2	5	5	20
元素3	2	6	12
食品价格	6元	10元	

3.（军事作战计划）红军(R)试图入侵由蓝军(B)防御的领地。蓝军有三条防线和200个正规战斗单位，并且还能够抽出200个预备单位。红军计划进攻两条前线（北线和南线）；蓝军设置三条东—西防线（Ⅰ，Ⅱ，Ⅲ）。防线Ⅰ和防线Ⅱ各自要至少阻止红军进攻4天以上，并尽可能延长总的战斗持续时间。红军的前进时间由下列经验公式估计得到：

$$战斗天数 = a + b\left(\frac{蓝军战斗单位数}{红军战斗单位数}\right)$$

常数a,b是防线的函数，北线和南线的情况如表5.12所示。

表 5.12　常数 a,b 的取值

	a			b		
	Ⅰ	Ⅱ	Ⅲ	Ⅰ	Ⅱ	Ⅲ
北线	0.5	0.75	0.55	8.8	7.9	10.2
蓝线	1.1	1.3	1.5	10.5	8.1	9.2

蓝军的预备单位能够且只能用在防线Ⅱ上。红军分配到三条防线的单位数由表5.13给出。

蓝军应如何在北线\南线和三条防线上部署它的部队?

表 5.13　红军战斗单位数

	防线Ⅰ	防线Ⅱ	防线Ⅲ
北线	30	60	20
南线	30	40	20

第6章　整数规划及其MATLAB实现

在许多规划问题中，要求决策变量为整数，如武器装备的套数、作战单元的个数等，还有机器的台数、完成工作的人数或装货的车数，都不许出现小数或分数的答案。而前面讨论的线性规划问题中，有些最优解可能是分数或小数。为了满足整数解的要求，初看起来，似乎只要把已得的带有分数或小数的解经过四舍五入就可以了，但这常常是不行的，因为化整后不见得是可行解，或者虽然是可行解，但不一定是最优解。因此，对求最优整数解的问题，有必要另行研究，我们称这样的问题为整数规划。

整数规划(Integer Programming，IP)是在1958年由R. E. Gomory提出割平面法之后形成独立分支的。之后在该领域虽然也发展出很多解决此类问题的方法(如分支定界法)，但它仍是数学规划中稍弱的一个分支，目前的方法仅适合解中等规模的整数线性规划问题。

整数规划问题根据对决策变量的取值要求的不同可以分为如下几类：

(1) 纯整数规划——全部决策变量都限制为(非负)整数，也称全整数规划；

(2) 混合整数规划——仅一部分决策变量限制为整数；

(3) 0-1规划——决策变量仅取0或1两个值，表示是与否的抉择性选择，即指派问题。

本章仅讨论整数线性规划，后面提到的整数规划，就是指整数线性规划。

6.1　典型整数规划问题

例6.1(干扰机配置问题)　假设红方某干扰营有J_1，J_2两种类型的雷达干扰机，各为8部和10部。红方可使用的阵地有Z_1，Z_2，Z_3三个，不同的干扰机在不同的阵地上对蓝方来袭飞机的压制效果不同，每个阵地上可容纳的干扰机个数有限(见表6.1)。问怎样配置这些干扰机，才能使总的干扰效果最好？

表 6.1　干扰机配置要求及对来袭飞机压制效果

阵地	可容纳干扰机数量	对来袭飞机压制效果	
		J_1	J_2
Z_1	5	0.7	0.5
Z_2	5	0.9	0.7
Z_3	10	0.8	0.6

解　决策变量为配置在不同阵地干扰机的数量,设配置在阵地 Z_j 上的 j_i 种干扰机的数量为 $x_{ij}(i=1,2;j=1,2,3)$部。

目标函数为

$$\max P = 0.7x_{11} + 0.9x_{12} + 0.8x_{13} + 0.5x_{21} + 0.7x_{22} + 0.6x_{23} \tag{6.1}$$

约束条件为

$$\text{s.t.}\begin{cases} x_{11} + x_{12} + x_{13} = 8 \\ x_{21} + x_{22} + x_{23} = 10 \\ x_{11} + x_{21} \leqslant 5 \\ x_{12} + x_{22} \leqslant 5 \\ x_{13} + x_{23} \leqslant 10 \\ x_{ij}\,(i = 1,2;j = 1,2,3)\text{ 为整数} \end{cases} \tag{6.2}$$

上述问题要求所有的决策变量均取整数值,故为纯整数规划问题。

例 6.2(工厂选址问题)　某地区有 m 座铁矿 $A_1,A_2,\cdots,A_m$,A_i 每年的产量为 $a_i=(1,2,\cdots,m)$,该地区已有一个钢铁厂 B_0,每年用铁量为 p_0,每年固定运营费用为 r_0。由于当地经济的发展,政府拟建立一个新的钢铁厂,于是今后该地区的 m 座铁矿将全部用于支持这两个钢铁厂的生产运营。现在有 n 个备选的厂址,分别为 $B_1,B_2,\cdots,B_n$,若在 $B_j(1,2,\cdots,n)$处建厂,则每年固定的运营费用为 r_j。由 A_i 向 B_j 每运送 1 t 钢铁的运输费用为 $c_{ij}(i=1,2,\cdots,m;j=1,2,\cdots,n)$。问:应当如何选择新厂址,铁矿所开采出来的铁矿石又当如何分配给两个钢铁厂,才能使每年的总费用(固定运营费用和煤的运费)最低?

解　钢铁厂 B_0 每年用铁量为 p_0,而且今后该地区 m 座铁矿将全部用于支持这两个钢铁厂的生产,故新的钢铁厂每年用铁量 p 为该 m 座铁矿的总产量减去 B_0 的用铁量:

$$p = \sum_{i=1}^{m} a_i - p_0 \tag{6.3}$$

令决策变量为 v_j,若 $v_j=1$ 则表示选择 B_j 作为新厂址,否则 $v_j=0$:

$$v_j = \begin{cases} 1 & (B_j\text{ 作为新厂厂址}) \\ 0 & (B_j\text{ 不作为新厂厂址}) \end{cases}$$

再设 x_{ij} 为每年从 A_i 运往 B_j 的钢铁量$(i=1,2,\cdots,m;j=0,1,2,\cdots,n)$,于是每年的

总费用为

$$f=\sum_{i=1}^{m}\sum_{j=0}^{n}c_{ij}x_{ij}+\sum_{j=1}^{n}r_jv_j+r_0 \tag{6.4}$$

由铁矿 A_i 运出的所有钢铁将等于铁矿 A_i 的产量 a_i，故有约束：

$$\sum_{j=0}^{n}x_{ij}=a_i\quad(i=1,2,\cdots,m) \tag{6.5}$$

原钢铁厂 B_0 钢铁的用量 p_0 由 m 座铁矿为其供应，故其收量应当等于 m 座铁矿分别对其供应量的总和，即 $\sum_{i=1}^{m}x_{i0}=p_0$。

同样地，对于备选的钢铁厂 B_j，由式(6.3)可知其钢铁的用量为 p，且由 m 座铁矿供应。由于备选的铁矿只有一座，故在 p 前面需要乘以系数 v_j，即代表如果选择 B_j 为备选厂址，则用铁矿；否则，该厂不存在，不需要使用铁矿，此时，对应的 x_{ij} 将全部取零值，故

$$\sum_{i=1}^{m}x_{ij}=pv_j\quad(j=1,2,\cdots,n) \tag{6.6}$$

同时，由铁矿 A_i 向钢铁厂 B_j 钢铁的运输量均为非负实数，故有约束：

$$x_{ij}\geqslant 0\quad(i=1,2,\cdots,m;j=0,1,2,\cdots,n)$$

因备选钢铁厂只有一处，故对于决策变量 v_j 还有约束：$\sum_{j=0}^{n}v_j=1$。

根据以上分析，根据决策变量的取值规则，要么建厂取 0，要么不建厂取 1，同时该问题还要确定如果选择了厂址，应当如何分配 m 座铁矿对两个钢铁厂的钢铁供应量 x_{ij}，而该变量的取值为非负实数即可，故该问题为一混合整数规划问题，且为混合 0-1 规划，可以归纳为如下形式：

$$\min f=\sum_{i=1}^{m}\sum_{j=1}^{n}c_{ij}x_{ij}+\sum_{j=1}^{n}r_jv_j+r_0$$

$$\text{s.t.}\begin{cases}\sum_{j=1}^{n}x_{ij}=a_i & (i=1,2,\cdots,m)\\ \sum_{i=1}^{m}x_{j0}=p_0 & \\ \sum_{i=1}^{m}pv_j & (j=1,2,\cdots,n)\\ \sum_{j=1}^{n}v_j=1 & (v_j\text{ 取 0 或 1})\\ x_{ij}\geqslant 0 & (i=1,2,\cdots,m;j=0,1,2,\cdots,n)\end{cases} \tag{6.7}$$

例 6.3(目标分配问题)　假设红方在 D_1,D_2,D_3,D_4 四个阵地上各部署有一部雷达干扰机，针对蓝方 R_1,R_2,R_3,R_4 不同位置的四部雷达同时实施干扰压制。根据蓝方雷达类型和阵地位置等，测算得到每个干扰阵地对每部雷达的干扰效果如表 6.2 所示。

表 6.2　各干扰阵地对不同雷达的干扰效果

干扰阵地	对不同雷达的干扰效果			
	R_1	R_2	R_3	R_4
D_1	0.6	0.9	0.4	0.6
D_2	0.8	0.6	0.8	0.6
D_3	0.4	0.8	0.6	0.8
D_4	0.6	0.9	0.8	0.2

问:如何为每个阵地上的干扰机分配一个干扰目标,使得总的干扰效果最佳?

解　在这个问题中,需要为各个干扰阵地分配一个干扰目标(蓝方雷达),以使得总体干扰效果最佳。为此设第 i 个阵地针对第 j 个雷达实施干扰,并以此作为决策变量,即 x_{ij}。

由于第 i 个阵地要么对第 j 个雷达干扰,要么不对第 j 个雷达干扰,故设只取 0 和 1,且表述如下:

$$x_{ij}=\begin{cases}1 & \text{把目标雷达 } R_j \text{ 分配给阵地 } D_i \text{ 时}\\ 0 & \text{不把目标雷达 } R_j \text{ 分配给阵地 } D_i \text{ 时}\end{cases}\quad (i,j=1,2,3,4)$$

由于每个阵地只针对一部雷达实施干扰,设阵地的编号为 i,则在决策变量 x_{i1},x_{i2},x_{i3}和 x_{i4}中必有一个取值为 1,另外三个取值为 0,其和为 1。即需要满足约束条件:

$$\sum_{j=1}^{4}x_{ij}=1\quad(i=1,2,3,4)\tag{6.8}$$

对于蓝军各雷达而言,对其进行干扰的阵地只有一个,设雷达的编号为 j,在决策变量 x_{1j},x_{2j},x_{3j}和 x_{4j}中必有一个取值为 1,另外三个取值为 0,其和为 1,即需要满足如下约束:

$$\sum_{i=1}^{4}x_{ij}=1\quad(j=1,2,3,4)\tag{6.9}$$

鉴于目标是使得总体干扰效果最佳,设表中所列各干扰阵地对不同雷达的干扰效果为 e_{ij},则总体干扰效果 f 可以表达为

$$f=\sum_{i=1}^{4}\sum_{j=1}^{4}x_{ij}e_{ij}$$

综合以上分析,该目标分配问题的数学模型为

$$\max f=\sum_{i=1}^{4}\sum_{j=1}^{4}x_{ij}e_{ij}$$

$$\text{s.t.}\begin{cases}\sum_{i=1}^{4}x_{ij}=1 & (i=1,2,3,4)\\ \sum_{i=1}^{4}x_{ij}=1 & (j=1,2,3,4)\\ x_{ij}=1,0 & (i=1,2,3,4;j=1,2,3,4)\end{cases}\tag{6.10}$$

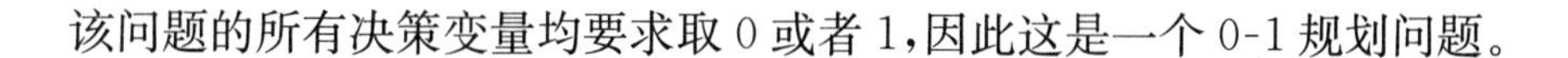

该问题的所有决策变量均要求取 0 或者 1,因此这是一个 0-1 规划问题。

6.2　整数规划的数学模型

在整数规划中还有许多其他典型的问题。如背包问题、指派问题、旅行商问题、下料问题等,这此问题均可以归结为如下的一般形式:

$$\min(\max) f = \sum_{j=1}^{n} c_j x_j$$

$$\text{s. t.}\begin{cases} \sum\limits_{i=1}^{m} a_{ij} x_j \geqslant (=, \leqslant) b_j \\ x_j \geqslant 0 \quad (x_j \text{ 为整数或部分取整数值}) \end{cases} \tag{6.11}$$

上述形式是仿照线性规划中的标准型给出的,其中 $i=1,2,\cdots,m$;$j=1,2,\cdots,n$。如果要求 x_j 全部为整数,则为纯整数规划;如果要求 x_j 部分为整数,则为混合整数规划;如果要求 x_j 的取值只能为 0 和 1,则为 0-1 规划。

6.3　整数规划的求解方法

整数规划的求解方法有分支定界法、割平面法等。割平面法主要用于求解纯整数规划问题;分支定界法不但可以求解纯整数规划问题,也可以求解混合整数规划问题。0-1 规划是整数规划的一种特殊情况,它的变量取值仅限于 0 或 1,它还形成一类特殊的 LP 问题——指派问题(Assignment Problem),常用的求解方法有匈牙利法(Hungarian Method)、隐枚举法等。

6.3.1　分支定界法

分支定界法的思想就是建立分支树并进行定界与减支,不断修正上、下界,最后使得下界接近或者等于上界,通过这个方法来缩小搜索的范围,进而找到问题的最优整数解。

如何选择分支的节点和分支变量对分支定界法的搜索效率有着显著的影响,一般有如下的方法可供选择:

1. 分支节点的选择

(1) 深度优先搜索

先选择最后的还没有求解过的子问题并剪去那些目标函数值小于新下界的子问题。在搜索的过程中,如果某子节点的上界小于当前原问题的某一可行解的值,则将该子节点删去不再进行分支。该方法可以较早实现分支的过程,很快搜索到分支树的较底层找到一个整数解,但由于未顾及其他分支,找到的整数解的质量未必高。

(2)广度优先搜索

始终选择最大目标函数位的子问题继续向下分支。在搜索的过程中,如果某子节点的上界小于当前原问题的某一可行解的值,则将该子节点删去不再进行分支。因为它每次都以最大上界的子问题进行处理,故用该搜索方法找到整数解的质量较高,缺点是该方法要在整个分支树上搜索,故存储空间比深度优先搜索大,求解时间也较长。

(3) 预估法

利用一些先验知识和相关技巧预先估计还未求解过的子问题的最好可能整数解,并选择最好预估值的子问题向下分支,该方法是上述两种方法的折中选择。

2. 分支变量的选择

(1) 选择目标函数中对应系数绝对值最大的决策变量进行分支;

(2) 选择与整数值相差最大的非整数变量首先进行分支;

(3) 按人为给定的顺序选择。

6.3.2 隐枚举法

由 6.1 节中的目标分配问题数学模型的描述可知,0-1 规划是一种特殊的纯整数规划,求解 0-1 规划常用且有效的方法是隐枚举法。该方法是由 E. Balas 在 1965 年提出的。它只检查一部分变量组合,在这个过程中根据已有信息自动舍弃许多不可能成为最优解的组合以求得最优解,从而大大减少了工作量。隐枚举法只需比较目标函数在一小部分组合点上的取值大小就能求得最优解和最优值。

隐枚举法可以看作分支定界法的特殊情况,在求解的过程中,它不需要求解其松弛线性规划问题,利用变量只能取 0 或 1 对问题进行分支。其思路是先将 0-1 规划问题转化为既定的标准型,该标准型一般是要最小化目标函数的值,在此前提下,首先令全部变量取 0 值(当求最大值时,令全部变量取 1 值),检验解是否满足约束条件,若均满足,已得最优解;若不全满足,则令一个变量分支取值为 0 或 1,该分支变量称为固定变量,将模型分成两个子模型,其余未被指定取值的变量称为自由变量,通过这种方法,依次指定一些变量为1，直至得到一个可行解，并将它作为目前最好的可行解并记录下来。此后，经过几次检验后，或者停止分支，或者将另一个自由变量转为固定变量，令其值为0或1，如此继续进行，依次试探变量等于0或1的某些组合，使目前最好的可行解不断逼近最优值，直至没有自由变量或全部子问题停止分支为止，就求出了0-1规划的最优解。

6.3.3　匈牙利算法

前面讨论的目标分配问题其实也属于指派问题，它是一种特殊形式的整数规划。该问题可以总结为：有 n 项任务需要 n 个人分别去完成，每个人只能完成其中的一项，而每项工作也只能由一个人完成，在问题中会以各种形式给出各个人的专长和工作效率，需要求解的问题是考虑分配哪个人去完成哪项任务才能使得总效率最高或者花费的总时间最短。

鉴于指派问题的特殊性，可以有更简便的方法求解此类问题，由于这种方法是基于匈牙利数学家狄·柯尼格(D. Konig)证明的两个定理而发展的，故称为匈牙利法。

1. 匈牙利算法的指派问题标准型

假设由第 i 个人完成第 j 项工作的时间为 E_{ij}，又设问题中的决策变量为 x_{ij}，其意义如下：

$$x_{ij}=\begin{cases}1 & (\text{当指派第 } i \text{ 个人去完成第 } j \text{ 个任务时})\\ 0 & (\text{当不指派第 } i \text{ 个人去完成第 } j \text{ 个任务时})\end{cases}$$

则指派问题的标准型为

$$\min f=\sum_{i=1}^{n}\sum_{j=1}^{n}E_{ij}x_{ij}$$

$$\text{s.t.}\begin{cases}\sum\limits_{j=1}^{n}x_{ij}=1 & (i=1,2,\cdots,n)\\ \sum\limits_{i=1}^{n}x_{ij}=1 & (j=1,2,\cdots,n)\\ x_{ij}=0\text{ 或 }1 & (i=1,2,\cdots,n;j=1,2,\cdots,n)\end{cases}\tag{6.12}$$

需要注意的是，在上式的标准型中，要求的是最小化目标函数的值，且对应于各决策变量的系数均不小于零。这是应用匈牙利算法的前提条件。如果指派问题不是匈牙利算法的标准型，则需要将其转化为相应的标准型后再进行求解。

2. 匈牙利算法的步骤

求解指派问题的匈牙利算法的步骤如下：

(1) 使每一行和每一列都出现0元素

① 将效率矩阵 $\boldsymbol{E}$ 的每行元素减去该行中的最小元素，使得每一行至少出现一个零元素。

② 将所得矩阵的每列元素减去该列中的最小元素，使得每列至少出现一个零元素。

③ 如果某行或者某列已经有零元素，则不必再减。

(2) 最优性检验，进行试指派，即找出不同行不同列的零元素

① 给只有一个零元素的行中的零加上括号，记做“(0)”，并划去与其同列的其余零元素，记做“⊗”，

② 给只有一个零元素的列中的零打加括号，记做“(0)”，并划去与其同行的其余零元素，记做“⊗”。

③ 反复进行(1)和(2)，直至所有的零都被标记为止。

④ 若仍有没有被标记的零元素，则可从剩余的零元素最少的行(列)开始，选择零元素少的那列(行)的零元素加括号。然后，划去同行同列的其他零元素，反复进行，直到所有零元素都被标记为止。

⑤ 若“(0)”元素的数目 m 等于矩阵的阶数 n，则该指派问题的最优解已经找到，若 $m<n$，转下一步。

(3) 矩阵变换

① 作能覆盖所有零元素的最少直线。对没有“(0)”的行标记“ * ’，对标记“ * ”行上含有零元素的列标记“ * ”，对标记“ * ”列上有“(0)”的行标记“ * ”，直到无法标记“ * ”为止；然后对标记“ * ”的列画纵线，未标记“ * ”的行画横线，这就是能覆盖所有零元素的最少直线。

② 移动零元素。在未被划去的元素中找出最小元素 s，将其作为矩阵变换的调整量；然后将标记“ * ”行的所有元素都减去 s，将标记“ * ”列的所有元素都加上 s。结果将得到一个新的效率矩阵，转(2)。

通过上述步骤，就可得到指派问题的解。

6.4 MATLAB 求解整数规划问题

6.4.1 基于求解器的求解方法

MATLAB 2014b 版本以后的最优化工具箱中提供了混合整数线性规划问题的求解函数 intlinprog()。

intlinprog 求解如下形式的整数线性规划问题：

$$\min_{x} \boldsymbol{f}^{\mathrm{T}}\boldsymbol{x}$$

$$\text{s. t.}\begin{cases}\boldsymbol{x}(\text{inton})\ \text{are integers}\\ \boldsymbol{A}\cdot\boldsymbol{x}\leqslant\boldsymbol{b}\\ \boldsymbol{A}_{\text{eq}}\cdot\boldsymbol{x}=\boldsymbol{b}_{\text{eq}}\\ \boldsymbol{lb}\leqslant\boldsymbol{x}\leqslant\boldsymbol{ub}\end{cases}\tag{6.13}$$

式中 $\boldsymbol{c},\boldsymbol{x},\boldsymbol{b},\boldsymbol{b}_{\text{eq}},\boldsymbol{lb},\boldsymbol{ub}$ 为向量；$\boldsymbol{A},\boldsymbol{A}_{\text{eq}}$ 为矩阵。

其调用格式为

```
x=intlinprog(f,intcon,A, b)
x=intlinprog(f,intcon,A,b,Aeq,beq)
x=intlinprog(f,intcon,A,b,Aeq,beq,lb,ub)
x=intlinprog(f,intcon,A,b,Aeq,beq,lb,ub,x0)
x=intlinprog(f,intcon,A,b,Aeq,beq,lb,ub,x0,options)
x=intlinprog(problem)
[x,fval,exitflag,output]=intlinprog(…)
```

由这里列出的调用格式可见，该函数的调用格式与 linprog()很接近，不同的是多了一个 intcon 变元，该向量是一个序号向量，指出哪些决策变量需要为整数。在结构体变量 problem 中，与 linprog()函数不同的成员变量为 intcon，另外，solver 选项还应该设置为'intlinprog'。可以如下设置相关成员变量：

```
problem.solver='intlinprog'
problem.options=optimoptions('intlinprog')
```

函数 intlinprog()本身是有局限性的，因为得出的整数决策变量通常不是精确的整数，可以通过 x(intcon)=round(x(intcon))语句微调结果，得出整数决策变量。

下面基于求解器的方法求解例 6.1 中的整数规划问题。

由于式(6.1)、式(6.2)所表示的规划模型不是标准形式，首先需要对模型进行标准化。令

$$\begin{bmatrix}x_{11} & x_{12} & x_{13}\\ x_{21} & x_{22} & x_{23}\end{bmatrix}\rightarrow[x_1,x_2,x_3,x_4,x_5,x_6]$$

转化后的标准形式为

$$\min P = -0.7x_1 - 0.9x_2 - 0.8x_3 - 0.5x_4 - 0.7x_5 - 0.6x_6$$

$$\text{s.t.} \begin{cases} x_1 + x_2 + x_3 = 8 \\ x_4 + x_5 + x_6 = 10 \\ x_1 + x_4 \leqslant 5 \\ x_2 + x_5 \leqslant 5 \\ x_3 + x_6 \leqslant 10 \\ x_i (i = 1,2,3,4,5,6) \text{ 为整数} \end{cases} \tag{6.14}$$

程序代码为

```
f=-[0.7 0.9 0.8 0.5 0.7 0.6]';
Aeq=[1 1 1 0 0 0;0 0 0 1 1 1];
beq=[8 10]';
A=[1 0 0 1 0 0;0 1 0 0 1 0;0 0 1 0 0 1];
b=[5 5 10]';
lb=zeros(6,1);
ub=[8 8 8 10 10 10]';
intcon=(1:6)';
[x, fval,exitflag,output]=intlinprog(f,intcon,A,b,Aeq,beq,lb,ub);
```

运行结果为

```
x=6×1
3
5
0
0
10
fval=-12.6000
exitflag=1
output=包含以下字段的 struct:
relativegap:0
absolutegap:0
numfeaspoints:1
numnodes:0
constrviolation:0
```

6.4.2　基于问题的求解方法

除了前面介绍的基于求解器的求解方法，MATLAB 从 2017b 版本开始支持基于问题(problem based)的描述方法。基于求解器的方法需要将目标函数、约束条件写成矩阵表示形式，基于问题的求解方法可以用表达式直接描述，直接按照给出的数学格式写出即可。下面给出基于问题的整数规划问题描述与求解步骤。

(1) 创建最优化问题

由 optimproblem()函数创建一个新的空白最优化问题，该函数的基本调用格式为

```
prob=optimproblem('ObjectiveSense','max')
```

其中 ObjectiveSense 表示优化的意义。

如果不给出'ObjectiveSense'属性，则求解默认的最小化问题。即

```
prob=optimproblem
```

(2) 创建决策变量

对于整数变量，可以由 optimvar()函数实现，该语句一般格式为

```
x=optimvar('x',n,m,k,'Type','integer','LowerBound',lb,'UpperBound',ub)
```

其中 n,m 和 k 为三维数组的维数；如果不给出 k，则可以定义出 n×m 决策矩阵 x；若 m=1，则可以定义 n×1 决策列向量。如果 lb 为常量，则可以将全部决策变量的下限都设置成相同的值。属性名 LowerBound 可以简化成 Lower，UpperBound 属性与此类似。

例如，需要定义一个 3×2 维的 0-1 整数变量，则可以写成如下的形式：

```
x=optimvar('x',3,2,'Type','integer','LowerBound',0,'UpperBound',1)
```

(3) 定义目标函数

在(1)、(2)基础之上，可以写出目标函数，具体格式为

```
prob. Objective=XXX
```

例如，目标函数是对 x 进行加权求和，权重为 f。则可以写成如下的形式：

```
prob. Objective=sum(sum(f. * x))
```

(4) 定义约束条件

同样在(1)、(2)的基础之上，写出约束条件，具体格式为

```
prob. Constraints. xx=XXX
```

例如，要求 x 的每行和等于 1，每列和不超过 1，则可以写成如下的形式：

```
onesum=sum(x,2)==1;
vertsum=sum(x,1)<=1;
prob.Constraints. onesum=onesum;
prob.Constraints. vertsum=vertsum;
```

(5) 求解最优化问题

有了 prob 问题之后，则可以调用 solve 函数直接求解相关的最优化问题，具体的调用格式为

[sol,fval,exitflag,output]=solve(prob)

其中 sol：解以结构体形式返回。结构体的字段是优化变量的名称。

fval：解处的目标函数值，以实数形式返回。

exitflag：求解器停止的原因，以枚举变量的形式返回。可以使用 double(exitflag)将 exitflag 转换为其等效数值，使用 string(exitflag)将其转换为其等效字符串。

表 6.3 说明了 intlinprog 求解器的退出标志。

表 6.3 intlinprog 求解器的退出标志

intlinprog 的退出标志	等效数值	含 义
OptimalWithPoorFeasibility	3	解关于相对 ConstraintTolerance 容差可行，但关于绝对容差不可行
IntegerFeasible	2	intlinprog 过早停止，并找到一个整数可行点
OptimalSolution	1	求解器收敛于解 x
SolverLimitExceeded	0	intlinprog 超过以下容差之一： LPMaxIterations MaxNodes MaxTime RootLPMaxIterations
OutputFcnStop	−1	intlinprog 由输出函数或绘图函数停止
NoFeasiblePointFound	−2	找不到可行点
Unbounded	−3	此问题无界
FeasibilityLost	−9	求解器失去可行性

output：有关优化过程的信息，以结构体形式返回。输出结构体包含相关基础求解器输出字段中的字段，具体取决于调用了哪个求解器 solve。

intlinprog 求解器的输出字段如表 6.4 所示。

表 6.4 intlinprog 求解器的输出字段

relativegap	intlinprog 在分支定界算法中计算的目标函数上界(U)和下界(L)之间的相对百分比差。 relativegap=100 * (U−L)/(abs(U)+1) 如果 intcon=[]，则 relativegap=[]

relativegap	intlinprog 在分支定界算法中计算的目标函数上界(U)和下界(L)之间的相对百分比差。 relativegap=100 * (U-L)/(abs(U)+1) 如果 intcon=[],则 relativegap=[]
absolutegap	找到的整数可行点的数量。 如果 intcon =[],则 numfeaspoints=[]。此外,如果初始松弛问题不可行,则 numfeaspoints=[]
numfeaspoints	找到的整数可行点的数量。 如果 intcon=[],则 numfeaspoints=[]。此外,如果初始松弛问题不可行,则 numfeaspoints=[]
numnodes	分支定界算法中的节点数。如果在预处理或初始切割过程中找到了解,则 numnodes=0。 如果 intcon=[],则 numnodes=[]
constrviolation	约束违反度,在违反约束时为正值。 constrviolation=max([0;norm(Aeq * x-beq,inf); (lb-x);(x-ub);(Ai * x-bi)])
message	退出消息

问题的显示:可以由 showproblem(prob)显示最优化问题;也可以由 showconstr(prob. constraints. c1)单独显示约束条件 c1。

下面基于问题的方法求解例 6.1 中的整数规划问题:

```
P=optimproblem("ObjectiveSense","maximize");
f=[0.7 0.9 0.8 0.5 0.7 0.6];
ub=[8 8 8 10 10 10]';
x=optimvar('x',6,1,'LowerBound',0,"Type",'integer','UpperBound',ub);
P.Objective=f * x;
P.Constraints.c1=x(1)+x(2)+x(3)==8;
P.Constraints.c2=x(4)+x(5)+x(6)==10;
P.Constraints.c3=x(1)+x(4)<=5;
P.Constraints.c4=x(2)+x(5)<=5;
P.Constraints.c5=x(3)+x(6)<=10;
[sol,fval,exitflag,output]=solve(P);
sol.x
fval
exitflag
```

```
output
```

运行结果为

```
sol.x=
3
5
0
0
10
fval=12.6000
exitflag=
OptimalSolution
output=包含以下字段的 struct:
relativegap:0
absolutegap:0
numfeaspoints:0
numnodes:0
constrviolation:0
message: 'Optimal solution found'
solver: 'intlinprog'
```

输出结构体显示 numnodes 是 0。这意味着 intlinprog 在分支之前已求出问题的解。这是结果可靠的一个标志。此外,absolutegap 和 relativegap 字段是 0,这是结果可靠的另一标志。

6.4.3 整数规划的 MATLAB 求解实例

例 6.4 敌由预警机系统、电子战编队和突击编队组成的对海突击体系,欲对我海上编队进行打击。我拟以战斗机编队打破敌方对海突击体系。根据效能评估结论,我各型战斗机对敌方 3 个编队的突击效能指数、战斗机数量、打破敌对海突击体系中某一环节所需总突击效能指数如表 6.5 所示。

表 6.5 突击效能指数

机型	预警机系统	电子战编队	突击编队	战斗机数量(架)
机型 1	12	18	8	12
机型 2	14	7	19	16

续表

机型	预警机系统	电子战编队	突击编队	战斗机数量(架)
机型 3	15	10	6	8
总指数	270	280	360	—

试求出动兵力最少的突击方案。

解　设战斗机编队中1、2、3种机型的数量分别为 $x_{ij}(i=1,2,3;j=1,2,3)$，则目标函数为

$$\min z = x_{11}+x_{12}+x_{13}+x_{21}+x_{22}++x_{23}+x_{31}+x_{32}+x_{33}$$

战斗机数量约束为

$$x_{11}+x_{12}+x_{13}\leqslant 12$$

$$x_{21}+x_{22}+x_{23}\leqslant 16$$

$$x_{31}+x_{32}+x_{33}\leqslant 8$$

选择打击环节为只要集中力量打掉敌军对海突击体系中的一个环节，敌军即无法达成对海突击行动。因此有

$$\text{s. t.}\begin{cases}12x_{11}+14x_{21}+15x_{31}\geqslant 270-270(1-y_1)\\18x_{12}+7x_{22}+10x_{32}\geqslant 280-280(1-y_2)\\8x_{13}+19x_{23}+6x_{33}\geqslant 360-360(1-y_3)\\y_1+y_2+y_3=1\\x_{ij}\in\mathbf{N}\qquad(i=1,2,3,j=1,2,3)\\y_k\in\{0,1\}\quad(k=1,2,3)\end{cases}$$

需要注意的是，虽然 x_{ij}，y_i 均为决策变量，但其含义不同。x_{ij} 是资源决策变量，而 y_i 则是控制决策变量，或称为控制变量。因此，它们的含义不同，取值范围不同。

(1) 基于求解器的求解方法

利用求解器进行求解时，由于上式不满足一般形式，因此需要将其进行标准化，即

$$\text{s. t.}\begin{cases}-12x_{11}-14x_{21}-15x_{31}+270y_1\leqslant 0\\-18x_{12}-7x_{22}-10x_{32}+280y_2\leqslant 0\\-8x_{13}-19x_{23}-6x_{33}+360y_3\leqslant 0\\y_1+y_2+y_3=1\\x_{ij}\in\mathbf{N}\qquad(i=1,2,3,j=1,2,3)\\y_k\in\{0,1\}\quad(k=1,2,3)\end{cases}$$

```
clear;
clc;
c=ones(1,12);
```

```
A1=[1 1 1 zeros(1,9)
    0 0 0 1 1 1 zeros(1,6)
    zeros(1,6),1,1,1,0,0,0];
E=eye(3);
A2=[270,280,360];
A3=-[[12,18,8].*E,[14,7,19]'.*E,[15,10,6]'.*E,-A2.*E];
A=[A1;A3];
b=[12,16,8,0,0,0];
Aeq=[zeros(1,9),1,1,1];
beq=1;
lb=zeros(1,12);
intcon=1:12;
[x,fval,exitflag]=intlinprog(c,intcon,A,b,Aeq,beq,lb);
X=reshape(x(1:9),3,3)'
y=x(10:12)
```

(2) 基于问题的求解方法

```
clear;
clc;
prob=optimproblem('ObjectiveSense','min');
x=optimvar('x',3,3,'LowerBound',0,'Type','integer');
y=optimvar('y',3,'LowerBound',0,'UpperBound',1,"Type",'integer');
prob.Objective=x(1,1)+x(1,2)+x(1,3)+x(2,1)+x(2,2)+x(2,3)+x(3,1)+x(3,2)+x(3,3);
prob.Constraints.c1=x(1,1)+x(1,2)+x(1,3)<=12;
prob.Constraints.c2=x(2,1)+x(2,2)+x(2,3)<=16;
prob.Constraints.c3=x(3,1)+x(3,2)+x(3,3)<=8;
prob.Constraints.c4=12*x(1,1)+14*x(2,1)+15*x(3,1)>=270-270*(1-y(1));
prob.Constraints.c5=18*x(1,2)+7*x(2,2)+10*x(3,2)>=280-280*(1-y(2));
prob.Constraints.c6=8*x(1,3)+19*x(2,3)+6*x(3,3)>=360-360*(1-y(3));
prob.Constraints.c7=y(1)+y(2)+y(3)==1;
[sol, fval]=solve(prob,'Solver','intlinprog')
```

运行结果为

x			y	
0	12	0	y1	0
0	0	0	y2	1
0	7	0	y3	0

运行结果表明，打击目标选择敌方电子战编队，各出动x_1，x_3型飞机12架和7架，即可完成打破敌对海突击体系的任务，既做到了出动飞机数量最少，又达成了打破敌作战体系的目的。

习　　题

1. 设某部队有12部干扰装备配置在北方的两个阵地上。现在由于敌情变化，要将它们重新布置在南方的三个新阵地上。各阵地的干扰机数和把干扰机由原阵地i开向新阵地j所需时间t_{ij}(单位:h)如表6.6所示。求最省时间的转移方案。

表6.6　各阵地干扰机数量及转移到新阵地的时间

新阵地 / 原阵地	新阵地1	新阵地2	新阵地3	干扰机数
原阵地1	1	0.8	0.6	7
原阵地2	0.5	1.2	1	5
干扰机数	3	4	5	12

2. 某部修理所组成A,B,C,D共4个修理小组，对甲、乙、丙、丁4支部队实施技术保障，以便保证全团在上级规定的时间内完成装备的检修任务。由于各组的技术专长和设备不同，各部队的装备损坏程度不同，因此，各组在各部队完成任务所需的时间也不一样。假定具体时间如表6.7所列。问4个修理组哪一组完成哪一个部队的技术保障任务，才能使总的时间最短？

表6.7　各修理小组完成不同任务所需时间

修理组部队	甲	乙	丙	丁
A	5	8	8	6
B	4	6	5	8

续表

修理组部队	甲	乙	丙	丁
C	6	10	7	4
D	9	3	7	3

3. 某后勤保障基地计划建造营、团两种类型的保障住房，营级住房每栋占地为 $0.25\times10^3\ m^2$，团级住房每栋占地为 $0.4\times10^3\ m^2$，该基地计划开发用地为 $3\times10^3\ m^2$，计划建设营级住房不少于6栋，团级住房少于3栋。营级住房每栋成本为600万元，团级住房每栋成本为800万元，需将开发用地充分利用。问：该基地应计划营、团两种住房各多少栋能使总体成本最低？

第 7 章　二次规划及其 MATLAB 实现

二次规划是指目标函数为二次函数、约束条件是线性等式或线性不等式的最优化问题，它是非线性规划中最简单且研究得最成熟的一类问题，也是可以通过有限次迭代求得精确解的一类问题。本章在给出二次规划问题的数学模型之后，重点介绍二次规划的求解算法。

7.1　典型二次规划问题

例 7.1（机械臂精确控制问题）　在 WeBots 中搭建三自由度机械臂模型，连杆长度 $L=0.7\ \mathrm{m}$，机械臂输入为各个关节角度，输出笛卡儿空间位置，给定初始关节角度[30°；−60°；60°]，以固定步长 $T=0.01$ 进行仿真计算。

机械臂末端位置$[\boldsymbol{x},\boldsymbol{y}]^{\mathrm{T}}$坐标和关节角度关系，即正运动学为

$$\boldsymbol{x}=L\begin{bmatrix}c_1+c_{12}+c_{123}\\ s_1+s_{12}+s_{123}\end{bmatrix}$$

其中 $c_1=\cos(\theta_1)$，$c_{12}=\cos(\theta_1+\theta_2)$，…。

其雅克比矩阵为

$$\boldsymbol{J}=L\begin{bmatrix}-s_1-s_{12}-s_{123} & -s_{12}-s_{123} & -s_{123}\\ c_1+c_{12}+c_{123} & c_{12}+c_{123} & c_{123}\end{bmatrix}$$

$$\dot{\boldsymbol{x}}=\boldsymbol{J}\dot{\boldsymbol{\theta}}$$

后续我们以末端移动速度 $\dot{\boldsymbol{x}}=[\dot{x},\dot{y}]^{\mathrm{T}}$ 为优化决策变量，各个关节角速度 $\dot{\boldsymbol{\theta}}=[\dot{\theta}_1,\dot{\theta}_2,\dot{\theta}_3]^{\mathrm{T}}$为输入控制量。前面我们给定了关节的初始角度[30°；−60°；60°]，但是在保持末端位置不变的情况下，这个初始角度对机械臂来说并不一定是最优的。如果我们以各关节角度离零点最近为最优指标，以传统的求机械臂逆解再进行优化的方法来做，问题会变得非常复杂，而且会随着机器人自由度的增多，逆解的求解过程本身就是个非常复杂的问题；而如果转换成二次规划问题，则可以跳过逆解求解过程，并对更高自由度的机器人具备普适性，整个求解过程就会相对容易得多。

上述问题可以写成二次型形式如下：

$$\min q(\boldsymbol{x}) = \sum_i (\theta_i^t)^2 = \sum_i (\theta_i^{t-1} + T \cdot \dot{\theta}_i)^2$$

$$\text{s.t. } \boldsymbol{J}\dot{\boldsymbol{\theta}} = \dot{\boldsymbol{x}}$$

7.2 二次规划问题的数学模型

二次规划可以表述成如下标准形式：

$$\begin{aligned} &\min f(\boldsymbol{x}) = \frac{1}{2}\boldsymbol{x}^{\mathrm{T}}\boldsymbol{H}\boldsymbol{x} + \boldsymbol{c}^{\mathrm{T}}\boldsymbol{x} \\ &\text{s.t. } \boldsymbol{A}\boldsymbol{x} \geqslant \boldsymbol{b} \end{aligned} \tag{7.1}$$

其中 $\boldsymbol{H}\in\mathbf{R}^{n\times n}$ 为 n 阶实对称矩阵，$\boldsymbol{A}$ 为 $m\times n$ 维矩阵，$\boldsymbol{c}$ 为 n 维列向量，$\boldsymbol{b}$ 为 m 维列向量。问题(7.1)即为二次规划问题(Quadratic Programming, QP)。

特别地，当 $\boldsymbol{H}$ 正定时，目标函数为凸函数，线性约束下可行域又是凸集，式(7.1)称为凸二次规划。凸二次规划是一种最简单的非线性规划，且具有如下性质：

(1) K-T 条件不仅是最优解的必要条件，而且是充分条件；

(2) 局部最优解就是全局最优解。

下面探讨二次规划的求解。首先给出求解等式约束下的二次规划问题的算法，之后分析不等式约束下的二次规划的几种算法。

7.3 二次规划的求解方法

7.3.1 等式约束的二次规划问题

等式约束的二次规划问题可以表示为

$$\begin{aligned} &\min f(\boldsymbol{x}) = \frac{1}{2}\boldsymbol{x}^{\mathrm{T}}\boldsymbol{H}\boldsymbol{x} + \boldsymbol{c}^{\mathrm{T}}\boldsymbol{x} \\ &\text{s.t. } \boldsymbol{A}\boldsymbol{x} = \boldsymbol{b} \end{aligned} \tag{7.2}$$

其中 $\boldsymbol{H}\in\mathbf{R}^{n\times n}$ 为 n 阶实对称矩阵，$\boldsymbol{A}$ 为 $m\times n$ 维矩阵，$\boldsymbol{c}$ 为 n 维列向量，$\boldsymbol{b}$ 为 m 维列向量。假设 $\mathrm{rank}(\boldsymbol{A})=m<n$，下面介绍求解等式约束下二次规划问题(7.2)的典型方法——拉

格朗日乘子法。

1. 算法原理

拉格朗日乘子法是求解如下凸二次规划的方法：

$$\begin{aligned} &\min \frac{1}{2}x^{\mathrm{T}}\boldsymbol{H}\boldsymbol{x}+\boldsymbol{c}^{\mathrm{T}}x, \\ &\text{s.t.}\ \ \boldsymbol{A}\boldsymbol{x}=\boldsymbol{b} \end{aligned} \tag{7.3}$$

其主要思想是引入拉格朗日乘子，将约束条件转化为拉格朗日函数中，通过求解拉格朗日函数的极值来得到最优解。

2. 算法步骤

拉格朗日乘子法的算法步骤如下：

（1）首次定义拉格朗日函数

$$L(\boldsymbol{x},\boldsymbol{\lambda})=\frac{1}{2}\boldsymbol{x}^{\mathrm{T}}\boldsymbol{H}\boldsymbol{x}+\boldsymbol{c}^{\mathrm{T}}\boldsymbol{x}-\lambda^{\mathrm{T}}(\boldsymbol{A}\boldsymbol{x}-\boldsymbol{b}) \tag{7.4}$$

（2）由多元函数的极值条件有

$$\begin{cases} \dfrac{\partial L(\boldsymbol{x},\boldsymbol{\lambda})}{\partial \boldsymbol{x}}=0 \\ \dfrac{\partial L(\boldsymbol{x},\boldsymbol{\lambda})}{\partial \boldsymbol{\lambda}}=0 \end{cases} \tag{7.5}$$

则可以得到方程组

$$\begin{cases} \boldsymbol{H}\boldsymbol{x}+\boldsymbol{c}-\boldsymbol{A}^{\mathrm{T}}\boldsymbol{\lambda}=0 \\ \boldsymbol{A}\boldsymbol{x}-\boldsymbol{b}=0 \end{cases} \tag{7.6}$$

即

$$\begin{bmatrix} \boldsymbol{H} & -\boldsymbol{A}^{\mathrm{T}} \\ -\boldsymbol{A} & \boldsymbol{0} \end{bmatrix}\begin{bmatrix} \boldsymbol{x} \\ \boldsymbol{\lambda} \end{bmatrix}=\begin{bmatrix} -\boldsymbol{c} \\ -\boldsymbol{b} \end{bmatrix} \tag{7.7}$$

（3）如果(2)中的方程组的系数矩阵可逆的话，则可以求出最优解为

$$\tilde{\boldsymbol{x}}=\boldsymbol{F}\boldsymbol{c}+\boldsymbol{D}^{\mathrm{T}}\boldsymbol{b} \tag{7.8}$$

其中

$$\begin{cases} \boldsymbol{F}=\boldsymbol{H}^{-1}\boldsymbol{A}^{\mathrm{T}}(\boldsymbol{A}\boldsymbol{H}^{-1}\boldsymbol{A}^{\mathrm{T}})^{-1}\boldsymbol{A}^{-1}-\boldsymbol{H}^{-1} \\ \boldsymbol{D}=(\boldsymbol{A}\boldsymbol{H}^{-1}\boldsymbol{A}^{\mathrm{T}})^{-1}\boldsymbol{A}^{-1}\boldsymbol{H}^{-1} \end{cases} \tag{7.9}$$

7.3.2　不等式约束的二次规划问题

当二次规划中出现不等式约束时，拉格朗日乘子法就不适用了。对于如下的二次

规划：

$$\begin{aligned} \min f(\boldsymbol{x}) &= \frac{1}{2}\boldsymbol{x}^{\mathrm{T}}\boldsymbol{H}\boldsymbol{x} + \boldsymbol{c}^{\mathrm{T}}\boldsymbol{x} \\ \text{s. t. } \boldsymbol{A}\boldsymbol{x} &\geqslant \boldsymbol{b} \end{aligned} \tag{7.10}$$

可以用有效集方法和路径跟踪法等算法来求解。

1. 有效集方法

(1) 算法原理

有效集方法在每次迭代中，把起作用约束作为等式约束，然后可以用拉格朗日法求解，重复此过程，直到求得最优解。

(2) 算法步骤

有效集方法的算法步骤如下：

① 给定初始点 x_0 和约束指标集 C^0，令 $k=0$；

② 求解二次规划

$$\begin{aligned} \min \frac{1}{2}\boldsymbol{y}^{\mathrm{T}}\boldsymbol{H}\boldsymbol{y} &+ \nabla \boldsymbol{f}(x_k)^{\mathrm{T}}\boldsymbol{y} \\ \text{s. t. } \boldsymbol{a}^i \cdot \boldsymbol{x} &= 0 \quad (i \in C^k) \end{aligned} \tag{7.11}$$

设最优解为 $\boldsymbol{y}^*$，如果 $\boldsymbol{y}^*=0$，则转⑤；

③ 令 $\delta=\boldsymbol{y}^*$，由下式确定系数 a_k，

$$a_k = \min(1, a) \tag{7.12}$$

其中 $a=\min\left\{\frac{b^i-a^ix_k}{a^i\delta}\middle| i\notin C^k, a^i\delta<0\right\}$，且设 α 对应的 i 的指标为 p；

更新 x，令 $x_{k+1}=x_k+\alpha_k\delta$；

④ 若 $\alpha_k<1$，则将 p 加入约束指标集 C^k，令 $k=k+1$，转②；若 $\alpha_k=1$，令 $C^{k+1}=C^k$，令 $k=k+1$，转⑤；

⑤计算起作用约束对应的拉格朗日乘子 λ_k

$$\lambda_k = \boldsymbol{D} \cdot (\boldsymbol{H}\boldsymbol{x}_k + \boldsymbol{c}) \tag{7.13}$$

其中 $\boldsymbol{D}=(\tilde{\boldsymbol{A}}\boldsymbol{H}^{-1}\tilde{\boldsymbol{A}}^{\mathrm{T}})^{-1}\tilde{\boldsymbol{A}}\boldsymbol{H}^{-1}$，而 $\tilde{\boldsymbol{A}}$ 为约束对应的约束方程的系数矩阵；令 $\lambda^*=\min(\lambda_k)$，并设 λ^* 对应的指标为 q，若 $\lambda^*\geqslant 0$，则停止计算，得到最优解，否则从约束指标集中删除 q，转②。

2. 路径跟踪法

(1) 算法原理

路径跟踪法是求解如式(7.10)所示不等式约束二次规划问题的一种较为有效的近似算法。路径跟踪法每次的搜索方向都是最近似最优方向，它通过引入中心路径的概

念，将求最优解转化为求解中心路径的问题。

（2）算法步骤

路径跟踪法的算法步骤如下：

① 给定初始点 $\boldsymbol{x}_0,\boldsymbol{y}_0,\boldsymbol{w}_0$，其中 $\boldsymbol{y}_0,\boldsymbol{w}_0$ 的各个分量必须大于零；取初始的正数 p 和 $\delta(0<\delta<1)$，且 p 小于1且接近于1，令 $k=0$；

② 计算参数

$$\begin{cases}\boldsymbol{\rho}=\boldsymbol{b}-\boldsymbol{A}\boldsymbol{x}_k+\boldsymbol{w}_k\\ \boldsymbol{\sigma}=\boldsymbol{c}+\boldsymbol{H}\boldsymbol{x}_k-\boldsymbol{A}^{\mathrm{T}}\boldsymbol{y}_k\\ \gamma=\boldsymbol{y}_k^{\mathrm{T}}\boldsymbol{w}_k,\quad \mu=\delta\dfrac{\gamma}{m}\end{cases}\tag{7.14}$$

其中 m 为约束系数矩阵 $\boldsymbol{A}$ 的行数；

③ 解方程求出搜索方向

$$\begin{bmatrix}-\boldsymbol{H} & \boldsymbol{A}^{\mathrm{T}}\\ \boldsymbol{A} & \boldsymbol{Y}^{-1}\boldsymbol{W}\end{bmatrix}\begin{bmatrix}\Delta\boldsymbol{x}\\ \Delta\boldsymbol{y}\end{bmatrix}=\begin{bmatrix}\sigma\\ \boldsymbol{b}-\boldsymbol{A}\boldsymbol{x}_k+\mu\boldsymbol{Y}^{-1}\boldsymbol{e}\end{bmatrix}\tag{7.15}$$

其中 $\boldsymbol{Y}$ 是由 $\boldsymbol{y}_k$ 的各个分量为对角元素的对角阵，$\boldsymbol{W}$ 是由 $\boldsymbol{w}_k$ 的各个分量为对角元素的对角阵，$\boldsymbol{e}$ 为全1的列向量。令 $\Delta\boldsymbol{w}=\boldsymbol{Y}^{-1}(\mu\boldsymbol{e}-\boldsymbol{Y}\boldsymbol{W}-\boldsymbol{W}\Delta\boldsymbol{y})$；

④ 求出步长参数 λ：

$$\lambda=\min\left\{p\max\left[\left(-\frac{(\Delta\boldsymbol{y}_k)^i}{(\boldsymbol{y}_k)^i},-\frac{(\Delta\boldsymbol{w}_k)^j}{(\boldsymbol{w}_k)^j}\right)\right]^{-1},1\right\}\tag{7.16}$$

⑤ 令 $\begin{cases}\boldsymbol{x}_{k+1}=\boldsymbol{x}_k+\lambda\Delta\boldsymbol{x}_k\\ \boldsymbol{y}_{k+1}=\boldsymbol{y}_k+\lambda\Delta\boldsymbol{y}_k\\ \boldsymbol{w}_{k+1}=\boldsymbol{w}_k+\lambda\Delta\boldsymbol{w}_k\end{cases}$，置 $k=k+1$，当 $\|\boldsymbol{\rho}\|,\|\boldsymbol{\sigma}\|,\gamma$ 中的最大值足够小时停止得到一定精度的最优解，否则转②。

7.4　MATLAB求解二次规划问题

MATLAB中的quadprog函数可用来求解如下标准二次规划问题：

$$\begin{gathered}\min\ \frac{1}{2}\boldsymbol{x}^{\mathrm{T}}\boldsymbol{H}\boldsymbol{x}+\boldsymbol{f}^{\mathrm{T}}\boldsymbol{x}\\ \text{s.t.}\begin{cases}\boldsymbol{A}\boldsymbol{x}\leqslant\boldsymbol{b}\\ \boldsymbol{A}_{\mathrm{eq}}\boldsymbol{x}=\boldsymbol{b}_{\mathrm{eq}}\\ \boldsymbol{lb}\leqslant\boldsymbol{x}\leqslant\boldsymbol{ub}\end{cases}\end{gathered}\tag{7.17}$$

其中 $\boldsymbol{H},\boldsymbol{A}$ 为矩阵，其余字母为向量。

quadprog 函数有如下几种调用格式：

(1) x=quadprog(H,f,A,b)：求解只有不等式约束的二次规划问题，并返回极值点；

(2) x=quadprog(H,f,A,b,Aeq,beq)：求解含有不等式约束和等式约束的二次规划问题，并返回极值点；

(3) x=quadprog(H,f,A,b,Aeq,beq,lu,ub)：求解标准形式的二次规划问题，并返回极值点；

(4)x=quadprog(H,f,A,b,Aeq,beq,lu,ub,x0)：求解指定了初始优化点 x0 的二次规划问题；

(5) x=quadprog(H,f,A,b,Aeq,beq,lu,ub,x0,options)：求解指定了优化选项的二次规划问题，此 options 结构比较大，在这里就不列出，其具体内容可参考 MATLAB 帮助；

(6) x=quadprog(problem)：优化问题和优化选项通过 problem 结构指定，其内容如表 7.1 所示。

表 7.1　problem 结构字段说明

字段	说　明	字段	说　明
H	二次规划中的二次矩阵	lb	自变量下界约束
f	二次规划中的一次项向量	ub	自变量上界约束
Aineq	线性不等式约束的系数矩阵	x0	初始点
bineq	线性不等式约束的右端向量	solver	求解器，为“quadprog”
Aeq	线性等式约束的系数矩阵	option	option 结构
beq	线性等式约束的右端向量		

(7) [x,fval]=quadprog(…)：输出参数 fval 为二次规划的极值；

(8) [x,fval,exitflag]=quadprog(…)：输出参数 exitflag 为求解状态，其取值如表 7.2所示。

表 7.2　exitflag 取值说明

值	说　明
1	成功求得最优解
3	求得一个解，且对应的目标函数值的精度等于给定值
4	求得的解为局部最小值
0	迭代步数超过最大允许值
−2	目标函数无最优可行解

续表

值	说　　明
−3	目标函数无界
−4	当前点的搜索方向不是下降方向，迭代无法继续
−7	当前点的搜索方向的幅值太小，迭代无法继续

(9) [x,fval,exitflag,output]=quadprog(…)：输出参数 output 为求解的过程信息，其内容如表 7.3 所示。

表 7.3　output 字段说明

字段	说　　明	字段	说　　明
iteration	迭代步数	firstorderopt	一阶优化的度量
algorithm	优化算法	output. message	函数退出信息
cgiterations	总的 PCG 迭代步数		

(10) [x,fval,exitflag,output,lambda]=quadprog(…)：输出函数 lambda 是一个结构，其字段包含极值点 x 处的拉格朗日乘子，其内容如表 7.4 所示。

表 7.4　lambad 字段说明

字段	说　　明	字段	说　　明
lower	下界 lb	eqlin	线性等式
upper	上界 ub	ineqnonlin	非线性不等式
ineqlin	线性不等式	eqnonlin	非线性等式

例 7.2　求解二次规划：

$$\min z = x_1^2 + 4x_2^2 - 4x_1x_2 + 3x_1 - 4x_2$$

$$\text{s. t.} \begin{cases} 2x_1 + x_2 \leqslant 4 \\ -x_1 + 2x_2 \leqslant 4 \\ x_1 \geqslant 0, x_2 \geqslant 0 \end{cases}$$

解　由题意可知

$$\boldsymbol{H} = \begin{bmatrix} 1 & -2 \\ -2 & 4 \end{bmatrix}, \boldsymbol{f} = \begin{bmatrix} 3 \\ -4 \end{bmatrix}, \boldsymbol{A} = \begin{bmatrix} 2 & 1 \\ -1 & 2 \end{bmatrix}, \boldsymbol{b} = \begin{bmatrix} 4 \\ 4 \end{bmatrix}, \boldsymbol{lb} = \begin{bmatrix} 0 \\ 0 \end{bmatrix}$$

注意，此题中的 $\boldsymbol{H}$ 矩阵的行列式的值为 0。

求解程序如下：

```
H=[1 -2;-2 4];
f=[3;-4];
```

```
A=[2 1;-1 2];
b=[4;4];
lb=[0;0];
[x,fval]=quadprog(H,f,A,b,[],[],lb);
```

所得结果为

```
x= 0
   1
```

本章主要研究一类特殊的非线性规划——二次规划的理论与算法。介绍了拉格朗日乘子法、有效集方法和路径跟踪法等三种二次规划问题的求解方法，详细讲述了如何利用MATLAB优化工具箱求解二次规划问题。通过本章的学习，读者应该掌握二次规划的数学模型构建，三种二次规划问题求解方法以及利用MATLAB求解二次规划的quadprog函数的使用方法。

习　题

用MATLAB的quadprog函数求如下二次规划问题：

(1) $\min\ 2x_1+3x_2+4x_1^2+2x_1x_2+x_2^2$

$$\text{s. t.}\ \begin{cases} x_1-x_2\geqslant 0 \\ x_1+x_2\leqslant 4 \\ x_1\leqslant 3 \end{cases}$$

(2) $\min\ x_1^2+2x_2^2-2x_1-6x_2-2x_1x_2$

$$\text{s. t.}\ \begin{cases} x_1+x_2\leqslant 2 \\ -x_1+2x_2\leqslant 2 \\ x_1,x_2\geqslant 0 \end{cases}$$

第 8 章　动态规划及其 MATLAB 实现

动态规划是研究具有动态性质决策过程的最优化问题的理论和方法，是求解多阶段决策有力的思想方法和工具。1951 年美国数学家贝尔曼(R. Bellman)等人把多阶段决策问题变换为一系列互相联系单阶段问题，然后逐个加以解决，并提出了解决这类问题的“最优性原理”，研究了许多实际问题，从而创建了解决最优化问题的一种新方法——动态规划。其名著《动态规划》于 1957 年出版，是动态规划的第一本著作。

根据多阶段决策过程的时间参量是离散的还是连续的，以及决策过程的演变是确定性的还是随机性的，可以将动态规划模型分为离散确定性、离散随机性、连续确定性、连续随机性四种决策模型。

动态规划的方法，可以用于解决兵力机动路线选择、军事资源分配、武器装备调度、装载问题、对复杂目标射击多阶段决策等问题。许多问题用动态规划方法处理，比线性规划或非线性规划更有成效。特别对于离散性的问题，由于解析数学无法应用，而动态规划的方法就成为非常有用的工具。同时，动态规划方法是求解最优控制的一种重要方法。

8.1　典型动态规划问题

例 8.1　某作战小分队的当前位置在 A 地，接到上级命令，要求在最短的时间内到达 B 地执行机动作战任务。而从 A 地到 B 地的可行道路网络及其里程(单位：km)如图 8.1 所示。假设该分队不考虑行军中的其他因素而只要选取从 A 到 B 的最短路线即可保证以最快的速度到达。问：如何选取行军路线？

1. 阶段分析

可以把从 A 到 B 行军的整个过程分为五个阶段：在 A 处选定一条道路(做出第一个决策)出发，到达第一个中转站；在第一个中转站选定一条道路(做出第二个决策)出发，到达第二个中转站；在第二个中转站选定一条道路(做出第三个决策)出发，到达第三个

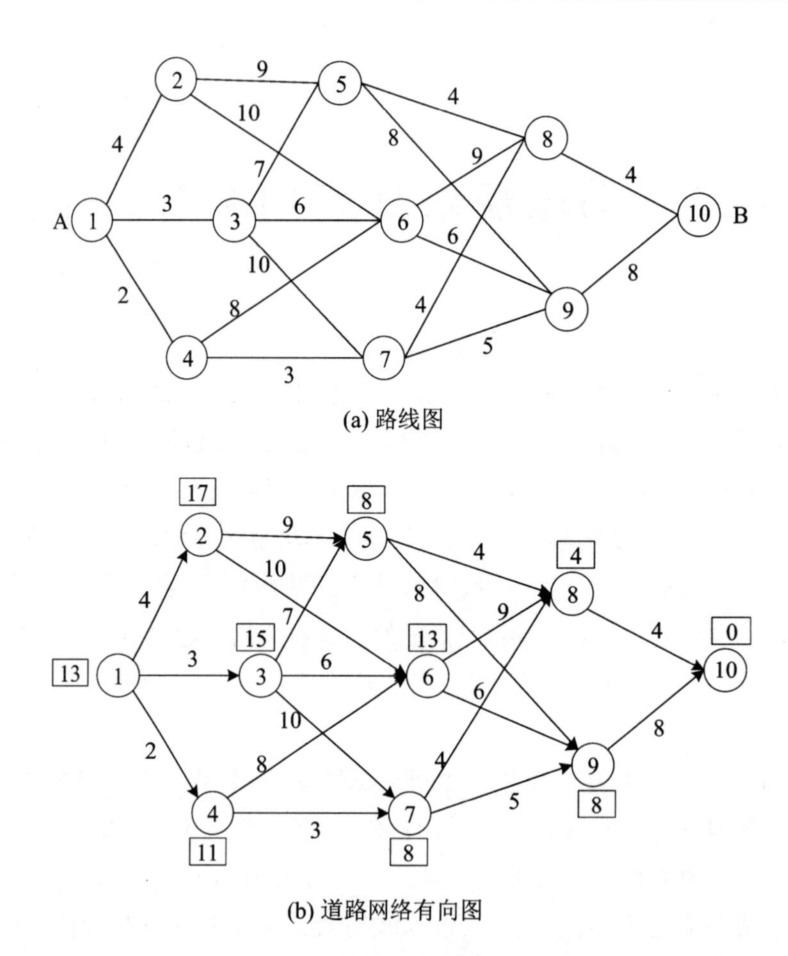

(a) 路线图

(b) 道路网络有向图

图 8.1　路线图及道路网络有向图

中转站;在第三个中转站选定一条道路(做出第四个决策)出发,最终到达 B。

2. 求解思路分析

这个问题乍一看很简单,只要从 A 出发,每次都选择最短的道路行军,必然是走过了从 A 到 B 的最短路程。然而这是错的。依系统工程的思想,阶段的最优并不能保证全局的最优。因此,某一阶段的最短距离根本无法保证下一阶段及其后继阶段的距离最短。究其原因,是没有分析清楚目标:寻求从 A 到达 B 的最短路程。因此应注意各阶段的“路程之和取最小”。

3. 问题求解

先给 B 标以“到达 B 的最短距离$\boxed{0}$”;再接着给第四阶段的每个中转站标上“到达 B 的最短距离$\boxed{4}$、$\boxed{8}$”(依到达 B 的路程标定),给第三阶段的每个中转站标上“到达 B 的最短距离$\boxed{8}$、$\boxed{13}$、$\boxed{8}$”(依在与该点关联的第四阶段的中转站的标定距离与关联的路程之和

中取最小而标定)，其中

在⑤ $8=\min\{4+4,8+8\}$；　在⑥ $13=\min\{4+9,8+6\}$；

在⑦ $8=\min\{4+4,8+5\}$；……

直到给A点标定了“到达B的最短距离13”。A点的这个标定值13就是从A到B的最短路程的长度。

4. 得到问题解答

这时，只要从A出发，按照得到标定值(“到达B的最短距离”)的来历，依次标出各个阶段的各条道路即可得到从A到B的最短道路为

A①→④→⑦→⑧→⑩B

其路程长为 $2+3+4+4=13$ km。

8.2　动态规划的基本模型

动态规划问题包括阶段、状态、决策、状态转移方程、策略、决策指标和最优值函数等基本概念。

(1) 阶段(Stage)

一个复杂的决策问题通常根据时间顺序或空间顺序分为若干互相联系的子过程，每一个子过程称为阶段，用阶段变量 $i(i=1,2,\cdots,n)$ 来表示。上例中 $n=5$，即 $i=1,2,3,4,5$。

(2) 状态(State)

各个阶段中开始时问题所处的状况，通常是自然或客观的条件(也称为不可控因素)。状态具有无后效性，即在某一阶段以后过程的发展不受以前状态的影响，仅受当前状态的制约。状态变量 s_{ij} 表示第 i 阶段的第 j 个状态($j=1,2,\cdots,n_i$；$i=1,2,\cdots,n$)，n_i 表示第 i 阶段的状态数，动态规划问题的总状态数为 $N=\sum_{i=1}^{n} n_i$。

第 i 阶段的状态集 $S_i=\{s_{i1},s_{i2},\cdots,s_{in_i}\}(i=1,2,\cdots,n)$。

(3) 决策(Policy)

决策者在某阶段某状态下所做出的选择。决策变量 $u_i=u_i(s_{ij})$，u_i 表示第 i 阶段决策者处在状态 $s_{ij}(i=1,2,\cdots,n)$ 所做的决策，其值是第 $i+1$ 阶段的某(些)个状态，即

$$u_i=u_i(s_{ij})\in D_i(s_{ij})\subset S_{i+1}=\{s_{(i+1)j}\mid j=1,2,\cdots,n_{i+1}\}\tag{8.1}$$

其中 $D_i(s_{ij})$ 称为状态 s_{ij} 的容许决策集，它是从 s_{ij} 可以到达的那些第 $i+1$ 阶段的状态所

构成的集合。

(4) 状态转移方程(State Transfer Equation)

从一个状态依某个决策到达另外的状态的方程,它表明了第 k 阶段到第 $k+1$ 阶段的状态转移规律,即

$$s_{(k+1)\cdot} = T_k(s_{kj}, u_k) \tag{8.2}$$

(5) 策略(Strategy)

从第一阶段到最后阶段的决策按顺序排列所形成的决策集合。表示为 $P_{1,n}(s_1.)=\{u_1,u_2,\cdots,u_n\}$,从第一阶段到第 k 阶段的决策按顺序排列所形成的决策集合 $P_{1,k}(s_1.)=\{u_1,u_2,\cdots,u_k\}$称为 k 先行子过程;从第 k 阶段到最后阶段的决策按顺序排列所形成的决策集合 $P_{k,n}(s_1.)=\{u_k,u_{k+1},\cdots,u_n\}$称为 k 后部子过程,它也可以记为

$$P_{k,n}(s_k) = \{u_k(S_k), u_{k+1}(S_{k+1}), \cdots, u_n(S_n)\} \quad (k = 1,2,\cdots,n) \tag{8.3}$$

同时,状态转移方程也可以记为

$$S_{k+1} = T_k(S_k, u_k) \quad (k = 1,2,\cdots,n-1) \tag{8.4}$$

在实际问题中,可供选择的策略往往有一定的范围,将此范围称为容许策略集,用 P 表示。从容许策略集中寻求出的达到最优效果的策略称为最优策略。

(6) 决策指标(Decision Making Index)与指标函数(Index Function)

将度量决策效果的指标称为决策指标(如路程、资金等);将衡量策略优劣的数量指标或度量(如路程叠加长度、资金部分和等)称为(决策)指标函数,即定义在策略和全部子过程上的数量函数。每一个决策(序列)都会给出决策指标的一个值,即

$$V_{k,n} = V_{k,n}(s_{k\cdot}) = V_{k,n}(s_{k\cdot}, u_k, s_{(k+1)\cdot}, u_{k+1}, \cdots, s_{n\cdot}) \quad (k = 1,2,\cdots,n) \tag{8.5}$$

也可以记为 $V_{k,n}=V_{k,n}(S_k)=V_{k,n}(S_k,u_k,S_{k+1},u_{k+1},\cdots,S_n)$。一般地,动态规划的指标函数必须满足可分离性、可递推性:

$$V_{k,n}(s_{k\cdot}, u_k, s_{(k+1)\cdot}, u_{k+1}, \cdots, s_{n\cdot}) = \varphi_k(s_{k\cdot}, u_k, V_{k+1,n}(s_{(k+1)\cdot}, u_{k+1}, \cdots, s_{n\cdot})) \tag{8.6}$$

指标函数的常见形式有两种。

① 累加型:过程和它的任一子过程的指标函数是它所包含的各阶段的指标的和,即

$$V_{k,n} = V_{k,n}(s_{k\cdot}) = V_{k,n}(s_{k\cdot}, u_k, s_{(k+1)\cdot}, u_{k+1}, \cdots, s_{n\cdot}) = \sum_{j=k}^{n} v_j(s_j, u_j) \tag{8.7}$$

② 累积型:过程和它的任一子过程的指标函数是它所包含的各阶段的指标的乘积,即

$$V_{k,n} = V_{k,n}(s_{k\cdot}) = V_{k,n}(s_{k\cdot}, u_k, s_{(k+1)\cdot}, u_{k+1}, \cdots, s_{n\cdot}) = \prod_{j=k}^{n} v_j(s_j, u_j) \tag{8.8}$$

式中 $v_j(s_j,u_j)$为第 j 阶段的阶段指标。动态规划的指标函数实际上就是序贯决策的目标函数(Object Function)。

(7) 最优值函数(Optimal Value Function)

将指标函数的最优值称为最优值函数,它表示从第 k 阶段的状态 s_k、开始到终止状态

(第 n 阶段)采取最优策略所得到的指标函数值。记为 $f_k(s_{k\cdot})$,即

$$f_k(s_{k\cdot}) = \underset{\{u_k,u_{k+1},\cdots,u_n\}}{\text{opt}} V_{k,n}(s_{k\cdot},u_k,s_{(k+1)\cdot},u_{k+1},\cdots,s_{n\cdot},u_n) \tag{8.9}$$

式中 opt 为 optimization 的词头,表示取最优化。

实际中,要构造一个标准的动态规划模型,通常需要采用以下几个步骤:

(1) 划分阶段

按照问题的时间或空间特征,把问题分为若干个阶段。这些阶段必须是有序的或者是可排序的(即无后向性),否则,应用无效。

(2) 选择状态

将问题发展到各个阶段时所处的各种客观情况用不同的状态表示,称为状态。状态的选择要满足无后效性和可知性,即状态不仅依赖于状态的转移规律,还依赖于容许决策集和指标函数结构。

(3) 确定决策变量与状态转移方程

当过程处于某一阶段的某个状态时,可以做出不同的决策,描述决策的变量称为决策变量。在决策过程中,由一个状态到另一个状态的演变过程称为状态转移。

(4) 写出动态规划的基本方程

动态规划的基本方程一般根据实际问题可分为两种形式,逆序形式和顺序形式。

动态规划基本方程的逆序形式为

$$f_k(s_{k\cdot}) = \underset{u_k \in D_k(s_k)}{\text{opt}} \{v_k(s_{k\cdot},u_k) + f_{k+1}(s_{(k+1)\cdot})\} \quad (k = n,n-1,\cdots,1) \tag{8.10}$$

边界条件为 $f_n(s_{n\cdot})=0$。式中 $s_{(k+1)\cdot}=T_k(s_{k\cdot},u_k)$。求解时,由边界条件从 $k=n$ 开始,由后向前逆推,逐阶段求出最优决策和相应的最优值,直到最后求出 $f_1(s_1)$,即得到问题的最优解。

类似地,动态规划基本方程的顺序形式为

$$f_k(s_{(k+1)\cdot}) = \underset{u_k \in D_k(s_{k+1})}{\text{opt}} \{v_k(s_{(k+1)\cdot},u_k) + f_{k-1}(s_{k\cdot})\} \quad (k = 1,2,\cdots,n) \tag{8.11}$$

边界条件为 $f_1(s_{1\cdot})=0$。式中 $s_{k\cdot}=T'_k(s_{(k+1)\cdot},u_k)$。求解时,由边界条件从 $k=1$ 开始,由前向后顺推,从而逐步求得最优决策和相应的最优值,直到最后求出 $f_n(s_{(n+1)\cdot})$,就得到整个问题的最优解。

一般地说,当初始状态给定时,用逆推比较方便;当终止状态给定时,用顺推比较方便。

以上是针对累加型指标函数给出的动态规划基本方程。对于累积型指标函数,以上两式中的加号变为乘号,通常取边界条件为1,即 $f_n(s_{n\cdot})=1$,$f_1(s_{1\cdot})=1$。

8.3 多阶段决策的动态规划解法

在许多军事行动中，常常会碰到一些适宜于用动态规划求解的多阶段决策问题。从理论上讲，动态规划是求解多阶段决策的有效方法。而基于最优化原理的思想来建立多阶段决策问题的模型，其表现形式可能灵活多样。

设 Q 为某项资源的总数量，分配给 n 项活动。X_i 为分配给第 i 项活动的资源数量；$g_i(X_j)$为资源 X_j 分配给第 i 项活动的收益；$f_n(Q)$为将资源 Q 分配给各项活动所得最大总收益，则

$$Q = X_1 + X_2 + \cdots + X_n = \sum_{i=1}^{n} X_i \quad (X_i \geqslant 0; i = 1,2,\cdots,n) \tag{8.12}$$

因各项活动均具有独立性，故资源分配给各项活动所得到的总收益应为各项活动所得收益的总和为

$$\sum_{i=1}^{n} g_i(X_i) = g_1(X_1) + g_2(X_2) + \cdots + g_n(X_n) \tag{8.13}$$

总收益极大值为

$$f_n(Q) = \max \sum_{i=1}^{n} g_i(X_i) \tag{8.14}$$

如果在已给定的资源总量中，将 X_n 分配给第 n 项活动，则所余的资源数量应为 $Q-X_n$，并分配给其他 $n-1$ 项活动，这样获得的总收益为 $g_n(X_n)+f_{n-1}(Q-X_n)$。

这时最大的总收益可以表示为

$$f_n(Q) = \max_{0 \leqslant X_n \leqslant Q} [g_n(X_n) + f_{n-1}(Q - X_n)] \tag{8.15}$$

下面以模拟训练系统建设资金利用为例，给出这种方法的决策过程。

例 8.2 设某训练基地现有模拟训练系统建设资金 500 万元，拟分别投资于三个关键项目 A,B,C 的建设，每个项目因接受额的大小不同而获得不同的军事收益，不同投资额可带来的收益的估算结果如表 8.1 所示(单位:万元)。

表 8.1 投资收益表

投资金额 Q	项目 A	项目 B	项目 C
100	15	16	20
200	36	35	40
300	78	70	80
400	90	92	90
500	100	100	110

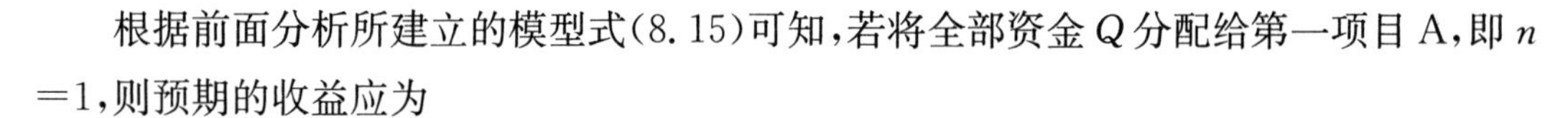

根据前面分析所建立的模型式(8.15)可知，若将全部资金 Q 分配给第一项目A，即 $n=1$，则预期的收益应为

$$f_1(Q)=g_1(Q)$$

若将全部资金 Q 分配给两项目A，B，即 $n=2$，则预期的最大总收益应为

$$f_2(Q)=\max_{0\leqslant X_2\leqslant Q}[g_2(X_2)+f_1(Q-X_2)]$$

式中 $g_2(X_2)+f_1(Q-X_2)$ 的计算过程如下：

$$\begin{cases}g_2(0)+f_1(Q-0)\\g_2(1)+f_1(Q-1)\\g_2(2)+f_1(Q-2)\\\cdots\\g_2(Q)+f_1(0)\end{cases}$$

由于 $g_2(X_2)$ 和 $f_1(Q-X_2)$ 均为已知的函数值，故可以求出使得 $f_2(Q)$ 取极大值的 X_2 的值。

同理，该项资金分配给三个项目A，B，C时，即 $n=3$，则预期的最大总收益为

$$f_3(Q)=\max_{0\leqslant X_3\leqslant Q}[g_3(X_3)+f_2(Q-X_3)]$$

如此顺序地计算，即可求得各个阶段最有利的决策；最后阶段的最有利决策，即为整个问题达到最大总收益的最佳策略。

第一阶段($n=1$)决策，是将各种不同数量的资金投到A项目，则所得收益如表8.1中第二列所示，即

$$\begin{cases}f_1(1)=g_1(1)=15\\f_1(2)=g_1(2)=36\\f_1(3)=g_1(3)=78\\f_1(4)=g_1(4)=90\\f_1(5)=g_1(5)=100\end{cases}$$

第二阶段($n=2$)决策，是以第一阶段决策为基础的，将不同数量的资金投到A项目与B项目，则预期收益如下：

当 $Q=1$ 时，$f_2(1)=\max\begin{Bmatrix}g_2(0)+f_1(1)\\g_2(1)+f_1(0)\end{Bmatrix}=16$；

当 $Q=2$ 时，$f_2(2)=\max\begin{Bmatrix}g_2(0)+f_1(2)=36\\g_2(1)+f_1(1)=15+16=31\\g_2(2)+f_1(0)=35\end{Bmatrix}=36$；

当$Q=3$时，$f_2(3)=\max\begin{Bmatrix} g_2(0)+f_1(3)=78 \\ g_2(1)+f_1(2)=16+36=52 \\ g_2(2)+f_1(1)=35+15=50 \\ g_2(3)+f_1(0)=70 \end{Bmatrix}=78$；

当$Q=4$时，$f_2(4)=\max\begin{Bmatrix} g_2(0)+f_1(4)=90 \\ g_2(1)+f_1(3)=16+78=94 \\ g_2(2)+f_1(2)=35+36=71 \\ g_2(3)+f_1(1)=70+15=85 \\ g_2(4)+f_1(0)=92 \end{Bmatrix}=94$；

当$Q=5$时，$f_2(5)=\max\begin{Bmatrix} g_2(0)+f_1(5)=100 \\ g_2(1)+f_1(4)=16+90=106 \\ g_2(2)+f_1(3)=35+78=113 \\ g_2(3)+f_1(2)=70+36=106 \\ g_2(4)+f_1(1)=92+15=107 \\ g_2(5)+f_1(0)=100 \end{Bmatrix}=113$。

综合上述运算结果，预期收益在不同的投资额所能得到的最大收益如下：

$$\begin{cases} f_2(1)=16 & (X_1=0,X_2=1) \\ f_2(2)=36 & (X_1=2,X_2=0) \\ f_2(3)=78 & (X_1=3,X_2=0) \\ f_2(4)=94 & (X_1=3,X_2=1) \\ f_2(5)=113 & (X_1=3,X_2=2) \end{cases}$$

第三阶段($n=3$)决策，是在第二阶段决策的基础上，考虑将不同数量的资金分别投资于A,B,C三个项目，其预期收益计算如下：

当$Q=1$时，$f_3(1)=\max\begin{Bmatrix} g_3(0)+f_2(1)=16 \\ g_3(1)+f_2(0)=20 \end{Bmatrix}=20$；

当$Q=2$时，$f_3(2)=\max\begin{Bmatrix} g_3(0)+f_2(2)=36 \\ g_3(1)+f_2(1)=20+16=36 \\ g_3(2)+f_2(0)=40 \end{Bmatrix}=40$；

当$Q=3$时，$f_3(3)=\max\begin{Bmatrix} g_3(0)+f_2(3)=78 \\ g_3(1)+f_2(2)=20+36=56 \\ g_3(2)+f_2(1)=40+16=56 \\ g_3(3)+f_2(0)=80 \end{Bmatrix}=80$；

$$当\ Q=4\ 时,f_3(4)=\max\begin{cases}g_3(0)+f_2(4)=94\\g_3(1)+f_2(3)=20+78=98\\g_3(2)+f_2(2)=40+36=76\\g_3(3)+f_2(1)=80+16=96\\g_3(4)+f_2(0)=90\end{cases}=98;$$

$$当\ Q=5\ 时,f_3(5)=\max\begin{cases}g_3(0)+f_2(5)=113\\g_3(1)+f_2(4)=20+94=114\\g_3(2)+f_2(3)=40+78=118\\g_3(3)+f_2(2)=80+36=116\\g_3(4)+f_2(1)=90+16=106\\g_3(5)+f_2(0)=110\end{cases}=118。$$

综合上述运算结果,在不同的投资额的情况下所能得到的最大收益如下:

$$\begin{cases}f_3(1)=20 & ((X_1,X_2,X_3)=(0,0,1))\\f_3(2)=40 & ((X_1,X_2,X_3)=(0,0,2))\\f_3(3)=80 & ((X_1,X_2,X_3)=(0,0,3))\\f_3(4)=98 & ((X_1,X_2,X_3)=(3,0,1))\\f_3(5)=118 & ((X_1,X_2,X_3)=(3,0,2))\end{cases}$$

通过以上计算可知,这笔500万元的建设资金,应投资300万元于A项目,不给B项目投资,其余的200万元投资于C项目,这样才能获得最大收益,其最大收益值为118万元。

这种解决多阶段决策问题方式的计算是因问题的性质差异而不同的,但是,其共同点都是将复杂的多元化问题转化为多阶段的一元问题来求解,也可以认为是将一项复杂的 n 次式问题转化为 n 个简单的一次式问题来求解。

8.4　MATLAB求解动态规划问题

8.4.1　用MATLAB求解最短路径问题

将例8.1的兵力机动路线选择问题通过MATLAB来解算。采用Floyd算法,其基本思路是:从图的带权邻接矩阵 $\boldsymbol{A}=[a(i,j)]_{n\times n}$ 开始,递归地进行 n 次更新,即由矩阵 $\boldsymbol{D}^{(0)}=\boldsymbol{A}$,按一个公式,构造出矩阵 $\boldsymbol{D}^{(1)}$;又用同样的公式由 $\boldsymbol{D}^{(1)}$ 构造出矩阵 $\boldsymbol{D}^{(2)}$……最后

又用同样的公式由 $\boldsymbol{D}^{(n-1)}$ 构造出矩阵 $\boldsymbol{D}^{(n)}$。矩阵 $\boldsymbol{D}^{(n)}$ 的 i 行 j 列元素便是 i 号顶点到 j 号顶点的最短路径长度，称 $\boldsymbol{D}^{(n)}$ 为图的距离矩阵，同时还可引入一个后继点矩阵 path 来记录两点间的最短路径。

递推公式为

$$\boldsymbol{D}^{(0)}=\boldsymbol{A};\boldsymbol{D}^{(1)}=[d_{ij}^{(1)}]_{n\times n}$$

其中 $d_{ij}^{(1)}=\min\{d_{ij}^{(0)},d_{i1}^{(0)}+d_{1j}^{(0)}\}$；

$$D^{(2)}=[d_{ij}^{(2)}]_{n\times n}$$

$$\cdots\cdots$$

$$D^{(n)}=[d_{ij}^{(n)}]_{n\times n}$$

其中 $d_{ij}^{(n)}=\min\{d_{ij}^{(n-1)},d_{i,n-1}^{(n-1)}+d_{n-1,j}^{(n-1)}\}$。

算法的详细步骤如下：

$d(i,j)$：$d_{ij}^{(k)}$；

path(i,j)：对应于 $d_{ij}^{(k)}$ 的路径上 i 的后继点，最终取值为 i 到 j 最短路径上 i 的后继点。

输入带权邻接矩阵：

(1) 赋初值

对所有 i,j，$d(i,j)=a(i,j)$；当 $a(i,j)=\infty$ 时，path$(i,j)=0$，否则 path$(i,j)=j(k=1)$。

(2) 更新 $d(i,j)$，path(i,j)

对所有 i,j，若 $d(i,k)+d(k,j)\geqslant d(i,j)$，则转(3)，否则 $d(i,j)=d(i,k)+d(k,j)$，path$(i,j)=$path$(i,k)(k=k+1)$；继续执行(3)。

(3) 重复(2)直到 $k=n+1$。

借助 MATLAB 软件，用 Floyd 算法求取动态规划中最短路线及距离，即求带权邻接矩阵的加权图中的最短路径及其长度。加权有向图的存储结构采用带权邻接矩阵 $\boldsymbol{A}=[a(i,j)]_{n\times n}$。网络图分为有向图和无向图。对于无向图，可看成是有向图两点之间的循环，即把"$i\rightarrow j$"变为"$i\leftrightarrows j$"，其中 $a(i,j)=a(j,i)$。

MATLAB 程序：

```
function [D,path]=floyd1(a)
%a是带权邻接矩阵。当i与j不相同时，若i与j相连就取其a(i,j)=d(i,j)，否
  则a(i,j)=inf;当i与j相同时，a(i,j)=0。
n=size(a,1);
%设置D和path的初值
D=a;
path=zeros(n,n)
```

```
    for i = 1:n
        for j = 1:n
          if D(I,j)~=inf
            path(ij)=j%j是i的后继点
          end
        end
    end
    %做n次迭代,每次迭代均更新D(i,j)和path(i,j)
    for k=1:n
        for i=1:n
        for j=1:n
          if D(i,k) + D(k,j) < D(i,j)
            D(i,j) = D(i,k) + D(k,j)%修改长度
            path(i,j) = path(i,k)%修改路径
          end
        end
      end
    end
```

在MATLAB命令窗键入:

```
    %带权邻接矩阵a是对称于主对角线
    a=[0 4 3 2 inf inf inf inf inf inf;
       4 0 inf inf 9 10 inf inf inf inf;
       3 inf 0 inf 7 6 10 inf inf inf;
       2 inf inf 0 inf 8 3 inf inf inf;
       inf 9 7 inf 0 inf inf 4 8 inf;
       inf 10 6 8 inf 0 inf 9 6 inf;
       inf inf 10 4 inf inf 0 4 5 inf;
       inf inf inf inf 4 9 4 0 inf 4;
       inf inf inf inf 8 6 5 inf 0 8;
       inf inf inf inf inf inf inf 4 8 0];
    [D,path]=floydl(a)
```

结果分析:由最短距离矩阵(对称于主对角线)和最短路径矩阵path,容易得出任意两点之间的最短路径及其长度。如顶点1到顶点10的最短路径长度$D(1,10)=13$ km,最短路径:1—4—7—8—10。这是因为path(1,10)=4,意味着顶点1的后继点为4,又

path(4,10)=7,从而顶点 4 的后继点是 7。又因 path(7,10)=8,从而顶点 7 的后继点为 8,同理 path(8,10) =10。故 1→4→7→8→10 便是顶点 1 到顶点 10 的最短路径。

8.4.2 用 MATLAB 求解资源配置问题

运用 MATLAB 求解本章中例 8.2。主程序如下:

```
%dynprog. m
function[p _ opt, fval] = dynprog ( x, DecisFun, SubObjFun, TransFun,
ObjFun)
k=length(x(1,:));
x_isnan = isnan(x);
t_vub = inf;
t_vubm = inf * ones(size(x));
……
tmpf(i)
feval(SubObjFun,ii,tmpx(i),tmpd(i));
  p_opt(k * (i-1) + ii, [1,2,3,4])
  =[ii,tmpx(i),tmpd(i),tmpf(i)];
end
end
```

通过 MATLAB 进行编程解算,很容易就得到了投资最大收益值为 118 万元,最优投资方案为(3,0,2)。

8.4.3 用 MATLAB 求解复杂系统可靠性问题

某电子侦察设备由 5 种元件 1、2、3、4、5 组成,其可靠性分别为 0. 9、0. 8、0. 5、0. 7、0. 6。为保证电子设备系统的可靠性,同种元件可并联多个。已知允许设备使用元件的总数为 15 个,问如何设计元件安排方案使设备可靠性最大?

将该问题看成一个 5 阶段动态规划问题,每个元件的配置看成一个阶段. 记 x_k 为配置第 k 个元件时可用元件的总数(状态变量);u_k 为第 k 个元件并联的数目(决策变量);c_k 为第 k 个元件的可靠性;阶段指标的函数为 $v_k(x_k, u_k)=1-(1-c_k)^{u_k}$;状态转移方程为 $x_{k+1}=x_k-u_k$。

根据上面所述的阶段指标函数、状态转移方程和第 8. 2 节动态规划逆序形式基本方程,写出下面的 4 个 M-函数以备计算时调用。

```
%DecisF1. m
function u=DecisF1(k,x)  %在阶段 k 由状态变量 x 的值求其相应决策变量所有取值
if k==5,u=x;
else,u=1:x-1;
end;
u=u(:);
%SubObjF1. m
function v=SubObjF1(k,x,u)  %阶段 k 的指标函数
c=[0.9,0.8,0.5,0.5,0.4];
v=1-(1-c(k))^u;
v=-v;%将求 lmx 转换为求 min
%TransF1. m
function y=TransFl(k,x,u)  %状态转移方程.
y=x-u:
%ObjF1. m
function y=ObjF1(v,f)  %基本方程中的函数 g
y=v*f;
y=-y;  %将求 max 转换为求 min
%调用 DynProg. m 计算的主程序
clear;n=15;%15 个元件
x1=[n;nan*ones(n-1,1)];
x2=1:n;
x2=x2';
x=[x1,x2,x2,x2,x2];
[p,f]=dynprog(x,'DecisFl','SubObjF1','TransF1','ObjF1')
```

代码中,dynprog 是 MATLAB 中求指标函数最小值的逆序(或后向)算法递归计算程序,形式如下:

```
function[p_opt, fval] = dynprog(x, DecisFun, SubObjFun, TransFun, ObjFun)
```

其中 x 是状态变量,一列代表一个阶段状态;M-函数 DecisFun(k,x)由阶段 k 的状态变量 x 求出相应的允许决策变量;M-函数 SubObjFun(k,x,u)是阶段指标函数,M-函数 TmnsFun(k,x,u)是状态转移函数,其中 x 是阶段 k 的某状态变量,u 是相应的决策变量;M-函数 ObjFun(v,f)是第 k 阶段至最后阶段指标函数,当 ObjFun(v,f)=v+f 时,输入 ObjFun 可以省略。输出 p_opt 由 4 列构成，p_opt＝[序号组；最优策略组；最优轨线组；指标函数值组]；fval 是一个列向量，各元素分别表示 p_opt 各最优策略组对应始端状态 x 的最优函数值。

运行结果表明，1、2、3、4 和 5 号元件分别并联 2、2、4、3 等 4 个，系统总可靠性最大为 0.8447。

习　题

1. 某侦察部队接到上级任务，派侦察无人机对某海域敌舰艇进行侦察搜索。该海域由 4 个区段组成，在第 $i(i=1,2,3,4)$ 个区段侦察发现敌舰艇的期望次数 $M_j(m)$ 取决于派到该区段执行侦察任务的无人机数量 m。该部队共有 5 架侦察无人机可用于本次任务，具体侦察期望值如表 8.2 所示。问：应如何给各区段分配侦察无人机数量，使总的侦察效果最佳？（用动态规划方法求解）

表 8.2

m	$M_1(m)$	$M_2(m)$	$M_3(m)$	$M_4(m)$
0	0.000	0.000	0.000	0.000
1	0.600	0.400	0.500	0.300
2	1.080	0.640	0.750	0.510
3	1.464	0.784	0.875	0.657
4	1.770	0.870	0.938	0.760
5	2.016	0.922	0.969	0.832

2. 设敌军阵地有 4 个雷达目标，目标价值（重要性或危害程度）各不相同，用数值 A_K $(K=1,2,3,4)$ 表示（数值见表 8.3），计划用 6 枚反辐射导弹突击。反辐射导弹击毁目标 K 的概率为 $p_K=1-e^{-a_K n_K}$。式中 a_K 为常数（数值见表 8.2），取决于导弹导引头精度、威力和目标性质，n_K 为向目标 K 发射的反辐射导弹数量，试做出分配方案，使预期突击效果最大。

表 8.3

目标	雷达 1	雷达 2	雷达 3	雷达 4
A_K	8	7	6	3
a_K	0.2	0.3	0.5	0.9

附录 A　优化问题的最优性条件

最优性条件是指最优化模型中目标函数与约束函数在最优解或者极值点处满足的必要条件和充分条件。最优性必要条件是指最优点应该满足的条件；最优性充分条件是指可使得某个可行点成为最优点的条件。本章主要讨论无约束优化问题和一般约束优化问题的最优性条件。对于无约束优化问题，通过拉格朗日乘子法推导最优性条件；对于有约束优化问题，我们将首先讨论仅含等式约束或不等式约束问题最优性条件，然后讨论一般约束优化问题的最优性条件。

A.1　最优解存在条件

A.1.1　开集和闭集

开球(Open Ball)。以 x_0 为球心，r 为半径的开球：

$$B_r(x_0)=\{x\in X\,|\,d(x_0,x)<r\}$$

闭球(Closed Ball)。以 x_0 为球心，r 为半径的闭球：

$$B_r(x_0)=\{x\in X\,|\,d(x_0,x)\leqslant r\}$$

有界集(Bounded Set)。设 $S\subset X$ 为有界集，即 $\exists r\in\mathbf{R}, x\in X, \forall s\in S$，有 $d(x,s)<r$，即 $S\subset B_r(x)$。

内点。设 $x\in X$，若 $\exists r\in\mathbf{R}^+$，s. t. $B_r(x)\subset S$，即称 x 为 S 的一个内点；S 的全部内点称为 S 的内部，记为 S°。

边界点。设 $x\in X$，若 $\exists r\in\mathbf{R}^+$，$B_r(x)\cap S\neq\varnothing$，且 $B_r(x)\cap S^c\neq\varnothing$ 即称 x 为 S 的一个边界点，即在 x 的任意邻域内 $B_r(x)$，既有 $x_1\in S$，又有 $x_2\notin S$。既不是内点，也不是边界点的，称为外点。S 的全部边界点称为 S 的边界，记为 ∂S。

极限点。如果存在点列 $\{x_k\}$，且 $\lim\limits_{k\to\infty}\|x_k-x_0\|=0$，则称 x_0 为 S 的极限点(聚点)。

开集。若集合 $S=S^\circ$，即 $S\subset S^\circ$，则称 S 为开集合。即集合 S 中每一个点都是 S 的内

部;如果 S 个每一个极限点都属于 S,则称为闭集。

A.1.2 连续函数

点列。列向量 $\{\boldsymbol{x}_k\}$,当 $k\to\infty$ 时,$\|\boldsymbol{x}_k-\boldsymbol{x}\|\to 0$,则称点列 $\{\boldsymbol{x}_k\}$ 收敛到极限 $\boldsymbol{x}$(记为 $\boldsymbol{x}_k\to\boldsymbol{x}$ 或 $\lim \boldsymbol{x}_k=\boldsymbol{x}$),即 $\forall\varepsilon>0$,$\exists N$,使得 $k\geqslant N$ 满足 $\|\boldsymbol{x}_k-\boldsymbol{x}\|\leqslant\varepsilon$。若存在 $\{\boldsymbol{x}_k\}$ 的子列收敛到 $\boldsymbol{x}$,则称点 $\boldsymbol{x}$ 为序列 $\{\boldsymbol{x}_k\}$ 的极限点。

连续函数。若 $\boldsymbol{x}_k\to\boldsymbol{x}$,目标函数 $f(\boldsymbol{x}_k)\to f(\boldsymbol{x})$,则实值函数 f 在点 $\boldsymbol{x}$ 是连续的。即若 $\forall\varepsilon>0$,$\exists\eta>0$,使得 $\|\boldsymbol{y}-\boldsymbol{x}\|\leqslant\eta\Rightarrow|f(\boldsymbol{y})-f(\boldsymbol{x})|\leqslant\varepsilon$,则 f 在点 $\boldsymbol{x}$ 连续。

考虑如下优化问题:

$$\min_{x\in\Omega} f(\boldsymbol{x})$$

其中 $f:\mathbf{R}^n\to\mathbf{R}$ 为目标函数;$\boldsymbol{x}=(x_1,x_2,\cdots,x_n)^{\mathrm{T}}\in\mathbf{R}^n$ 为优化/决策变量;Ω 为可行集或约束集合,一般可表示为 $\Omega=\{\boldsymbol{x}\,|\,h_i(\boldsymbol{x})=0(i\in\mathcal{I}),g_j(\boldsymbol{x})\leqslant 0(j\in\mathcal{J})\}$。

由维尔斯特拉斯定理可知,该优化问题最优解存在性条件是:可行集 Ω 是有界闭集,目标函数 f 是连续函数,即有界闭区间内的连续函数能保证有最值。本章讨论的最优性条件均假设满足该条件。

A.2 无约束优化最优性条件

A.2.1 一阶必要条件

定理 A.1 设函数 $f(\boldsymbol{x})$ 在点 $\bar{\boldsymbol{x}}$ 可微,如果存在方向 $\boldsymbol{d}$,使得 $\nabla f(\bar{\boldsymbol{x}})^{\mathrm{T}}d<0$,则存在数 $\delta>0$,使得每一个 $\alpha\in(0,\delta)$,有 $f(\bar{\boldsymbol{x}}+\alpha\boldsymbol{d})<f(\bar{\boldsymbol{x}})$。

证明 函数 $f(\bar{\boldsymbol{x}}+\alpha\boldsymbol{d})$ 在 $\bar{\boldsymbol{x}}$ 的一阶 Taylor 展开式为

$$\begin{aligned}f(\bar{\boldsymbol{x}}+\alpha\boldsymbol{d})&=f(\bar{\boldsymbol{x}})+\alpha\nabla^{\mathrm{T}}f(\bar{\boldsymbol{x}})\boldsymbol{d}+o\|\alpha\boldsymbol{d}\|\\&=f(\bar{\boldsymbol{x}})+\alpha\left(\nabla^{\mathrm{T}}f(\bar{\boldsymbol{x}})\boldsymbol{d}+\frac{o\|\alpha\boldsymbol{d}\|}{\alpha}\right)\end{aligned}$$

其中,当 $\alpha\to 0$ 时 $\dfrac{o\|\alpha\boldsymbol{d}\|}{\alpha}=0$。由于 $\nabla f(\bar{\boldsymbol{x}})^{\mathrm{T}}\boldsymbol{d}<0$,当 α 为充分小正数时,上式 $\alpha\left(\nabla^{\mathrm{T}}f(\bar{\boldsymbol{x}})\boldsymbol{d}+\dfrac{o\|\alpha\boldsymbol{d}\|}{\alpha}\right)<0$,则 $f(\bar{\boldsymbol{x}}+\alpha\boldsymbol{d})<f(\bar{\boldsymbol{x}})$。

利用上述定理,可以证明局部极小点的一阶必要条件。

无约束优化问题解的一阶必要条件：设 $f:X\subset\mathbf{R}^n\to\mathbf{R}$ 连续可微（一阶偏导数），$\boldsymbol{x}^*$ 是无约束优化问题min $f(\boldsymbol{x})$的一个局部极小值且是 X 的内点，则 $\boldsymbol{x}^*$ 满足

$$\nabla f(\boldsymbol{x}^*)=0$$

证明 任意 $\boldsymbol{d}\in\mathbf{R}^n$，由局部最优解的含义，对任意充分小的 $\alpha>0$，将 $f(\boldsymbol{x}^*+\alpha\boldsymbol{d})$在点 $\boldsymbol{x}$ 处进行 Taylor 展开，可得

$$f(\boldsymbol{x}^*+\alpha\boldsymbol{d})=f(\boldsymbol{x}^*)+\alpha\nabla^{\mathrm{T}}f(\boldsymbol{x}^*)d+o\|\alpha\boldsymbol{d}\|\geqslant f(\boldsymbol{x}^*)$$

因此可得$\nabla^{\mathrm{T}}f(\boldsymbol{x}^*)\boldsymbol{d}\geqslant 0(\forall\boldsymbol{d}\in\mathbf{R}^n)$。特别地，令 $\boldsymbol{d}=-\nabla^{\mathrm{T}}f(\boldsymbol{x}^*)$，可得$\nabla f(\boldsymbol{x}^*)=0$。

若点 $\bar{\boldsymbol{x}}$ 满足$\nabla f(\bar{\boldsymbol{x}})=0$，则称 $\bar{\boldsymbol{x}}$ 为函数 $f(\boldsymbol{x})$的驻点。无约束优化问题的局部解必定是目标函数的驻点。反之驻点未必是局部极值点。

例如，一元函数 $f(x)=x^2$，$f(x)=x|x|$，$f(x)=-x^2$ 在点 $\bar{x}=0$ 分别是最小值。

点、鞍点和最大值点。对于多元函数：$f(\boldsymbol{x})=x_1^2+x_2^2$，$f(\boldsymbol{x})=x_1^2-x_2^2$，$f(\boldsymbol{x})=-(x_1^2+x_2^2)$，$\boldsymbol{x}=0$ 分别是最小值点、鞍点和最大值点。如图 A.1～图 A.3 所示。

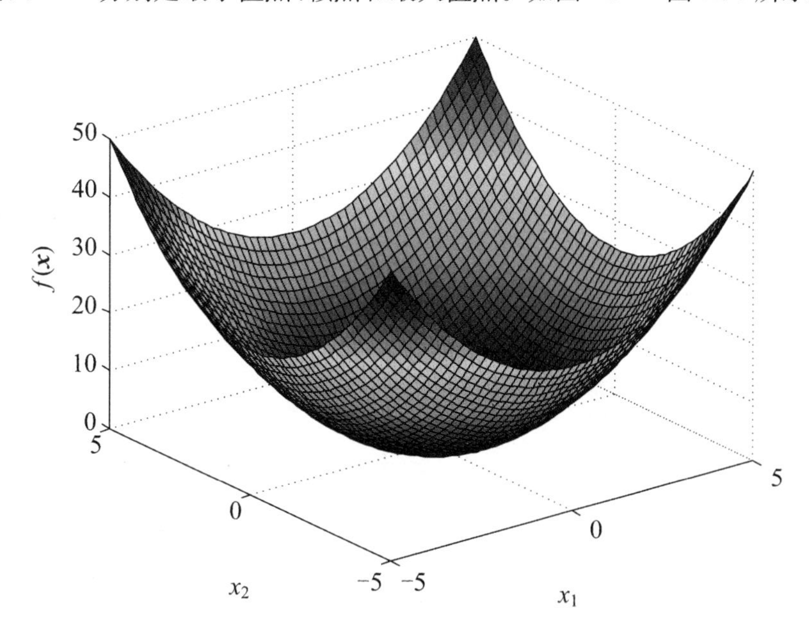

图 A.1 $f(\boldsymbol{x})=x_1^2+x_2^2$ **函数三维示意图**

A.2.2 二阶必要条件

无约束优化问题解的二阶必要条件：设 $f:\mathbf{R}^n\to\mathbf{R}$ 二阶连续可微，$\boldsymbol{x}^*$ 是无约束优化问题min $f(\boldsymbol{x})$的一个局部最优解，则 $\boldsymbol{x}^*$ 满足 $H(\boldsymbol{x}^*)\geq 0$。

证明 任意 $\boldsymbol{d}\in\mathbf{R}^n$，由局部最优解的定义，对任意充分小的 $\alpha>0$，将 $f(\boldsymbol{x}^*+\alpha\boldsymbol{d})$在点 $\boldsymbol{x}$ 处进行 Taylor 展开，可得

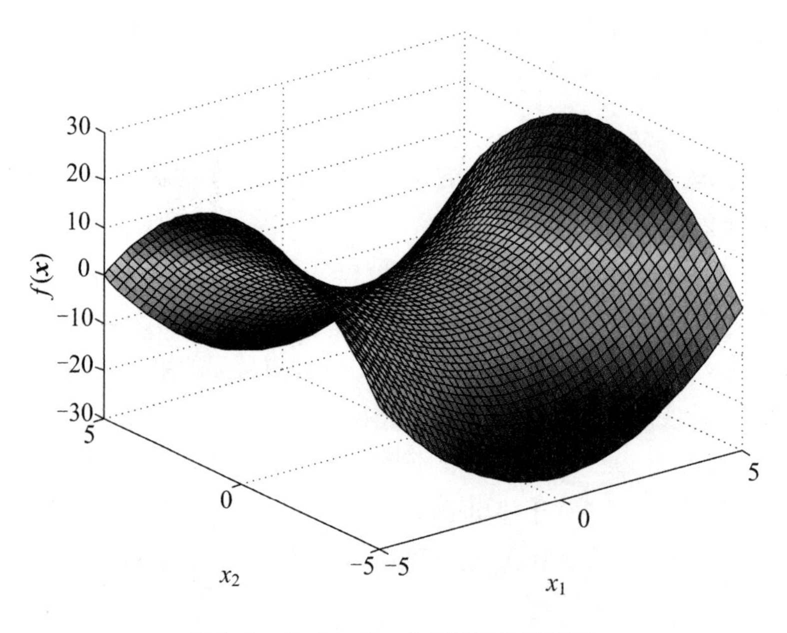

图 A.2　$f(\boldsymbol{x})=x_1^2-x_2^2$ 函数三维示意图

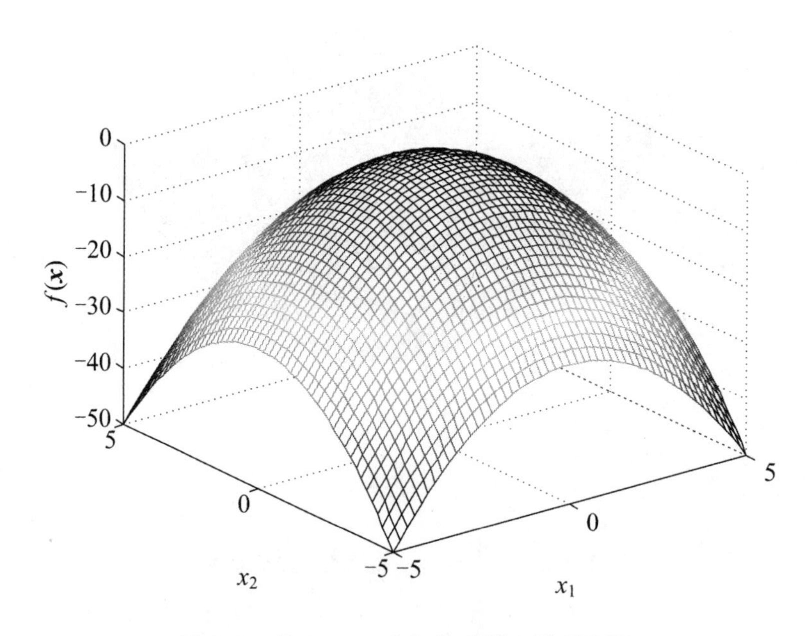

图 A.3　$f(\boldsymbol{x})=-(x_1^2+x_2^2)$ 函数三维示意图

$$f(\boldsymbol{x}^*+\alpha\boldsymbol{d})=f(\boldsymbol{x}^*)+\alpha\nabla^{\mathrm{T}}f(\boldsymbol{x}^*)\boldsymbol{d}+\frac{1}{2}\boldsymbol{d}^{\mathrm{T}}\nabla^2 f(\boldsymbol{x}^*)\boldsymbol{d}+o(\alpha^2)\geqslant f(\boldsymbol{x}^*)$$

由于$\nabla f(\boldsymbol{x}^*)=0(\forall\boldsymbol{d}\in\mathbf{R}^n)$，充分小的任意 $\alpha>0$，可得 $\boldsymbol{H}(\boldsymbol{x}^*)=\nabla^2 f(\boldsymbol{x}^*)\succeq 0$。证毕。

A.2.3　二阶充分条件

无约束优化问题解的二阶充分条件：设 $f:\mathbf{R}^n \to \mathbf{R}$ 二阶连续可微，即 $f \in C^2$，若 $\boldsymbol{x}^*$ 满足$\nabla f(\boldsymbol{x}^*)=0$，且 $H(\boldsymbol{x}^*)>0$，则 $\boldsymbol{x}^*$ 是无约束优化问题$\min f(x)$的局部最优解。

证明　任意 $\boldsymbol{d} \in \mathbf{R}^n$，由局部最优解的含义，对任意充分小的 $\alpha>0$，将 $f(\boldsymbol{x}^*+\alpha \boldsymbol{d})$在点 $\boldsymbol{x}$ 处进行 Taylor 展开，可得

$$
\begin{aligned}
f(\boldsymbol{x}^*+\alpha \boldsymbol{d}) &= f(\boldsymbol{x}^*)+\alpha \nabla^{\mathrm{T}} f(\boldsymbol{x}^*)\boldsymbol{d}+\frac{1}{2}\boldsymbol{d}^{\mathrm{T}} \nabla^2 f(\boldsymbol{x}^*)\boldsymbol{d}+o(\alpha^2) \\
&= f(\boldsymbol{x}^*)+\frac{1}{2}\boldsymbol{d}^{\mathrm{T}} \nabla^2 f(\boldsymbol{x}^*)>f(\boldsymbol{x}^*)
\end{aligned}
$$

A.2.4　充要条件

上述讨论了无约束优化问题的必要条件和充分条件，但均不是充要条件。下面给出目标函数为凸函数假设条件下，给出全局最优值点的充分必要条件。

定理 A.2　设 $f:\mathbf{R}^n \to \mathbf{R}$ 连续可微的凸函数，则 f 的局部最小值点也是全局最小值点，而且 $\boldsymbol{x}^*$ 是无约束优化问题$\min f(\boldsymbol{x})$的一个全局最优解的充要条件是$\nabla f(\boldsymbol{x}^*)=0$。

证明　先证明 f 的局部最小值点也是其全局最小值点。设 $\boldsymbol{x}^*$ 是 f 的局部最小值点，则存在 $\boldsymbol{x}^*$ 的一个邻域 $N(\boldsymbol{x}^*)$，使得

$$f(\boldsymbol{x}) \geqslant f(\boldsymbol{x}^*) \quad (\forall x \in N(\boldsymbol{x}^*))$$

对任意 $\boldsymbol{x} \in \mathbf{R}^n$，当 $\alpha>0$ 充分小时，$\boldsymbol{x}^*+\alpha(\boldsymbol{x}-\boldsymbol{x}^*) \in N(\boldsymbol{x}^*)$。由于 f 函数为凸函数，可得

$$f(\boldsymbol{x}^*) \leqslant f[\boldsymbol{x}^*+\alpha(\boldsymbol{x}-\boldsymbol{x}^*)] \leqslant \alpha f(\boldsymbol{x})+(1-\alpha)f(\boldsymbol{x}^*)$$

因此可得 $f(\boldsymbol{x}) \geqslant f(\boldsymbol{x}^*)$，即 $\boldsymbol{x}^*$ 是 f 的全部最小值点。

下面证明 $\boldsymbol{x}^*$ 是$\min f(\boldsymbol{x})$的一个全局最优解的充要条件是$\nabla f(\boldsymbol{x}^*)=0$。由定理 A.2 可知，必要性成立。下面证明充分性。设 $\boldsymbol{x}^*$ 满足$\nabla f(\boldsymbol{x}^*)=0$，对任意 $x \in \mathbf{R}^n$，由凸函数的性质可知

$$f(\boldsymbol{x})-f(\boldsymbol{x}^*)=\nabla^{\mathrm{T}} f(\boldsymbol{x}^*)(\boldsymbol{x}-\boldsymbol{x}^*)=0$$

即 $\boldsymbol{x}^*$ 是问题$\min f(\boldsymbol{x})$的一个全局最优解。

例如，利用极值条件求解下列问题

$$\min f(\boldsymbol{x})=\frac{1}{3}(x_1^3+x_2^3)-x_2^2-x_1$$

首先计算函数的梯度和 Hessian 矩阵

$$\nabla f(\boldsymbol{x})=\begin{pmatrix} x_1^2-1 \\ x_2^2-2x_2 \end{pmatrix}, \quad \nabla^2 f(\boldsymbol{x})=\begin{pmatrix} 2x_1 & 0 \\ 0 & 2x_2-2 \end{pmatrix}$$

令$\nabla f(\boldsymbol{x})=0$，可解得四组解，分别为 $\boldsymbol{x}_1=(1,0)^{\mathrm{T}}$，$\boldsymbol{x}_2=(1,2)^{\mathrm{T}}$，$\boldsymbol{x}_3=(-1,0)^{\mathrm{T}}$，$\boldsymbol{x}_4=(-1,2)^{\mathrm{T}}$。经验算$\nabla^2 f(\boldsymbol{x})$在点 $\boldsymbol{x}_1$，$\boldsymbol{x}_4$ 为不定矩阵，则 $\boldsymbol{x}_1$，$\boldsymbol{x}_4$ 为鞍点；在点 $\boldsymbol{x}_2$，$\boldsymbol{x}_3$ 分别为正定和负定矩阵，即点 $\boldsymbol{x}_2$，$\boldsymbol{x}_3$ 分别为局部极小点和局部极大点。

A.3 约束优化最优性条件

由于在约束优化问题中，自变量的取值受到限制，目标函数在无约束条件下的平稳点(驻点)很可能不在可行域内，因此不能用无约束优化问题条件处理约束优化问题。下面分别讨论等式约束、不等式约束以及一般约束优化问题的最优性条件。

A.3.1 等式约束的最优性条件

等式约束优化的数学模型可描述为

$$\begin{aligned}&\min\ f(\boldsymbol{x})\\&\text{s.t.}\ \ h_i(\boldsymbol{x})=0\quad(i=1,2,\cdots,l)\end{aligned}$$

假设函数 $f(\boldsymbol{x})$，$h_i(\boldsymbol{x})$均为连续可微函数。

等式约束的最优化问题可以通过拉格朗日乘子法在理论上得到解决，首先介绍拉格朗日定理。

拉格朗日定理 假设：

(1) $\boldsymbol{x}^*$ 是等式约束问题的局部最优解；

(2) 函数 $f(\boldsymbol{x})$，$h_i(\boldsymbol{x})$在 $\boldsymbol{x}^*$ 某个邻域内连续可微；

(3) $\nabla h_1(\boldsymbol{x}^*)$，$\nabla h_2(\boldsymbol{x}^*)$，$\cdots$，$\nabla h_l(\boldsymbol{x}^*)$线性无关；

那么存在实数 λ_1^*，λ_2^*，$\cdots$，λ_l^* 使得

$$\nabla f(\boldsymbol{x}^*)=\sum_{i=1}^{l}\lambda_i^*\ \nabla h_i(\boldsymbol{x}^*)$$

上式即为等式约束问题的最优性一阶必要条件。

拉格朗日定理说明在局部最优点 $\boldsymbol{x}^*$ 处的梯度$\nabla f(\boldsymbol{x}^*)$是与所有约束曲面 $h_i(\boldsymbol{x})=0$ 的交集正交，即 $\nabla f(\boldsymbol{x}^*)$在由约束曲面的法向量所张成的空间中$\nabla f(\boldsymbol{x}^*)=\sum\limits_{i=1}^{l}\lambda_i^*\cdot\nabla h_i(\boldsymbol{x}^*)$。通过该定理，可以将等式约束问题转换为无约束优化问题，定义函数 $L(\boldsymbol{x},\boldsymbol{\lambda})$，

$$L(\boldsymbol{x},\boldsymbol{\lambda})=f(\boldsymbol{x})+\boldsymbol{\lambda}^{\mathrm{T}}\boldsymbol{h}(\boldsymbol{x})$$

其中 $\boldsymbol{x}=(x_1,x_2,\cdots,x_n)^{\mathrm{T}}$，$\boldsymbol{\lambda}=(\lambda_1,\lambda_2,\cdots,\lambda_l)^{\mathrm{T}}$，$\boldsymbol{h}=(h_1,h_2,\cdots,h_l)^{\mathrm{T}}$。

我们称 $L(\boldsymbol{x},\boldsymbol{\lambda})$为拉格朗日函数，其中 $\boldsymbol{\lambda}$ 为拉格朗日乘子。拉格朗日函数$L(\boldsymbol{x},\boldsymbol{\lambda})$的

梯度可表示为

$$\nabla L(\boldsymbol{x},\boldsymbol{\lambda})=\begin{bmatrix}\nabla L_x\\\nabla L_{\lambda}\end{bmatrix}$$

其中$\nabla L_x=\nabla f(\boldsymbol{x})-\sum_{i=1}^{l}\lambda_i\nabla h_i(\boldsymbol{x})$，$\nabla L_{\lambda}=\boldsymbol{h}(\boldsymbol{x})=(h_1,h_2,\cdots,h_l)^{\mathrm{T}}$。

由此 $\min L(\boldsymbol{x},\lambda)$的最优点需满足的必要条件是$\nabla L(\boldsymbol{x}^*,\boldsymbol{\lambda})=0$，这正是等式约束问题的最优性条件。

下面给出等式约束优化问题的充分条件。

等式约束优化问题的充分条件：在等式约束问题中，假设：

(1) 函数 $f(\boldsymbol{x})$，$h_i(\boldsymbol{x})$是二次连续可微函数，即 $f(\boldsymbol{x})\in C^2$，$h_i(\boldsymbol{x})\in C^2$；

(2) 存在 $\boldsymbol{x}^*\in\mathbf{R}^n$，$\boldsymbol{\lambda}^*\in\mathbf{R}^l$ 使得拉格朗日函数$L(\boldsymbol{x},\boldsymbol{\lambda})$的梯度$\nabla L(\boldsymbol{x},\boldsymbol{\lambda}^*)=0$；

(3) 对于满足条件 $\boldsymbol{u}^{\mathrm{T}}\nabla h_i(\boldsymbol{x}^*)=0(i=1,2,\cdots,l)$的任意非零向量 $\boldsymbol{u}\in\mathbf{R}^n$ 都有 $\boldsymbol{u}^{\mathrm{T}}\nabla^2L(\boldsymbol{x}^*,\boldsymbol{\lambda}^*)\boldsymbol{u}>0$；

那么 $\boldsymbol{x}^*$ 是等式约束优化问题的严格局部极小点。

等式约束优化问题的充分条件的几何意义是在拉格朗日函数 $L(\boldsymbol{x},\boldsymbol{\lambda})$的驻点$(\boldsymbol{x}^*,\boldsymbol{\lambda}^*)$处，若 $L(\boldsymbol{x},\boldsymbol{\lambda})$关于$x$ 的 Hessian 矩阵在 l 个约束超平面的切平面的交集上是正定的，那么 $\boldsymbol{x}^*$ 是等式约束优化问题的严格局部极小点。

例：$\min f(\boldsymbol{x})=x_1+x_2$，s. t. $h(\boldsymbol{x})=x_1^2+x_2^2-2=0$，其图解如图 A. 4 所示。

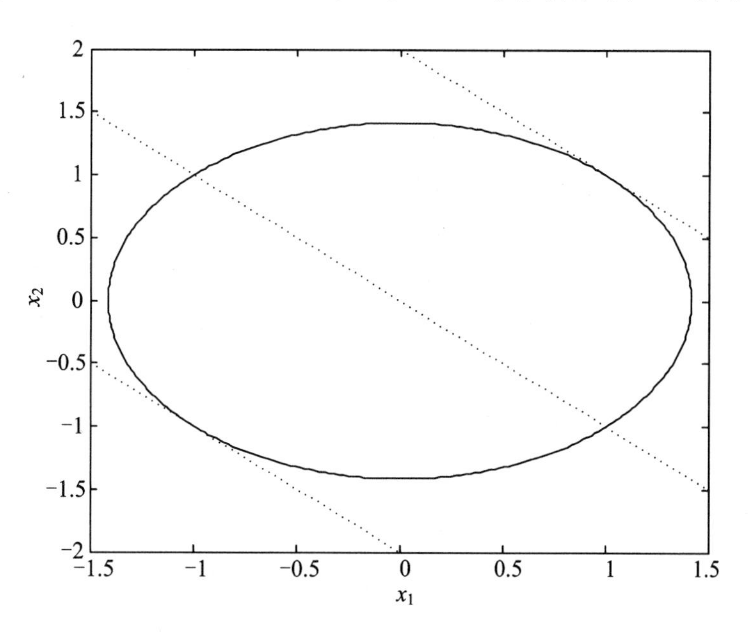

图 A. 4　函数的二维图像

由 $h(\boldsymbol{x})=x_1^2+x_2^2-2=0$ 可知，可行集在圆心在原点，半径为$\sqrt{2}$的圆上，可行集只有边界点，没有内点。最优点在点 $\boldsymbol{x}^*=(-1,-1)^{\mathrm{T}}$，且$\nabla f(\boldsymbol{x}^*)=\lambda_1\nabla h(\boldsymbol{x}^*)$，其中$\nabla f(\boldsymbol{x}^*)$

$=(1,1)^{\mathrm{T}}$，$\nabla \boldsymbol{h}(\boldsymbol{x}^*)=(2x_1,2x_2)^{\mathrm{T}}=(-2,-2)^{\mathrm{T}}$，$\lambda_1=-\frac{1}{2}$，即满足等式约束问题的最优性条件。

A.3.2 仅不等式约束的最优性条件

考虑如下不等式约束优化问题：

$$
\begin{aligned}
&\min\ f(\boldsymbol{x})\\
&\text{s. t.}\ \ g_i(\boldsymbol{x})\leqslant 0 \quad (i=1,2,\cdots,m)
\end{aligned}
$$

假设函数 $f(\boldsymbol{x})$，$g_j(\boldsymbol{x})$均为连续可微函数。

接下来我们将等式约束的拉格朗日乘子法推广到不等式约束情况。约束不等式 $g_i(\boldsymbol{x})\leqslant 0$ 称为原始可行域（Primal Feasibility），据此我们定义可行域 $\Omega=\{\boldsymbol{x}\in\mathbf{R}^n\,|\,g_i(\boldsymbol{x})\leqslant 0(i\in\mathcal{I})\}$，其中 $\mathcal{I}$表示满足不等式的指标集。假设 $\boldsymbol{x}^*$ 是满足约束条件的最优解，分两种情况讨论：

(1) $g_i(\boldsymbol{x})<0\ (i\in\mathcal{I})$，最优解位于 Ω 的内部，称为内部解（Interior Solution），这时约束条件是无效的（Inactive）；

(2) $g_i(\boldsymbol{x})=0$，最优解位于 Ω 的边界上，称为边界解（Boundary Solution），这时第 i 个约束条件是有效的（Active）。

这两种情况的最优解具有不同的必要条件。

(1) 内部解：在约束条件无效的情况下 $g_i(\boldsymbol{x})<0(i\in\mathcal{I})$，约束优化问题退化为无约束优化问题，因此驻点 $\boldsymbol{x}^*$ 满足$\nabla f(\boldsymbol{x}^*)=0$ 且拉格朗日乘子 $\lambda=0$；

(2) 边界解：假定所有的不等式均取等号，即约束不等式转换为等式约束，这与前面的等式约束拉格朗日乘数法相同。我们可以证明驻点 $\boldsymbol{x}^*$ 的梯度满足$\nabla f\in\text{span}\,\nabla g$，即存在这样的 λ，使得$\nabla f=-\lambda\,\nabla g$。但这里 λ 的正负号是有意义的。因为我们希望最小化 f，梯度∇f 应该指向可行域 Ω 的内部，但∇g 指向 Ω 的外部，即 $g(\boldsymbol{x})>0$ 的区域，因此 $\lambda>0$，称为对偶可行性（Dual Feasibility）。

因此，无论是内部解还是边界解，$\lambda g(\boldsymbol{x})=0$恒成立，称为互补松弛性（Complementary Slackness）。整理上述两种情况，最优解的必要条件是拉格朗日函数$\nabla L(\boldsymbol{x},\boldsymbol{\lambda})=0$，原始可行性、对偶可行性以及互补松弛性：即

$$
\begin{aligned}
&\nabla f(\boldsymbol{x}^*)+\sum_{i=1}^{m}\lambda_i\,\nabla g_i(\boldsymbol{x}^*)=0\\
&\nabla\lambda_i\geqslant 0 \qquad (i=1,2,\cdots,m)\\
&g_i(\boldsymbol{x}^*)\leqslant 0 \qquad (i=1,2,\cdots,m)\\
&\lambda_i\,\nabla g_i(\boldsymbol{x}^*)=0 \quad (i=1,2,\cdots,m)
\end{aligned}
$$

在先讨论不等式约束最优性条件前，首先介绍两个引理。

Farkas 引理　设 $\boldsymbol{A}\in\mathbf{R}^{m\times n}$，$\boldsymbol{b}\in\mathbf{R}^m$，那么以下两个论断有且仅有一个是对的：

(1) 存在 $\boldsymbol{x}\in\mathbf{R}^n$，使得 $\boldsymbol{Ax}=\boldsymbol{b}$，且 $\boldsymbol{x}\geqslant 0$；

(2) 存在 $\boldsymbol{y}\in\mathbf{R}^n$，使得 $\boldsymbol{Ay}\geqslant 0$，且 $\boldsymbol{b}^{\mathrm{T}}\boldsymbol{y}<0$。

引理(Farkas)　设 $\boldsymbol{a}_1,\boldsymbol{a}_1\cdots,\boldsymbol{a}_m$ 和 $\boldsymbol{b}$ 是 n 维向量，则满足 $\boldsymbol{a}_i^{\mathrm{T}}\boldsymbol{p}=0(i=1,2,\cdots,m)$ 的向量 $\boldsymbol{p}$ 也满足 $\boldsymbol{b}^{\mathrm{T}}\boldsymbol{p}\geqslant 0$ 的充要条件是，存在非负数 $\gamma_1,\gamma_2,\cdots,\gamma_m$ 使得 $\boldsymbol{b}=\sum_{i=1}^{m}\gamma_i\boldsymbol{a}_i$。

引理(Gordan)　设 $\boldsymbol{a}_1,\boldsymbol{a}_2,\cdots,\boldsymbol{a}_m$ 和 $\boldsymbol{b}$ 是 n 维向量，不存在向量 $\boldsymbol{p}$ 使得 $\boldsymbol{a}_i^{\mathrm{T}}\boldsymbol{p}<0\ (i=1,2,\cdots,m)$ 成立的充要条件是，存在不全为零的非负数 $\gamma_1,\gamma_2,\cdots,\gamma_m$ 使得 $\sum_{i=1}^{m}\gamma_i\boldsymbol{a}_i=0$。

下面给出不等式约束的必要条件。

定理(Fritz John)　在不等式约束优化问题中，假设：

(1) $\boldsymbol{x}^*$ 是不等式约束问题的局部最优解；

(2) 函数 $f(\boldsymbol{x})$，$g_i(\boldsymbol{x})$ 在 $\boldsymbol{x}^*$ 某个邻域内连续可微，那么存在不全为零的实数 $\mu_0,\mu_1,\mu_2,\cdots,\mu_m$ 使得

$$
\begin{aligned}
&\mu_0\,\nabla f(\boldsymbol{x}^*)-\sum_{i=1}^{m}\mu_i\,\nabla g_i(\boldsymbol{x}^*)=0\\
&\mu_i g_i(\boldsymbol{x}^*)=0\quad (i=1,2,\cdots,m)\\
&\mu_i\geqslant 0\qquad\qquad (i=1,2,\cdots,m)
\end{aligned}
$$

A.3.3　一般约束优化的 KKT 条件

考虑如下一般形式的约束优化问题：

$$
\begin{aligned}
&\min\ f(\boldsymbol{x})\\
&\text{s.t.}\ \ h_i(\boldsymbol{x})=0\quad (i=1,2,\cdots,l)\\
&\qquad g_j(\boldsymbol{x})\leqslant 0\qquad (j=1,2,\cdots,m)
\end{aligned}
$$

假设函数 $f(\boldsymbol{x})$，$h_i(\boldsymbol{x})$，$g_j(\boldsymbol{x})$ 均为连续可微函数。若不满足该假设，可以通过适当变换，将非光滑函数转化为光滑可微函数。

例：$f(\boldsymbol{x})=\max(\boldsymbol{x}^2,\boldsymbol{x})$，引入变量 $\boldsymbol{t}=f(\boldsymbol{x})$ 可以转换为如下约束优化问题：

$$
\begin{aligned}
&\min\ \boldsymbol{t}\\
&\text{s.t.}\ \begin{cases}\boldsymbol{x}\leqslant\boldsymbol{t}\\ \boldsymbol{x}^2\leqslant\boldsymbol{t}\end{cases}
\end{aligned}
$$

若 $g(\boldsymbol{x})=|x_1|+|x_2|\leqslant 1$，可以等价转换为四个线性不等式，即 $x_1+x_2\leqslant 1$，$-x_1+x_2\leqslant 1$，$x_1-x_2\leqslant 1$，$-x_1-x_2\leqslant 1$。

一般优化问题的拉格朗日函数

$$L(\boldsymbol{x},\boldsymbol{\lambda},\boldsymbol{\mu})=f(\boldsymbol{x})+\sum_{i=1}^{m}\lambda_i g_i(\boldsymbol{x})+\sum_{i=1}^{l}\mu_i h_i(\boldsymbol{x})$$

拉格朗日函数对 $\boldsymbol{x}$ 取下确界得到拉格朗日对偶函数

$$g(\boldsymbol{\lambda},\boldsymbol{\mu})=\inf_{\boldsymbol{x}} L(\boldsymbol{x},\boldsymbol{\lambda},\boldsymbol{\mu})$$

$g(\boldsymbol{\lambda},\boldsymbol{\mu})$给出了原问题最优解的一个下界,即 $g(\boldsymbol{\lambda},\boldsymbol{\mu})\leqslant f(\boldsymbol{x}^*)$。因为

$$\begin{aligned}g(\boldsymbol{\lambda},\boldsymbol{\mu})&=\inf_{\boldsymbol{x}} L(\boldsymbol{x},\boldsymbol{\lambda},\boldsymbol{\mu})\leqslant L(\boldsymbol{x}^*,\boldsymbol{\lambda},\boldsymbol{\mu})\\&=f(\boldsymbol{x}^*)+\sum_{i=1}^{m}\lambda_i g_i(\boldsymbol{x}^*)+\sum_{i=1}^{l}\mu_i h_i(\boldsymbol{x}^*)\\&=f(\boldsymbol{x}^*)+\sum_{i=1}^{m}\lambda_i g_i(\boldsymbol{x}^*)\leqslant f(\boldsymbol{x}^*)\end{aligned}$$

注意:这里要求 $\lambda_i\geqslant 0$,这是因为对 $L(\boldsymbol{x},\boldsymbol{\lambda},\boldsymbol{\mu})$取下确界,若 $\lambda_i<0$,这第二项 $\sum_{i=1}^{m}\lambda_i g_i(\boldsymbol{x}^*)$将有可能取到负无穷大,即没有下界。

拉格朗日对偶问题:

$$\begin{aligned}&\max_{\boldsymbol{\lambda},\boldsymbol{\mu}} g(\boldsymbol{\lambda},\boldsymbol{\mu})\\&\text{s. t. }\ \boldsymbol{\lambda}\geqslant 0\end{aligned}$$

这个对偶问题一定是一个凸优化问题,无论原问题是不是凸问题。若对偶问题的最优解记为 $\boldsymbol{b}^*$,原问题的最优解为 $\boldsymbol{p}^*$,由上述分析可知 $\boldsymbol{b}^*\leqslant\boldsymbol{p}^*$,这就是弱对偶性。

若 $\boldsymbol{b}^*=\boldsymbol{p}^*$,这称为强对偶性,当原问题是凸优化问题(目标函数和不等式约束函数均为凸函数,等式约束为仿射函数),且满足 Slater 条件时,则 $\boldsymbol{b}^*=\boldsymbol{p}^*$。即原问题与对偶问题具有相同的最优解,对偶间隙为 0。

下面给出 Slater 条件:对于凸优化问题,存在一点 $\boldsymbol{x}\in\operatorname{relint}\Omega$(原问题定义域的相对内部),其中 $\Omega=\operatorname{dom}f(\boldsymbol{x})\bigcap_{i=1}^{m}\operatorname{dom}g_i(\boldsymbol{x})\bigcap_{i=1}^{l}\operatorname{dom}h_i(\boldsymbol{x})$,使得下式成立

$$g_i(\boldsymbol{x})<0\quad(i=1,2,\cdots,m),\quad \boldsymbol{A}\boldsymbol{x}=\boldsymbol{b}$$

注意:Slater 条件是强对偶的充分条件,不是必要条件。若当所有的不等式约束和等式约束都是仿射函数时,只要可行域不是空集,即满足弱 Slater 条件,此时对偶间隙也为 0,即 $f(\boldsymbol{x}^*)=g(\boldsymbol{\lambda}^*,\boldsymbol{\mu}^*)$,由此可得

$$\begin{aligned}f(\boldsymbol{x}^*)=g(\boldsymbol{\lambda}^*,\boldsymbol{\mu}^*)&=\inf_{\boldsymbol{x}} L(\boldsymbol{x},\boldsymbol{\lambda}^*,\boldsymbol{\mu}^*)\\&\leqslant f(\boldsymbol{x}^*)+\sum_{i=1}^{m}\lambda_i^* g_i(\boldsymbol{x}^*)+\sum_{i=1}^{l}\mu_i^* h_i(\boldsymbol{x}^*)\\&\leqslant f(\boldsymbol{x}^*)\end{aligned}$$

则可知 $\sum_{i=1}^{m}\lambda_i g_i(\boldsymbol{x}^*)=0$,即

$$\lambda_i g_i(\boldsymbol{x}^*)=0$$

$g(\boldsymbol{\lambda}^*,\boldsymbol{\mu}^*)$为 $L(\boldsymbol{x},\boldsymbol{\lambda}^*,\boldsymbol{\mu}^*)$在 $\boldsymbol{x}=\boldsymbol{x}^*$ 处取得最小值,故

$$\nabla_{x^*} L(\boldsymbol{x},\boldsymbol{\lambda}^*,\boldsymbol{\mu}^*) = \nabla f(\boldsymbol{x}^*) + \sum_{i=1}^{m} \lambda_i^* \nabla g_i(\boldsymbol{x}^*) + \sum_{i=1}^{l} \mu_i^* \nabla h_i(\boldsymbol{x}^*) = 0$$

综上所述KKT(Karush-Kuhn-Tucker)条件为：

假设 $\boldsymbol{x}^*$ 是问题(P)的局部最优解，且 $\boldsymbol{x}^*$ 处在某个“适当的条件”(Constraint Qualification)成立，则存在 $\boldsymbol{\lambda},\boldsymbol{\mu}$ 使得

$$\nabla f(\boldsymbol{x}^*) + \sum_{i=1}^{m} \lambda_i \nabla g_i(\boldsymbol{x}^*) + \sum_{i=1}^{l} \mu_i \nabla h_i(\boldsymbol{x}^*) = 0$$

$$\lambda_i \geqslant 0 \quad (i = 1,2,\cdots,m)$$

$$g_i(\boldsymbol{x}^*) \leqslant 0 \quad (i = 1,2,\cdots,m)$$

$$h_i(\boldsymbol{x}^*) = 0 \quad (i = 1,2,\cdots,l)$$

$$\lambda_i g_i(\boldsymbol{x}^*) = 0 \quad (i = 1,2,\cdots,m)$$

KKT条件简单点说，就是在极值点处，∇f 是一系列等式约束 h_i 的梯度和不等式约束∇g_i 的梯度的线性组合。在这个线性组合中等式约束的权值 μ_i 没有要求；不等式约束的权值 λ_i 是非负的，并且如果某个不等式 $g_i(\boldsymbol{x}^*)$ 严格小于0，那这个约束不会出现在加权式中，因为对应的权值 $\lambda_i=0$。换句话说，只有 $\boldsymbol{x}^*$ 恰好在边界 $g_i(\boldsymbol{x}^*)=0$ 上的哪些梯度才会出现在加权式中。如果去掉不等式约束部分，KKT条件就是拉格朗日乘子法的精确表述。

需要说明的是上述KKT条件是在“适当的条件”成立的，这里的适当条件就是约束规范或者正则性条件，一般正则性条件如下：

考虑一般约束优化问题，其中 $f,h_1,\cdots h_l,g_1,\cdots g_m$，均为连续可微函数，可行解 $\boldsymbol{x}^*$ 满足

$\{\nabla g_i(\boldsymbol{x}^*),i\in\mathcal{I}\}\cup\{\nabla h_j(\boldsymbol{x}^*)(j\in\mathcal{E})\}$ 是线性独立的，也就是说在使用KKT条件时需要验证正则性条件，否则无法保证KKT条件给出的结论一定成立。

相比KKT条件，描述无约束优化问题更为准确、严谨的是Fritz John条件。

Fritz John条件 在约束优化问题中，假设：

(1) $\boldsymbol{x}^*$ 是不等式约束问题的局部最优解；

(2) 函数 $f(\boldsymbol{x}),h_i(\boldsymbol{x}),g_j(\boldsymbol{x})$ 在 $\boldsymbol{x}^*$ 某个邻域内连续可微，那么存在不全为零的实数 $\mu_0,\mu_1,\mu_2,\cdots,\mu_m;\lambda_1,\lambda_2,\cdots,\lambda_l$ 使得

$$\mu_0 \nabla f(\boldsymbol{x}^*) + \sum_{i=1}^{m} \mu_i \nabla g_i(\boldsymbol{x}^*) + \sum_{i=1}^{l} \lambda_i \nabla h_i(\boldsymbol{x}^*) = 0$$

$$g_i(\boldsymbol{x}^*) \leqslant 0 \quad (i = 1,2,\cdots,m)$$

$$h_i(\boldsymbol{x}^*) = 0 \quad (i = 1,2,\cdots,l)$$

$$\mu_i g_i(\boldsymbol{x}^*) = 0 \quad (i = 1,2,\cdots,m)$$

$$\mu_i \geqslant 0 \quad (i = 1,2,\cdots,m)$$

仔细对比KKT条件和Fritz John条件发现两者的区别是Fritz John条件多了一个

对目标函数的乘子，即把 KKT 条件中目标函数退化的情况涵盖进去。如 $\mu_0 \nabla f(\boldsymbol{x}^*)+\sum_{i=1}^{m}\mu_i \nabla g_i(\boldsymbol{x}^*)+\sum_{i=1}^{l}\lambda_i \nabla h_i(\boldsymbol{x}^*)=0$，针对退化情况，即 $\mu_0=0$，即目标函数是不起作用的，也就是说目标函数无论怎么变化对最优解也没有影响。KKT 条件是剔除不满足正则性条件情况的前提下最优解的必要条件。易知，若 $\mu_0\neq 0$，我们在 Fritz John 条件等式两边同时除以 μ_0 即为 KKT 条件。

· KKT 条件的证明

考虑如下一般形式的约束优化问题：

$$
\begin{aligned}
&\min f(\boldsymbol{x})\\
&\text{s. t. } h_i(\boldsymbol{x})=0 \quad (i=1,2,\cdots,l)\\
&\qquad g_j(\boldsymbol{x})\leqslant 0 \quad (j=1,2,\cdots,m)
\end{aligned}
$$

其中 $f(\boldsymbol{x}),h_i(\boldsymbol{x}),g_j(\boldsymbol{x})$均为连续可微函数。

$\mathcal{E},\mathcal{I}$分别为等式约束的指标集和不等式约束指标集，记可行集

$$\Omega=\{\boldsymbol{x}\,|\,h_i(\boldsymbol{x})=0\ (i\in\mathcal{E}),g_j(x)\leqslant 0\ (j\in\mathcal{I})\}$$

上述约束优化问题最优解的一阶必要条件，即 KKT 条件：假设 $\boldsymbol{x}^*$ 为问题(P)的局部最优解，且在 $\boldsymbol{x}^*$ 处某个适当条件成立存在 $\lambda\in\mathbf{R}^m,\mu\in\mathbf{R}^l$，使得

$$
\begin{aligned}
&\nabla f(\boldsymbol{x}^*)+\sum_{i=1}^{m}\lambda_i \nabla g_i(\boldsymbol{x}^*)+\sum_{i=1}^{l}\mu_i \nabla h_i(\boldsymbol{x}^*)=0\\
&\lambda_i\geqslant 0 \qquad (i=1,2,\cdots,m)\\
&g_i(\boldsymbol{x}^*)\leqslant 0 \qquad (i=1,2,\cdots,m)\\
&h_i(\boldsymbol{x}^*)=0 \qquad (i=1,2,\cdots,l)\\
&\lambda_i g_i(\boldsymbol{x}^*)=0 \qquad (i=1,2,\cdots,m)
\end{aligned}
$$

其中 λ_i,μ_i 称为拉格朗日乘子；$\lambda_i \nabla g_i(\boldsymbol{x}^*)'=0$ 为互补松弛条件(Complementary Slackness)，即等价表示为

$$\lambda_i g_i(\boldsymbol{x}^*)=0\Leftrightarrow\begin{cases}\lambda_i>0,g_i(\boldsymbol{x}^*)=0\\ \lambda_i=0,g_i(\boldsymbol{x}^*)<0\end{cases}$$

可行点列：对于 $\boldsymbol{x}^*\in\Omega$，若点列$\{\boldsymbol{x}_k\}\subset\Omega$ 满足所有的 $\boldsymbol{x}_k\neq\boldsymbol{x}^*$，$\lim\limits_{k\to\infty}\boldsymbol{x}_k\neq\boldsymbol{x}^*$，则称为可行点列。

若 $\boldsymbol{x}^*$ 是局部最优解，则从 $\boldsymbol{x}^*$ 出发沿着任意可行点列方向移动，目标函数不会下降，即当 k 充分大时，有 $f(\boldsymbol{x}_k)\geqslant f(\boldsymbol{x}^*)$。

考虑 $\boldsymbol{x}^*$ 处的集合

$$D(\boldsymbol{x}^*)=\{\boldsymbol{d}\,|\,\nabla f\ (\boldsymbol{x}^*)^{\mathrm{T}}\boldsymbol{d}<0\}$$

其中 $\forall\,\boldsymbol{d}\in D$ 均为 $f(\boldsymbol{x})$在 $\boldsymbol{x}^*$ 处的下降方向。

考虑 $\boldsymbol{x}^*$ 处的集合

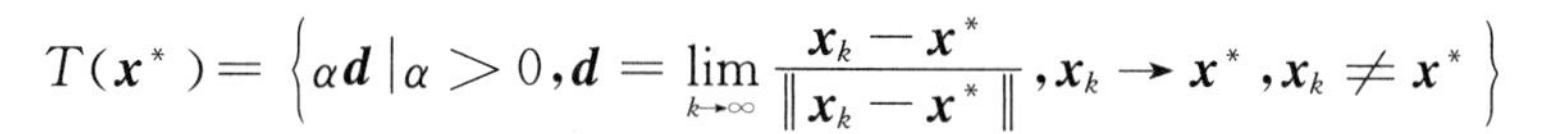

$$T(\boldsymbol{x}^*)=\left\{\alpha\boldsymbol{d}\,|\,\alpha>0,\boldsymbol{d}=\lim_{k\to\infty}\frac{\boldsymbol{x}_k-\boldsymbol{x}^*}{\|\boldsymbol{x}_k-\boldsymbol{x}^*\|},\boldsymbol{x}_k\to\boldsymbol{x}^*,\boldsymbol{x}_k\neq\boldsymbol{x}^*\right\}$$

该集合称为 $\boldsymbol{x}^*$ 处的切锥。

若 $\boldsymbol{x}^*$ 是问题(P)的局部最优解，则 $D(\boldsymbol{x}^*)\cap T(\boldsymbol{x}^*)=\varnothing$。

证明　由 $D(\boldsymbol{x}^*)$，$T(\boldsymbol{x}^*)$定义可知，只需证明任取 $\boldsymbol{d}\in T(\boldsymbol{x}^*)$，都有$\nabla f(\boldsymbol{x}^*)^{\mathrm{T}}\boldsymbol{d}\geqslant 0$，当 k 充分大时，由局部最优和泰勒展开可知

$$\begin{aligned}f(\boldsymbol{x}_k)-f(\boldsymbol{x}^*)=\nabla f(\boldsymbol{x}^*)^{\mathrm{T}}(\boldsymbol{x}_k-\boldsymbol{x}^*)+o(\|\boldsymbol{x}_k-\boldsymbol{x}^*\|)\geqslant 0\\ \Rightarrow\frac{\nabla f(\boldsymbol{x}^*)^{\mathrm{T}}(\boldsymbol{x}_k-\boldsymbol{x}^*)}{\|\boldsymbol{x}_k-\boldsymbol{x}^*\|}+\frac{o(\|\boldsymbol{x}_k-\boldsymbol{x}^*\|)}{\|\boldsymbol{x}_k-\boldsymbol{x}^*\|}\geqslant 0\\ \Rightarrow\lim_{k\to\infty}\frac{\nabla f(\boldsymbol{x}^*)^{\mathrm{T}}(\boldsymbol{x}_k-\boldsymbol{x}^*)}{\|\boldsymbol{x}_k-\boldsymbol{x}^*\|}+\lim_{k\to\infty}\frac{o(\|\boldsymbol{x}_k-\boldsymbol{x}^*\|)}{\|\boldsymbol{x}_k-\boldsymbol{x}^*\|}\geqslant 0\\ \Rightarrow\nabla f(\boldsymbol{x}^*)^{\mathrm{T}}\boldsymbol{d}\geqslant 0\end{aligned}$$

定义可行方向集 $F(\boldsymbol{x}^*)$：

$$F(\boldsymbol{x}^*)=\{\boldsymbol{d}\,|\,\boldsymbol{x}^*+\lambda\boldsymbol{d}\in\Omega,\forall\lambda\in(0,\delta)\ (\delta>0)\}$$

若 $\boldsymbol{x}_k=\boldsymbol{x}^*+\lambda_k\boldsymbol{d}$，易知 $F(\boldsymbol{x}^*)\subseteq T(\boldsymbol{x}^*)$。

定义线性可行方向集 $F_1(\boldsymbol{x}^*)$：记 $\boldsymbol{x}^*$ 处的有效指标集 $\mathcal{I}=\{i\,|\,g_i(\boldsymbol{x}^*)=0\}$，集合

$$F_1(\boldsymbol{x}^*)=\{\boldsymbol{d}\,|\,\nabla g_i(\boldsymbol{x}^*)^{\mathrm{T}}\boldsymbol{d}\leqslant 0\ (i\in\mathcal{I}),\nabla h_i(\boldsymbol{x}^*)^{\mathrm{T}}\boldsymbol{d}=0\ (i\in\mathcal{E})\}$$

$F_1(\boldsymbol{x}^*)$的含义：与 $T(\boldsymbol{x}^*)$相比，只排除了明显不可行方向，例如若有方向 $\boldsymbol{d}$，使得$\nabla g_i(\boldsymbol{x}^*)^{\mathrm{T}}\boldsymbol{d}>0$ $(i\in\mathcal{I})$表明 $g_i(\boldsymbol{x})$沿着方向 $\boldsymbol{d}$ 上升，因为 $g_i(\boldsymbol{x}^*)=0$，则沿着方向 d 移动后 $g_i(\boldsymbol{x})$将大于 0，不满足约束条件，同理 $h_i(\boldsymbol{x})$有类似分析。

由线性可行方向集定义可知：$T(\boldsymbol{x}^*)\subseteq F_1(\boldsymbol{x}^*)$。

证明　任取 $\alpha\boldsymbol{d}\in T(\boldsymbol{x}^*)$有 $\boldsymbol{d}=\lim\limits_{k\to\infty}\dfrac{\boldsymbol{x}_k-\boldsymbol{x}^*}{\|\boldsymbol{x}_k-\boldsymbol{x}^*\|}$，只需证明$\nabla g_i(\boldsymbol{x}^*)^{\mathrm{T}}\boldsymbol{d}\leqslant 0$ $(i\in\mathcal{I})$，$\nabla h_i(\boldsymbol{x}^*)^{\mathrm{T}}\boldsymbol{d}=0$ $(i\in\mathcal{E})$。

对任意的 $i\in\mathcal{I}$，由泰勒展开可知

$$g_i(\boldsymbol{x}_k)-g_i(\boldsymbol{x}^*)=\nabla g_i(\boldsymbol{x}^*)^{\mathrm{T}}(\boldsymbol{x}_k-\boldsymbol{x}^*)+o(\|\boldsymbol{x}_k-\boldsymbol{x}^*\|)$$

由条件可知 $g_i(\boldsymbol{x}_k)\leqslant 0$，$g_i(\boldsymbol{x}^*)=0$，令 $k\to\infty$，得$\nabla g_i(\boldsymbol{x}^*)^{\mathrm{T}}\boldsymbol{d}\leqslant 0$。

对任意的 $i\in\mathcal{E}$，由泰勒展开可知

$$h_i(\boldsymbol{x}_k)-h_i(\boldsymbol{x}^*)=\nabla h_i(\boldsymbol{x}^*)^{\mathrm{T}}(\boldsymbol{x}_k-\boldsymbol{x}^*)+o(\|\boldsymbol{x}_k-\boldsymbol{x}^*\|)$$

由于 $h_i(\boldsymbol{x}_k)=h_i(\boldsymbol{x}^*)=0$，则$\nabla h_i(\boldsymbol{x}^*)^{\mathrm{T}}\boldsymbol{d}=0$。

线性无关约束规范(Linear independence Constraint Qualification，LICQ)：给定 $\boldsymbol{x}$ 和积极集 $\mathcal{A}(\boldsymbol{x})=\mathcal{E}\cup\{i\,|\,g_i(\boldsymbol{x}^*)=0\ (i\in\mathcal{I})\}$，若起作用约束的梯度集 $\{\nabla g_i(\boldsymbol{x}^*)(i\in\mathcal{A}(\boldsymbol{x}))\}$线性无关，则称这点线性无关约束规范成立。

一般地，若线性无关约束规范成立，在“适当条件”，即约束规范下：$T(\boldsymbol{x}^*)=F_1(\boldsymbol{x}^*)$。

常见的约束规范有：

(1) 函数 $g_i(\boldsymbol{x})$ $(i\in\mathcal{I})$，$h_i(x)(i\in\mathcal{E})$均为线性函数；

(2) 向量组$\nabla g_i(\boldsymbol{x})$ $(i\in\mathcal{I})$，$\nabla h_i(x)$ $(i\in\mathcal{E})$线性无关。

若 $\boldsymbol{x}^*$ 是问题(P)的局部最优解，且某种约束规范成立，则 $D(\boldsymbol{x}^*)\cap F_1(\boldsymbol{x}^*)=\varnothing$。

回顾一下 Farkas 引理：给定矩阵 $\boldsymbol{A}\in\mathbf{R}^{m\times n}$ 和向量 $\boldsymbol{c}\in\mathbf{R}^n$，则以下两个问题有且只有一个有解：

(1) $\boldsymbol{Ax}\leqslant 0, \boldsymbol{c}^{\mathrm{T}}\boldsymbol{x}>0$；

(2) $\boldsymbol{A}^{\mathrm{T}}\boldsymbol{y}=\boldsymbol{c}, \boldsymbol{y}\geqslant 0$。

根据 Farkas 引理，$D(\boldsymbol{x}^*)\cap F_1(\boldsymbol{x}^*)=\varnothing$当且仅当 KKT 条件成立。

证明 $D(\boldsymbol{x}^*)\cap F_1(\boldsymbol{x}^*)=\varnothing\Leftrightarrow$

$\nabla f(\boldsymbol{x}^*)^{\mathrm{T}}\boldsymbol{d}<0$、$\nabla g_i(\boldsymbol{x}^*)^{\mathrm{T}}\boldsymbol{d}\leqslant 0$ $(i\in\mathcal{I})$，$\nabla h_i(\boldsymbol{x}^*)^{\mathrm{T}}\boldsymbol{d}=0$ $(i\in\mathcal{E})$无解$\Leftrightarrow$

$$\begin{cases}-\nabla f(\boldsymbol{x}^*)^{\mathrm{T}}\boldsymbol{d}>0 \\ \nabla g_i(\boldsymbol{x}^*)^{\mathrm{T}}\boldsymbol{d}\leqslant 0 & (i\in\mathcal{I}) \\ \nabla h_i(\boldsymbol{x}^*)^{\mathrm{T}}\boldsymbol{d}\leqslant 0 & (i\in\mathcal{E}) \\ \nabla h_i(\boldsymbol{x}^*)^{\mathrm{T}}\boldsymbol{d}\leqslant 0 & (i\in\mathcal{E})\end{cases} \quad \text{无解}$$

记 $\boldsymbol{c}=-\nabla f(\boldsymbol{x}^*)$ 令 $\boldsymbol{A}=\begin{pmatrix}\nabla g_i(\boldsymbol{x}^*)^{\mathrm{T}} \\ \nabla h_i(\boldsymbol{x}^*)^{\mathrm{T}} \\ -hg_i(\boldsymbol{x}^*)^{\mathrm{T}}\end{pmatrix}\in\mathbf{R}^{(2l+|I|)\times n}$，则根据 Farkas 引理可知

$\boldsymbol{A}^{\mathrm{T}}\boldsymbol{y}=\boldsymbol{c}$ $(\boldsymbol{y}\geqslant 0)$有解，即

$$(\nabla \underset{i\in\mathcal{I}}{g_i}(\boldsymbol{x}^*),\nabla \underset{i\in\mathcal{E}}{h_i}(\boldsymbol{x}^*),-\nabla \underset{i\in\mathcal{E}}{h_i}(\boldsymbol{x}^*))(\underset{i\in\mathcal{I}}{y_i},\underset{i\in\mathcal{E}}{\bar{y}_i},\underset{i\in\mathcal{E}}{\tilde{y}_i})^{\mathrm{T}}=-\nabla f(\boldsymbol{x}^*),(y_i,\bar{y}_i,\tilde{y}_i)^{\mathrm{T}}\geqslant 0$$

即

$$\nabla f(\boldsymbol{x}^*)=\sum_{i\in\mathcal{I}}y_i\nabla g_i(\boldsymbol{x}^*)+\sum_{i\in\mathcal{E}}\bar{y}_i\nabla h_i(\boldsymbol{x}^*)-\sum_{i\in\mathcal{E}}\tilde{y}_i\nabla h_i(\boldsymbol{x}^*)$$

改写为

$$\begin{aligned}&\nabla f(\boldsymbol{x}^*)+\sum_{i\in\mathcal{I}}y_i\nabla g_i(\boldsymbol{x}^*)+\sum_{i\in\mathcal{E}}(\bar{y}_i-\tilde{y}_i)\nabla h_i(\boldsymbol{x}^*)\\ &=\nabla f(\boldsymbol{x}^*)+\sum_{i\in\mathcal{I}}\lambda_i\nabla g_i(\boldsymbol{x}^*)+\sum_{i\in\mathcal{E}}\mu_i\nabla h_i(\boldsymbol{x}^*)=0\end{aligned}$$

其中 $\lambda_i=y_i,\mu_i=\bar{y}_i-\tilde{y}_i$。则存在 $\lambda\in\mathbf{R}^m,\boldsymbol{\mu}\in\mathbf{R}^l$，

$$\begin{aligned}&\nabla f(\boldsymbol{x}^*)+\sum_{i=1}^{m}\lambda_i\nabla g_i(\boldsymbol{x}^*)+\sum_{i=1}^{l}\mu_i\nabla h_i(\boldsymbol{x}^*)=0\\ &\lambda_i\geqslant 0 \qquad (i=1,2,\cdots,m)\\ &\lambda_i g_i(\boldsymbol{x}^*)=0 \quad (i=1,2,\cdots,m)\end{aligned}$$

A.4 对偶理论

A.4.1 拉格朗日对偶函数

考虑标准形式的优化问题：

$$\min f(\boldsymbol{x})$$
$$\text{s. t.} \begin{cases} h_i(\boldsymbol{x}) = 0 & (i = 1,2,\cdots,l) \\ g_j(\boldsymbol{x}) \leqslant 0 & (j = 1,2,\cdots,m) \end{cases} \tag{A. 1}$$

其中 $\mathcal{E}=\{i|h_i(x)=0\ (i=1,2,\cdots,l)\}$，$\mathcal{I}=\{i|g_i(x)\leqslant 0\ (i=1,2,\cdots,m)\}$分别为等式约束的指标集和不等式约束指标集。优化问题的定义域是优化目标函数与所有约束的交集 S 为非空集合

$$S = \bigcap \operatorname{dom} f \bigcap_{i=1}^{l} \operatorname{dom} h_i \bigcap_{i=1}^{m} \operatorname{dom} g_i$$

优化问题的最优值为 $\boldsymbol{p}^*$。

根据原问题，我们定义拉格朗日函数 $L:\mathbf{R}^n\times\mathbf{R}^m\times\mathbf{R}^l\rightarrow\mathbf{R}$：

$$L(\boldsymbol{x},\boldsymbol{\lambda},\boldsymbol{\mu}) = f(\boldsymbol{x}) + \sum_{i=1}^{m}\lambda_i g_i(\boldsymbol{x}) + \sum_{i=1}^{l}\mu_i h_i(\boldsymbol{x})$$

其定义域为 $\operatorname{dom} L=S\times\mathbf{R}^m\times\mathbf{R}^l$，$\lambda_i$ 称为第 i 个不等式约束 $g_j(\boldsymbol{x})\leqslant 0$ 对应的拉格朗日乘子；类似地，$\mu_i\lambda_i$ 称为第 i 个等式约束 $h_i(\boldsymbol{x})$对应的拉格朗日乘子。向量 $\boldsymbol{\lambda}$ 和 $\boldsymbol{\mu}$ 称为对偶变量，或者问题(A. 1)的拉格朗日向量。

定义　拉格朗日对偶函数 $g:\mathbf{R}^m\times\mathbf{R}^l\rightarrow\mathbf{R}$ 为关于 $\boldsymbol{x}$ 取最小值(下确界)

$$g(\boldsymbol{\lambda},\boldsymbol{\mu}) = \inf_{x\in S} L(\boldsymbol{x},\boldsymbol{\lambda},\boldsymbol{\mu}) = \inf_{x\in S}\left\{f(\boldsymbol{x}) + \sum_{i=1}^{m}\lambda_i g_i(\boldsymbol{x}) + \sum_{i=1}^{l}\mu_i h_i(\boldsymbol{x})\right\}$$

如果拉格朗日函数关于 x 无下界，则对偶函数取值为$-\infty$。因为对偶函数是一族关于$(\boldsymbol{\lambda},\boldsymbol{\mu})$的仿射函数的逐点下确界，所以即使原问题(A. 1)不是凸问题，对偶函数也是凹函数。

同时 $g(\boldsymbol{\lambda},\boldsymbol{\mu})$给出了原问题最优解的一个下界，对任意的 $\boldsymbol{\lambda}\geqslant 0$，有 $g(\boldsymbol{\lambda},\boldsymbol{\mu})\leqslant f(\boldsymbol{x}^*)$。

设 $\tilde{\boldsymbol{x}}$ 是原问题的一个可行点，$\tilde{\boldsymbol{x}}\in S$，即 $h_i(\boldsymbol{x})=0$，$g_j(\boldsymbol{x})\leqslant 0$。根据假设 $\boldsymbol{\lambda}\geqslant 0$，我们可得 $\sum_{i=1}^{m}\lambda_i g_i(\tilde{\boldsymbol{x}})+\sum_{i=1}^{l}\mu_i h_i(\tilde{\boldsymbol{x}})\leqslant 0$，因此可得

$$L(\tilde{\boldsymbol{x}},\boldsymbol{\lambda},\boldsymbol{\mu}) = f(\boldsymbol{x}) + \sum_{i=1}^{m}\lambda_i g_i(\tilde{\boldsymbol{x}}) + \sum_{i=1}^{l}\mu_i h_i(\tilde{\boldsymbol{x}}) \leqslant f(\boldsymbol{x})$$

而拉格朗日对偶函数

$$g(\boldsymbol{\lambda},\boldsymbol{\mu})=\inf_{x}L(\tilde{\boldsymbol{x}},\boldsymbol{\lambda},\boldsymbol{\mu})\leqslant L(\tilde{\boldsymbol{x}},\boldsymbol{\lambda},\boldsymbol{\mu})\leqslant f(\boldsymbol{x})$$

由于任意可行点 $\tilde{\boldsymbol{x}}\in S$ 均满足 $g(\boldsymbol{\lambda},\boldsymbol{\mu})\leqslant f(\boldsymbol{x})$，因此 $g(\boldsymbol{\lambda},\boldsymbol{\mu})\leqslant \boldsymbol{p}^*$。

综上所述，拉格朗日对偶函数两个非常重要的性质：

(1) $g(\boldsymbol{\lambda},\boldsymbol{\mu})$是凹函数；

(2) 如果 $\boldsymbol{\lambda}\geqslant 0$，那么 $g(\boldsymbol{\lambda},\boldsymbol{\mu})\leqslant \boldsymbol{p}^*$。

例 A.1 原问题为

$$\begin{aligned}&\min\ \boldsymbol{x}^{\mathrm{T}}\boldsymbol{x}\\&\text{s. t.}\ \ \boldsymbol{A}\boldsymbol{x}=\boldsymbol{b}\end{aligned}$$

则拉格朗日函数为

$$L(\boldsymbol{x},\boldsymbol{\mu})=\boldsymbol{x}^{\mathrm{T}}\boldsymbol{x}+\boldsymbol{\mu}^{\mathrm{T}}(\boldsymbol{A}\boldsymbol{x}-\boldsymbol{b})$$

拉格朗日对偶函数

$$\begin{aligned}g(\boldsymbol{\mu})&=\inf_{x}L(\boldsymbol{x},\boldsymbol{\mu})=\inf_{x}(\boldsymbol{x}^{\mathrm{T}}\boldsymbol{x}+\boldsymbol{\mu}^{\mathrm{T}}(\boldsymbol{A}\boldsymbol{x}-\boldsymbol{b}))\\&=-\frac{1}{4}\boldsymbol{\mu}^{\mathrm{T}}\boldsymbol{A}\boldsymbol{A}^{\mathrm{T}}\boldsymbol{\mu}-\boldsymbol{b}^{\mathrm{T}}\boldsymbol{\mu}\end{aligned}$$

例 A.2 二次型优化问题

$$\min\ \frac{1}{2}\boldsymbol{x}^{\mathrm{T}}\boldsymbol{Q}\boldsymbol{x}+\boldsymbol{c}^{\mathrm{T}}\boldsymbol{x}$$

$$\text{s. t.}\ \begin{cases}\boldsymbol{A}\boldsymbol{x}=\boldsymbol{b}\\\boldsymbol{x}\geqslant 0,\boldsymbol{Q}>0\end{cases}$$

则拉格朗日函数为

$$L(\boldsymbol{x},\boldsymbol{\mu},\boldsymbol{\lambda})=\frac{1}{2}\boldsymbol{x}^{\mathrm{T}}\boldsymbol{Q}\boldsymbol{x}+\boldsymbol{c}^{\mathrm{T}}\boldsymbol{x}+\boldsymbol{\mu}^{\mathrm{T}}(\boldsymbol{A}\boldsymbol{x}-\boldsymbol{b})-\boldsymbol{\lambda}^{\mathrm{T}}\boldsymbol{x}$$

拉格朗日对偶函数

$$\begin{aligned}g(\boldsymbol{\lambda},\boldsymbol{\mu})&=\inf_{x}L(\boldsymbol{x},\boldsymbol{\mu},\boldsymbol{\lambda})=\inf_{x}\left(\frac{1}{2}\boldsymbol{x}^{\mathrm{T}}\boldsymbol{Q}\boldsymbol{x}+\boldsymbol{c}^{\mathrm{T}}\boldsymbol{x}+\boldsymbol{\mu}^{\mathrm{T}}(\boldsymbol{A}\boldsymbol{x}-\boldsymbol{b})-\boldsymbol{\lambda}^{\mathrm{T}}\boldsymbol{x}\right)\\&=-\frac{1}{2}(\boldsymbol{c}-\boldsymbol{\lambda}+\boldsymbol{A}^{\mathrm{T}}\boldsymbol{\mu})^{T}(\boldsymbol{c}-\boldsymbol{\lambda}+\boldsymbol{A}^{\mathrm{T}}\boldsymbol{\mu})-\boldsymbol{b}^{\mathrm{T}}\boldsymbol{\mu}\end{aligned}$$

例 A.3 二次型优化问题

$$\min\ \frac{1}{2}\boldsymbol{x}^{\mathrm{T}}\boldsymbol{Q}\boldsymbol{x}+\boldsymbol{c}^{\mathrm{T}}\boldsymbol{x}$$

$$\text{s. t.}\ \begin{cases}\boldsymbol{A}\boldsymbol{x}=\boldsymbol{b}\\\boldsymbol{x}\geqslant 0,\boldsymbol{Q}\geqslant 0\end{cases}$$

则拉格朗日函数为

$$L(\boldsymbol{x},\boldsymbol{\mu},\boldsymbol{\lambda})=\frac{1}{2}\boldsymbol{x}^{\mathrm{T}}\boldsymbol{Q}\boldsymbol{x}+\boldsymbol{c}^{\mathrm{T}}\boldsymbol{x}+\boldsymbol{\mu}^{\mathrm{T}}(\boldsymbol{A}\boldsymbol{x}-\boldsymbol{b})-\boldsymbol{\lambda}^{\mathrm{T}}\boldsymbol{x}$$

拉格朗日对偶函数

$$
\begin{aligned}
g(\boldsymbol{\lambda},\boldsymbol{\mu}) &= \inf_{x} L(\boldsymbol{x},\boldsymbol{\mu},\boldsymbol{\lambda}) \\
&= \inf_{x}\left(\frac{1}{2}\boldsymbol{x}^{\mathrm{T}}\boldsymbol{Q}\boldsymbol{x}+\boldsymbol{c}^{\mathrm{T}}\boldsymbol{x}+\boldsymbol{\mu}^{\mathrm{T}}(\boldsymbol{A}\boldsymbol{x}-\boldsymbol{b})-\lambda^{\mathrm{T}}\boldsymbol{x}\right) \\
&= \begin{cases} -\dfrac{1}{2}(\boldsymbol{c}-\boldsymbol{\lambda}+\boldsymbol{A}^{\mathrm{T}}\mu)^{\mathrm{T}}\boldsymbol{Q}^{+}(\boldsymbol{c}-\boldsymbol{\lambda}+\boldsymbol{A}^{\mathrm{T}}\boldsymbol{\mu})-\boldsymbol{b}^{\mathrm{T}}\boldsymbol{\mu} & (\boldsymbol{c}-\boldsymbol{\lambda}+\boldsymbol{A}^{\mathrm{T}}\boldsymbol{\mu}\perp \mathrm{null}(\boldsymbol{Q})) \\ -\infty & (\text{其他}) \end{cases}
\end{aligned}
$$

其中 $\boldsymbol{Q}^{+}$ 表示矩阵 $\boldsymbol{Q}$ 的伪逆。

A.4.2 拉格朗日对偶问题

由于 $g(\boldsymbol{\lambda},\boldsymbol{\mu})\leqslant \boldsymbol{p}^{*}$，即给出了原问题最优解的一个不平凡下界，这意味着原问题很难求解时，我们可以转变求解下面一个问题：

$$
\begin{aligned}
&\max\ g(\boldsymbol{\lambda},\boldsymbol{\mu}) \\
&\text{s. t. }\ \boldsymbol{\lambda}\geqslant 0
\end{aligned}
$$

例 A.4 标准形式的线性规划(LP)

$$
\begin{aligned}
&\min\ \boldsymbol{c}^{\mathrm{T}}\boldsymbol{x} \\
&\text{s. t. }\begin{cases}\boldsymbol{A}\boldsymbol{x}=\boldsymbol{b} \\ \boldsymbol{x}\geqslant 0\end{cases}
\end{aligned}
$$

按照定义容易得到对偶问题为

$$
\begin{aligned}
&\max\ -\boldsymbol{b}^{\mathrm{T}}\boldsymbol{\mu} \\
&\text{s. t. }\ \boldsymbol{A}^{\mathrm{T}}\boldsymbol{\mu}+\boldsymbol{c}\geqslant 0
\end{aligned}
$$

例 A.5 等式约束范数优化问题

$$
\begin{aligned}
&\min\ \|\boldsymbol{x}\| \\
&\text{s. t. }\ \boldsymbol{A}\boldsymbol{x}=\boldsymbol{b}
\end{aligned}
$$

拉格朗日对偶函数

$$
\begin{aligned}
g(\boldsymbol{\mu}) &= \inf_{x}(\|\boldsymbol{x}\|+\mu^{\mathrm{T}}(\boldsymbol{A}\boldsymbol{x}-\boldsymbol{b})) \\
&= \begin{cases}\boldsymbol{b}^{\mathrm{T}}\boldsymbol{\mu} & (\|\boldsymbol{A}^{\mathrm{T}}\boldsymbol{\mu}\|\leqslant 1) \\ -\infty & (\text{其他})\end{cases}
\end{aligned}
$$

其中 $\|\boldsymbol{x}\|_{*}=\sup\limits_{\|y\|}\boldsymbol{y}^{\mathrm{T}}\boldsymbol{x}$ 是对偶范数。

假定对偶问题的最优解为 $\boldsymbol{d}^{*}=\max g(\boldsymbol{\lambda},\boldsymbol{\mu})$，那么我们有 $\boldsymbol{d}^{*}\leqslant\boldsymbol{p}^{*}$。我们想知道什么情况下去等号，即 $\boldsymbol{d}^{*}=\boldsymbol{p}^{*}$，此时我们只需要求解对偶问题就可以获得原问题的最优解。在此之前，我们先引入两个概念：弱对偶性与强对偶性。

弱对偶性(weak duality)：满足 $\boldsymbol{d}^{*}\leqslant\boldsymbol{p}^{*}$，原问题不论是否为凸，弱对偶总是成立；

强对偶性(strong duality):满足 $\boldsymbol{d}^* = \boldsymbol{p}^*$,强对偶并不是总是成立,如果原问题是凸优化问题,一般情况下都成立。在凸优化问题中,保证对偶成立的条件被称为 constraint qualifications。

对于凸优化问题:

$$\min f(\boldsymbol{x})$$
$$\text{s. t.} \begin{cases} g_j(\boldsymbol{x}) \leqslant 0 \quad (j = 1,2,\cdots,m) \\ \boldsymbol{Ax} = \boldsymbol{b} \end{cases}$$

其中 $S = \bigcap \mathrm{dom} f \bigcap_{i=1}^{m} \mathrm{dom}\ g_i$ 为凸集,$f(\boldsymbol{x})$,$g_j(\boldsymbol{x})$为凸函数。

如果存在可行解 $\boldsymbol{x} \in \mathrm{int}\ S$,使得

$$g_j(\boldsymbol{x}) < 0\ (j = 1,2,\cdots,m), \quad \boldsymbol{Ax} = \boldsymbol{b}$$

那么就能保证强对偶性。

附录 B　MATLAB 编程基础知识

本附录从最优化计算问题的需要出发，帮助读者了解 MATLAB 的基础知识，为读者进一步使用 MATLAB 进行最优化问题求解奠定基础。为使读者在使用 MATLAB 之前对该软件有一个整体的认识，这里首先概述 MATLAB 的产生、发展及其优势，然后着重介绍 MATLAB 的基本使用方法。

B.1　MATLAB 概述

MATLAB 自 1984 年进入市场以来，以其出众的数学、图形和编程能力以及面向科研界与工业界前沿需求的诸多功能，成为各行业前沿领域的非常重要的软件工具，其内置的海量优质工具箱让它与其他编程语言拉开距离，成为科学计算领域最杰出的，也是理工科学生非常值得深入学习的软件工具。

B.1.1　诞生与发展

20 世纪 70 年代后期，美国新墨西哥大学教授的克里夫·莫勒尔在进行线性代数教学的过程中，为了能让学生能更方便地使用计算机矩阵计算，借助 FORTRAN 语言独立编写了第一代版本的 MATLAB，可以完成矩阵的转置、行列式、特征值等计算功能。

1983 年，莫勒尔到斯坦福大学访问时遇到了工程师杰克·李特，李特敏锐的工程直觉告诉他，这个工具将从根本上改变科学家与工程师的生活，他叫上好友斯蒂夫·班格尔特三人一起花了一年半的时间，用 C 语言开发了第二代版本的 MATLAB，并且加入了数据可视化的功能。

1984 年，MathWorks 公司应运而生，MATLAB 从此进入了市场 。可以说，MATLAB 的发展领先于人们对于软件的认识，因为当时的计算机还是 DOS 系统，人们对于数据的计算机图形还普遍比较陌生；直到 1992 年，MATLAB 4.0 微机版的推出，与微软 Windows 系统的对接，才使 MATLAB 软件大放异彩，而这一代产品也提供了前所未有的强大功能，如 Simulink 模块，硬件开发接口，符号计算工具包，与 Word 无缝连接的 Notebook，从此奠定了它在科学计算领域的王牌地位。

此后，MathWorks 公司从 1992—2005 年分别推出了 MATLAB 4.0～7.1 共 18 个版本，从 2006 年开始，MathWorks 公司定下发布规则，即每年的 3 月和 9 月分别推出一个新版本，并以年份加字母 a 或 b 来进行命名，如 2022 年 9 月发布的即为 2022b 版本。

MATLAB 从无到有、从 0 到 1 的故事，与国外许多优秀的科学工程软件一样，首先在高校等科研单位面向科研需求而诞生，再转化为商业化公司或企业中发展壮大；其实我国也有许多的优秀科研项目，只是罕有应用转化，因此，在科学计算软件方面，国内目前还没有与之相媲美的软件产品。

B.1.2 功能特点

根据 MATLAB 官网的介绍，MATLAB 有 3 项最擅长的功能，即数学、图形与编程。

(1) 数学计算

数学计算包括数值计算与符号计算，MATLAB 非常擅长解决线性代数、微积分、概率统计、数值分析、数据分析以及其他数学领域计算问题，是公认的数学计算功能非常强大、非常权威的软件。

(2) 图形可视化

将数值计算得到额数据具象化、可视化地表达出来，是解决科学与工程问题的核心技术手段。

(3) M 语言编程

MATLAB 是一种高级编程语言，简称“M 语言”，它是最接近人脑思维方式的“科学便签式”编程语言，通过编写脚本或函数可以极为快速地实现编程者的任何想法。

MATLAB 功能还远不止于此，其还包括如下内容：

(1) 海量优质工具箱

MATLAB 针对几乎所有可以进行数学计算的领域都提供了专业工具箱，比如数学统计与优化、数据科学与深度学习、信号处理、控制系统、图像处理与机器视觉、并行计算、无线通信、数据库、代码生成等，其中内置了大量领域常用函数工具，用户可以直接调用，再也不需要“重复造轮子”，这些工具箱在对应领域都非常权威、精准与高效，是无数前辈智慧结晶，而且其中除内置函数外的其他代码都能开发并且可扩展，用户可以开发自己的工具箱并分发。

(2) 实时脚本编辑器

实时脚本(.mlx)是 MATLAB 2016a 版本以后推出的重要功能，实时脚本是一种同时包含代码、输出和格式化文本的程序文件，用户可以同时编写代码、格式化文本、图像、超链接和方程，并实时查看输出数据与图形及其源代码。

(3) 图形用户界面设计工具 AppDesigner

MATLAB 为用户提供了一个快速搭建与分发应用程序(App)的方案，生成的应用可以打包成为 MATLAB 环境下的 App，也可以打包成为基于 Web 服务器的 App，还可以编译成为独立的桌面应用程序。在 MATLAB 2016a 版本以后，AppDesigner 作为老版开发环境 GUIDE 的优化替代品横空出世，在界面美观度与编程简易度方面都有着大幅度提升，AppDesigner 可以说是开发一款图形用户界面软件的最速方案。

(4) Simulink 组件

Simulink 是 MATLAB 软件的核心组成部分，是终极图形建模、仿真和样机开发环境。它主要用于实现对工程问题的模型化及动态仿真，由于它具有非常友好的基于模块图的交互环境，使用"模块化组合式"的图形化编程可以快速实现系统级的设计、动态仿真、自动代码生成等，而且可以自定义模块库及求解器，对于复杂系统有很友好的层次性构建方案，在各种科学工程领域都有着重要应用，如航空航天、电力系统、卫星控制、导弹制导、通信系统、神经网络计算等领域。

另外，还具有 Stateflow 交互式设计工具、自动代码生成、项目管理、并行处理、GPU 计算、云计算等。

B.1.3　应用场景

MATLAB 极为广泛应用是有它的底层逻辑的。

(1) 数学

人们对于生活中物理世界的一切科学逻辑，都建立在一个又一个的数学模型上，换言之，对于一个问题，如果不能建立数学模型，就相当于没有真正在科学层面上认知它；因此，MATLAB 解决的是对物理世界的数学模型的计算、分析与仿真，这也是为什么说"MATLAB 无所不能"。

(2) 图形

可视化图形在科学与工程中的重要意义容易被忽略，可能是因为使用得太多太普通了；启示人类想要精确理解分析一个科学与工程问题，感官中主要依靠视觉，所谓"一图胜千言"，面对科学与工程问题，图形可视化永远是首选的核心解决方案。

(3) 编程

MATLAB 是一个高级编程语言，别的编程语言能做到的事情它都能做到，而且与其他编程语言相比又具有编程速度快、矩阵计算速度快的优势。

所以，与数学、图形和编程相关的应用场景，都是 MATLAB 的主要应用场景。MATLAB 在以下场景中都有着重要的应用：

（1）数学教学

作为最优秀的数学软件，MATLAB可以帮助学生更好地理解数学，即时的可视化计算可以帮助学生对于数学知识更好地消化吸收，也能极大地提高对于知识的应用。

（2）分析数学模型

对于各领域的实际问题，究其根本往往都可以建立数学模型，使用MATLAB可以快速、方便地对于数学模型进行系统的分析和求解，以解决领域科学问题。

（3）数据处理及可视化

当获得了一定量的数据时，MATLAB可以对其快速准确的处理并绘制出可视化图形，使得对数据的特征有更为清晰的量化认识。

（4）算法开发

在尝试开发一种新的算法时，MATLAB无疑是最快捷高效的语言，利用已有的工具包，帮助用户在最短的时间内完成算法的开发与测试。

（5）软件制作

当设计了一套优质的模型或算法，想要与其他人分享时，MATLAB可以非常迅速、方便地生成一套图形用户界面App。

（6）动态系统仿真分析

对于各种领域内的不同复杂系统，使用Simulink和Stateflow可以很容易地建立模型，并进行动态系统仿真，仿真的结果可以用于指导设计或直接布置。

B.1.4 MATLAB开发环境

安装启动最新版本的MATLAB软件，进行简单的开发环境配置，就可以使用了。本节将对命令窗口、编辑窗口、工作区及变量编辑器进行功能以及常用操作说明。

MATLAB的桌面布局非常友好，与微软的Office系列软件风格类似，图B.1所示即为主窗口布局。

图B.1上方有3个通栏工具栏：主页、绘图和App，双击任一标签可以收起或展开工具栏。

左侧为“当前文件夹”。显示当前工作目录中的文件。

左下为“详细信息”。显示当前文件的信息。

右侧为“工作区”，即工作内存区，显示当前内存中的变量及类型。

中间为“命令行窗口”，“≫”为命令提示符，在其后输入命令或表达式并按Enter键可以直接运行命令或显示计算结果。

在“命令行窗口”中输入edit即可弹出“编辑器”，在此窗口中可以创建和编辑脚本、函数、实时脚本、实时函数、类等。

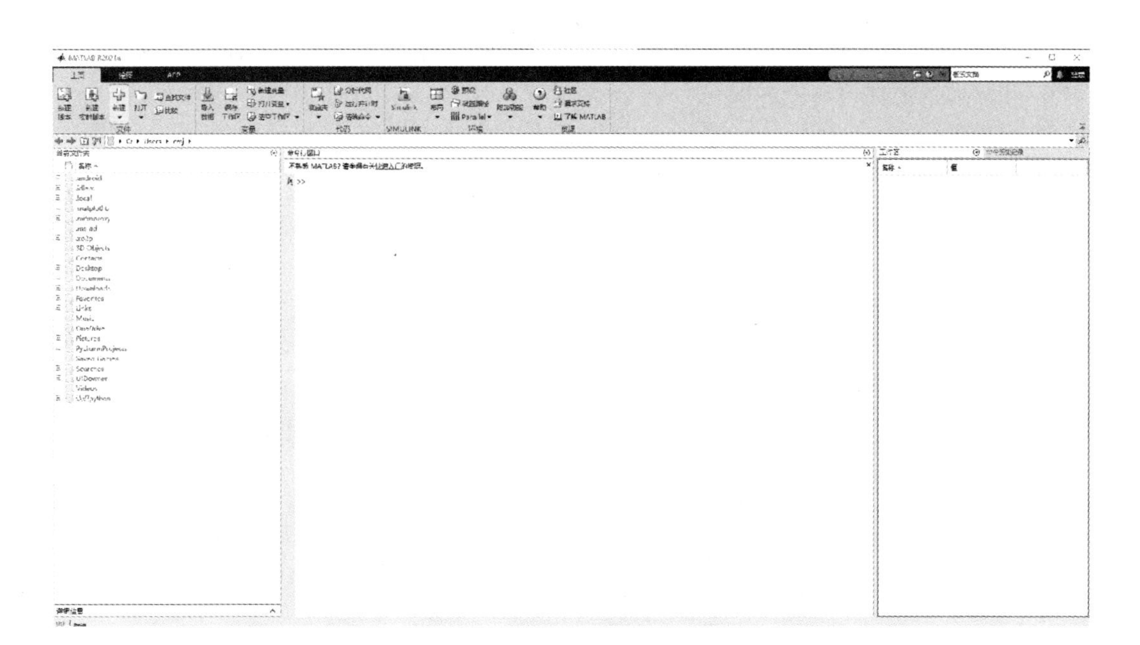

图 B.1 MATLAB主窗口布局

“新建”工程或“打开”工程会弹出“工程”窗口，工程是MATLAB提出的新功能，用于协助较大的MATLAB和Simulink项目文件管理、文件关系分析、项目团队协助等。

1. 命令行窗口

(1) 命令的实时运行

在命令提示符“≫”后输入一条命令，按Enter键即可显示执行结果，完成后命令提示符会再次出现；如果命令提示符暂时没有出现，则说明命令在运行中，MATLAB此时不接受新的命令输入；可以认为命令行窗口是一个交互终端，一个“万能计算器”。一般在命令行窗口中运行的命令包括数学运算式、变量创建与赋值、画图命令、文件操作命令等。

(2) 历史命令窗口

在命令提示符后按“↑”键，即可弹出“历史命令”窗口，其中包含着软件安装以来的所有命令，包含命令的日期和时间。在“历史命令”窗口中按“↑”或“↓”键可以选择命令，按Enter键即可重运行该命令；也可以使用鼠标进行操作，双击即为重运行该命令。使用箭头或鼠标的方式都支持使用Shift键多选命令。

(3) 快速验证程序语句功能

在编辑器/实时编辑器中，选择命令语句后直接按F9键，即可在命令行窗口中执行该语句，更方便的是，F9键还可以在“帮助”文档中直接执行命令语句，而不需要复制、切换窗口、粘贴、执行，该功能可大大提升调试和测试效率。

(4) 获取程序运行信息：提示、错误、警告

调试程序时，可以在程序中关键位置加入一些输出语句，如输出变量值或提示信息，

用于把握程序运行的中间结果；程序运行中出现的错误和警告，也会在命令行窗口中携带行号出现，单击即可定位问题行。

2. 编辑器窗口

"编辑器"的基本功能如下：

(1)语法高亮显示

关键字为蓝色，字符向量为紫色，未结束的字符向量为褐红色，注释为绿色。

(2) 自动语法检查

比如要成对出现的符号或者关键字没有成对出现时，就会突出显示。

(3) 代码自动填充

对于代码中可能使用到的"名称"，如函数、模型、文件、变量、结构体、图形属性等，只要输入前几个字符，按 Tab 键即可调出自动填充项，使用箭头键选择所需的名称，再次按 Tab 键确认。

(4) 代码分析器

在"编辑器"右侧的竖条，用颜色来表示代码状态，如红色表示语法错误，橙色表示警告或可改进处，绿色则表示代码正常。重视代码分析器的判断，有助于提供编程效率。

(5) 注释及代码节功能

单百分号"%"后面所跟随的文字将被视为注释并标绿；双百分号加一空格"%%"后面所跟随的文字也是注释，同时绿色加粗，作为"代码节"的标题，代码节的结束由下一组双百分号为标志。Ctrl+Enter 快捷键为仅运行当前代码节，Ctrl+R 快捷键为批量注释代码，Ctrl+T 快捷键为批量取消注释。

(6) 函数提示功能

输入函数名称及左括号，按 Ctrl+F1 快捷键，可以调用函数提示器，该操作能够快速了解函数对输入参数的要求。

(7) 智能缩进功能

选择代码后，按 Ctrl+I 快捷键可以实现代码的智能缩进。

3. 工作区及变量编辑器

工作区实时显示当前内存中的变量，在表头处右击可以调出其他显示项，如大小、类、最大值、最小值、均值、标准差等，右击变量可以选择绘图目录，直接将变量进行恰当的可视化表达。

工作区的变量，可以单个或批量保存为.mat 文件，也可以载入.mat 将变量恢复到工作区。

双击变量即可打开"变量编辑器"，类似于 Excel 表格的功能，可以修改列或行名称、

重新排列变量、修改变量单位及说明、对变量数据排序等；也可以从 Excel 表格中直接复制数据进行粘贴。

B.2　MATLAB 程序设计

MATLAB 程序设计包括 MATLAB 的数据类型和各种运算、MATLAB 的图形功能及工具箱的使用。

B.2.1　MATAB 中的数据类型

强大的数值计算功能是 MATLAB 最显著的特色。MATLAB 的数据类型主要包括数值型数据、符号型数据、字符串型数据、多维数组、元胞数组、结构型数组等。

1. 数值型数据

大部分情况下，MATLAB 的数据都是以双精度数值来表示，不区分整数、实数、复数等，占 8 个字节(64 位)，MATLAB 表示 double()，其值域约为$-1.7\times10^{308}\sim1.7\times10^{308}$。在 MATLAB 中复数可以像实数一样直接输入和计算，虚数单位可以用 i 或 j 表示。i＝sqrt(－1)，其值在工作空间显示为 0＋10000i。

MATLAB 中复数可以用下面两种方式表达：z＝a＋b * i 或 z＝r * exp(i * θ)，其中 r 为复数的模，θ 为复数俯角的弧度数。

```
≫a=1+sqrt(3)i;  %复数的两种表示方法
≫b=2*exp(i*pi/3);
≫m=[13;57]+i*[24;68]  %复数作为矩阵元素的表示方法
≫n=[1+21 3+41;5+6i 7+8i]
```

2. 符号型数据

符号型数据是在 MATLAB 中定义的特殊变量，它以字符串的形式表示，但又不同于普通字符串、其变量、表达式均为符号对象。符号对象使用 sym 或者 syms 生成，语法格式为

syms arg1 arg2…，arg_props

通常，可以将函数包含在成对的单引号内，组成符号表达式，也可以在定义了符号变量以后，用符号变量建立符号表达式。为了方便且易于理解，一般推荐第二种方式。

下面是一些简单的例子：

```
≫syms x y;                  %利用 syms 生成符号对象
≫z=sym('z');                %利用 sym 生成符号对象
≫m=sym('m','real');         %声明符号对象 m 为实的
≫n=sym('n','positive');     %声明符号对象 n 为正的
≫m=sym('m','unreal');       %去掉 m 的附加属性
≫A=[1 x;y z]                %生成符号矩阵
≫f=sin(x)+cos(x);           %建立符号表达式
≫findsym(f);                %查找符号表达式 f 中的所有自由变量
```

3. 字符型数据

一个字符串存在一个行向量中的文本，由单引号括起来。字符串里的每个字符是数组里的一个元素，字符串中的空格也是字符。由于字符串是以向量的形式来存储的，因而可以通过它的下标对字符串中的任何一个元素进行访问。

```
≫s1='MATLAB STRING';    %生成字符串 s1
≫dim=size(s1)           %显示 s1 的维数，为 1×13 阶矩阵
dim=
13
≫s2=['MATLAB STRING'];%生成字符数组 s2，与 s1 等价
≫s1(2);                 %通过下标访问字符串，ans=A
```

4. 多维数组

数组也可以嵌套，一个数组的元素可以是另外一个数组，这样就构成了多维数组。例如，三维数组就是一般矩阵的拓展，图 B.2 所示即为一个三维数组的示意图，数组的第一维称为“行”，第二维称为“列”，第三维称为“页”，运算则与低维的类似。

可以通过按页输入的方法构造一个三维数组并进行运算。例如：

```
≫A=[12;13];
≫B(:,:,1)=A;%输入矩阵 B 的第一页
≫B(:,:,2)=A^2;%输入矩阵 B 的第二页
≫B(:,:,3)=A^2;%输入矩阵 B 的第三页
≫C=ones(2,2,3);%矩阵 C 为 2×2×3 维全 1 矩阵
≫D−C./B%三维矩阵间的./运算
D(:,:,1)=
        1.0000    0.5000
```

```
        1.0000  0.3333
D(:,:,2)=
        0.3333  0.1250
        0.2500  0.0909
D(:,:,3)=
        0.3333  0.1250
        0.2500  0.0909
```

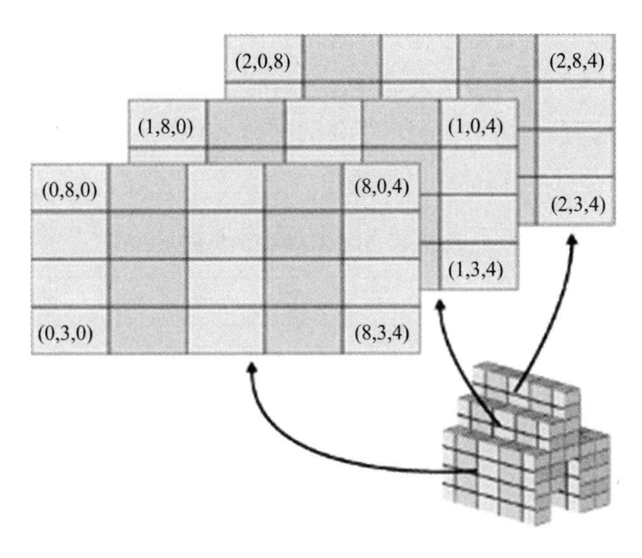

图 B.2 三维数组

B.2.2 MATLAB语言中的常量与变量

和其他大多数编程语言类似，变量是MATLAB语言的基本元素之一，是数值计算的基本单元。MATLAB也提供相应的数学表达式，但其用法和其他语言的不同之处在于：

(1) MATLAB表达式中可以使用矩阵形式。

(2) MATLAB中不需要预先声明变量的类型和维数，MATLAB会根据对新变量的操作创建该变量，确定其类型并为其分配存储空间。

(3)对已经存在的变量的赋值操作，MATLAB会以新值代替旧值。如果需要，MATLAB可以改变该变量的类型(例如，将字符串型数据赋给原数值型数据变量时)或者为其分配新的存储空间(例如，当矩阵维数发生变化时)。

在MATLAB中，变量的命名需要遵循如下一些规则：

(1) MATLAB中的变量名由一个字母导引，后面可以跟字母、数字、下画线等，但不能用空格或者标点符号。例如，var_temp、control_inputl、state21均是合法变量名，而_

output、45time、@position 等均是非法变量名。

(2) 变量名不能是 MATLAB 的保留字，如 for、end、while、if 等命令名。

(3) MATLAB 中的变量名是大小写敏感的，即 A 和 a 代表不同的变量。

(4) 变量名长度不能超过 63 位（在 MATLAB7.8 中预先定义了变量名长度最大值 namelengthmax 为 63)，超过的部分将被忽略，即如果两个变量名的前 63 个字符相同，则 MATLAB 认为其为相同的变量。

(5) 一些常量也可以作为变量来使用，例如，i 和 j 在 MATLAB 中表示虚数单位，但是也可以作为变量，如 i 和 j 还经常作为循环语句中的循环变量。

常量是一些在 MATLAB 中预先定义好数值的变量，既然其本质是变量，就可以对其进行重新赋值，但在编程时，为了避免不必要的麻烦，请尽量避免对这些特定常量重新赋值。表 B.1 所示是一些 MATLAB 中的常量。

表 B.1　MATLAB 中的常量

常量名	用　　法
pi	圆周率 π
eps	机器的浮点运算误差限，2.2204×10^{16}，若 |x|<eps，则可以认为 x—0
i,j	虚数单位
nargin	m 函数入口参数变量，用于 m 函数程序设计
nargout	m 函数出口参数变量，用于 m 函数程序设计
realmin	最小的正浮点数 2.2251×10^{-308}
realmax	最大的正浮点数 1.7977×10^{308}
bitmax	最大的正整数 9.0072×10^{15}
Inf	Infinity，无穷大量 $+\infty$
NaN	Not-a-number，通常由 0/0 运算、Inf/lnf 运算或者其他可能的运算得出
ans	默认结果存储变量

在 MATLAB 中，原则上可以使用任何与语法规则相容的名称作为变量名，但是若遇到存在冲突的情况，例如，将 sin 和 cos 用做与三角函数无关的变量名对其赋值，此时需要用 clear 命令将它们清除才能继续将其作为通常意义下的三角函数使用。又如，对 i 或 j 作为非虚数单位的循环变量重新赋值，则需要用语句 i=sqrt(-1) 恢复其虚数单位的意义，如果涉及复数计算，应尽量避免将 i,j 作为用户定义的变量使用。

B.2.3　MATLAB 中的矩阵

数学上，一个 m 行 n 列的矩形阵列被称为一个 $m\times n$ 矩阵，矩阵一般由数组成。特别

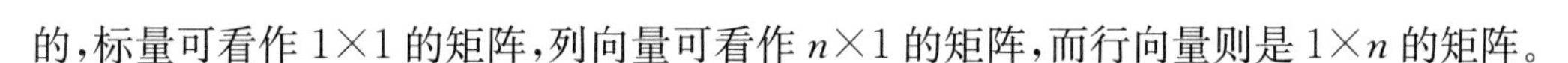

的，标量可看作 1×1 的矩阵，列向量可看作 n×1 的矩阵，而行向量则是 1×n 的矩阵。

MATLAB 可以根据用户的需要以直接输入、命令行语句、函数构造等方式生成特定的矩阵，同时还可以通过提取或者扩充等方式对已有矩阵进行相关的操作。

1. 以直接输入的方式生成矩阵

在 MATLAB 中输入小矩阵最简单的方法是使用直接排列的形式，且遵循如下规则：

(1) 矩阵元素必须在“[]”内。

(2) 矩阵的同行元素之间用空格(或“,”)隔开。

(3) 矩阵的行与行之间用“;”(或回车符)隔开。

(4) 矩阵的元素可以是数值、变量、表达式或函数。例如，在命令行窗口输入一个行向量和一个列向量：

≫A=[1 2 3 4 5];　%生成行向量，同行元素之间用空格隔开

≫A－[1,2,3,4,5];　%生成行向量，同行元素之间用,隔开

≫B=[1;2;3;4;5];　%生成列向量

再如，在命令行窗口输入 3 阶幻方矩阵 $\mathbf{A}=\begin{bmatrix}2 & 9 & 4\\7 & 5 & 3\\6 & 1 & 8\end{bmatrix}$，以下各语句等价：

≫A=[2 9 4;7 5 3;6 1 8];　%同行元素用空格隔开，行之间用;隔开

≫A=[2,9,4;7,5,3;6,1,8];　%同行元素用,隔开，行之间用;隔开

≫ A 显示输入的矩阵

A=

```
    2   9   4
    7   5   3
    6   1   8
```

2. 以命令行语句或函数方式生成矩阵

(1) 冒号表达式产生一个行向量

生成向量的时候可以利用冒号表达式，冒号表达式可以产生一个行向量，一般格式为 Vec=start:step:end，其中 start 为初始值，step 为步长，end 为终止值。需要注意的是，当 end>start 且 step>0 时，行向量的最后一个值为不大于 end 的最大值；当 end<start 且 step<0 时，行向量的最后一个值为不小于 end 的最小值；当不能生成向量时，返回空。特别的，如果不指定 step 的值，则默认 step=1。

≫Vec=0:2:10

Vec=

0 2 4 6 8 10

(2) linspace()生成线性等间距格式行向量

linspace 函数产生行向量,其调用格式为 linspace(start,end,num),其中 start 和 end 是生成向量的第一个和最后一个元素,num 是元素总数,可以看出,linspaced(a,b,n)与 a:(b−a)(−l):b

```
≫Vec=linspace(0,10,6) %选增生成线性等间距格式行向量
Vec=
    0 2 4 6 8 10
≫Vec=linspace(5,0,6) %递减生成线性等间距格式行向量
Vec=
    5 4 3 2 1 0
```

(3) logspace()生成等比格式行向量

Vec=logspace(start,end,num)创建从 10^{start}开始、到 10^{end}结束、有 num 个元素的对数分隔行向量 Vec。如果不指定 num 的值,则默认 num=50。不难看出,logspace(start,end,num)等价于 10.^linspace(start,end,num)。

(4) ones()函数生成全 1 矩阵

全 l 矩阵即元素均为 1 的矩阵,其中 ones(n)生成 n×n 维的全 1 矩阵,ones(m,n)生成 m×n 维的全 l 矩阵,ones(m,n,g,…)生成 m×n×p×…维的全 1 矩阵。

```
≫A=ones(2,3)  %生成 2×3 维全 1 矩际
A=
    1  1  1
    1  1  1
```

(5) zeros0 函数生成全 0 矩阵

全 0 矩阵即元素均为 0 的矩阵,其中 zeros(n)生成 n×n 维的全 0 矩阵,zeros(m,)生成 m×n 维的全 0 矩阵。zeros(m,n,p,…)生成 m×n×p×…维的全 0 矩阵。

```
≫A=zeros(3,2) %生成 3×2 维全 0 矩阵
A=
  0  0
  0  0
  0  0
```

(6) eye()函数生成单位阵

单位阵即对角线元素为 1,其余元素为 0 的矩阵。eye(n)生成 n×n 维的单位阵。

```
≫A=eye(3) %生成 3×3 维单位阵
A=
```

```
0 1 0
0 0 1
0 0 1
```

(7) rand()函数生成随机矩阵,生成矩阵元素满足在(0,1)区间内的均匀分布

```
≫A=rand(3)  %生成 3×3 维 rand()随机矩阵
A=
    0.1419 0.7922 0.0357
    0.4218   0.9595   0.8491
    0.9157   0.6557   0.9340
≫A=rand(2,3)%生成 2×2 维 rand()随机矩阵
    0.6787 0.7431 0.6555
    0.7577 0.3922 0.1712
```

(8) randn()函数生成随机矩阵,矩阵元素满足均值为 0,方差为 1 的标准正态分布

```
≫A=randn(3)%生成 3×3 维 randn()随机矩阵
A=
    0.8884      −0.8095      0.3252
    −1.1471     −2.9443      −0.7549
    −1.0689     1.4384       1.3703
```

另外,一些常用的矩阵函数如表 B.2 所示。

表 B.2 矩阵函数

函数名	生成的矩阵	函数名	生成的矩阵
magic	幻方旋阵	compan	伴随矩阵
pascal	帕斯卡矩阵	hadarsward	hasdamard 矩阵
vander	范德蒙矩阵	gallery	higham 测试矩阵
hilb	希尔伯特矩阵	rosser	经典对称特征值测试矩阵
invhilb	反希尔伯特矩阵	hankel	hankel 矩阵
toeplitz	拓普利兹矩阵	wilkinson	wilkinson 特征值测试矩阵

在 MATLAB 中,矩阵的单个元素以至于整行整列都能够被访问和引用。本节将对矩阵的访问、拆分和扩展进行讲解和分析。

向量是由多个有序元素组成的,因而可以直接通过向量的下标来对向量中的元素进行访问和修改,Vec(i)表示向量 Vec 中的第 i 个元素。特别提出的是,可以通过冒号表达式对向量元素进行访问,也可以用中括号方式任意指定多个向量元素进行访问。

```
≫Vec=rand(1,6)生成一个 1×6 的随机行向量
```

```
Vec=
0.8147 0.9058 0.1270 0.9134 0.6324 0.0975
≫Vec(3)      %通过下标访问向量的第3个元素
ans=
0.1270
≫Vec(2:4)   %通过冒号表达式访问向量第2个到第4个元素
ans=
0.9058 0.1270 0.9134
```

B.2.4 MATLAB中的图形功能

MATLAB在绘图方面的功能比较全面,用户可以简单地实现二维、三维甚至多维图形的可视化。本节主要介绍MATLAB中绘图的命令和技术。

1. 二维图形

我们从最简单的二维图形的绘制开始,介绍MATLAB中的图形功能。一般而言,在MATLAB中绘图包含下面3个步骤:

(1) 准备绘图数据。例如,对于输入/输出有对应关系的图形,就是确定函数关系和自变量的取值范围。

(2) 调用绘图函数,如flot,plot等。

(3) 定制图形的输出,如线形和标记特性、坐标轴的设置、标记符号、图例等。

对函数图形的绘制,一种方法是使用fplot函数实现,该函数将自动生成绘图时自变量的步长间隔,即绘图的点数,为用户产生尽可能精确的图像。调用fplot的形式为fplot('fun',[x_1, x_2]),该命令做出函数fun在定义域[x1,x2]上的函数图。例如,绘制函数$f(x)=e^{\sin x}$的图像,可以通过如下命令绘制:

```
fplot('exp(sin(x))',[-2,2]);
```

之后MATLAB会弹出绘图窗口,显示图形如图B.3所示。

更为常用的绘图函数是plot,当plot函数仅有一个输入参数时,调用格式为plot(y),若y为实向量,则以其向量索引作为横坐标,以y向量的元素为纵坐标来绘制图形。例如,下列命令绘制了一个行向量的图形,如图B.4所示。

```
y=rand(1,100);%生成1×100的实行向量
plot(y)   %绘制y向量(向量索引,向量值)的图形
```

若y为复向量,则以向量实部作为横坐标,向量虚部作为纵坐标来绘制二维图形。当输入变量不止一个时,输入变量的虚部将被忽略,MATLAB直接绘制各变量实部的图

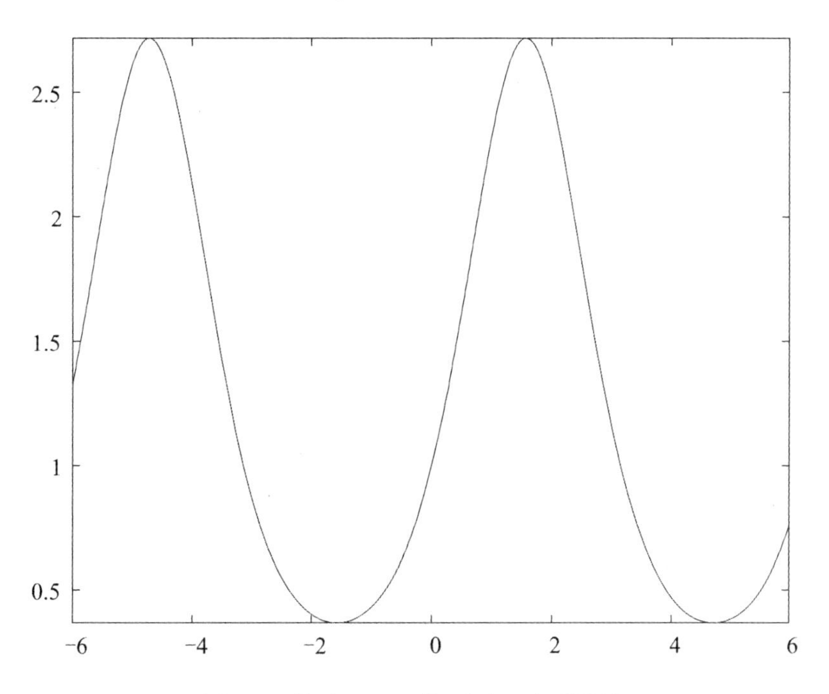

图 B.3　使用 fplot 函数 $f(x)=e^{\sin x}$ 的图像

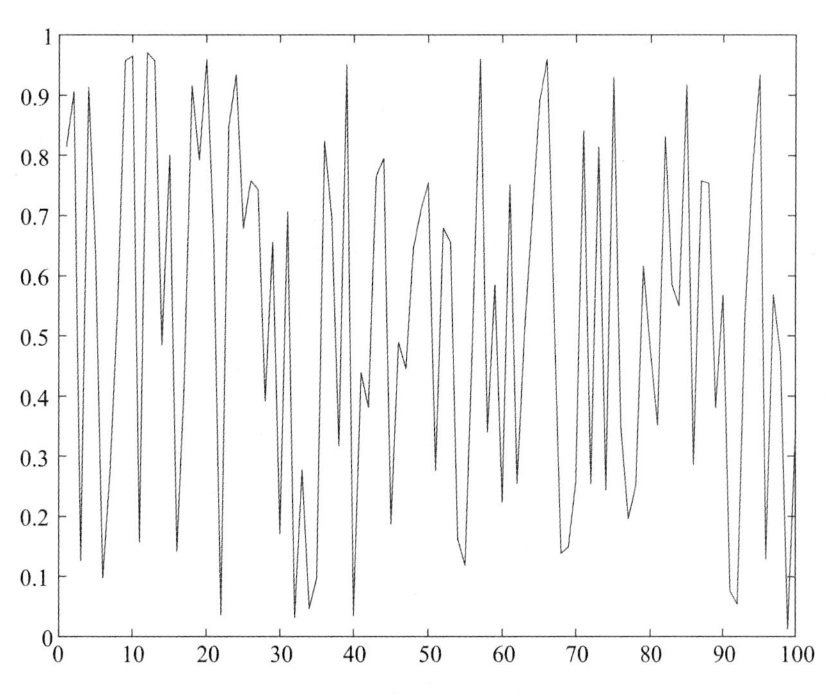

图 B.4　使用 plot(y)绘制向量图形(y 为实变量)

形。例如,构造一维复向量 y,绘图如图 B.5 所示。

```
x=－2＊pl：pl/100：2＊pi；
y=sin(x)＋cos(x).＊i；%生成复向量
```

plot(y); %绘制 y 向量(实部,虚部)的图形

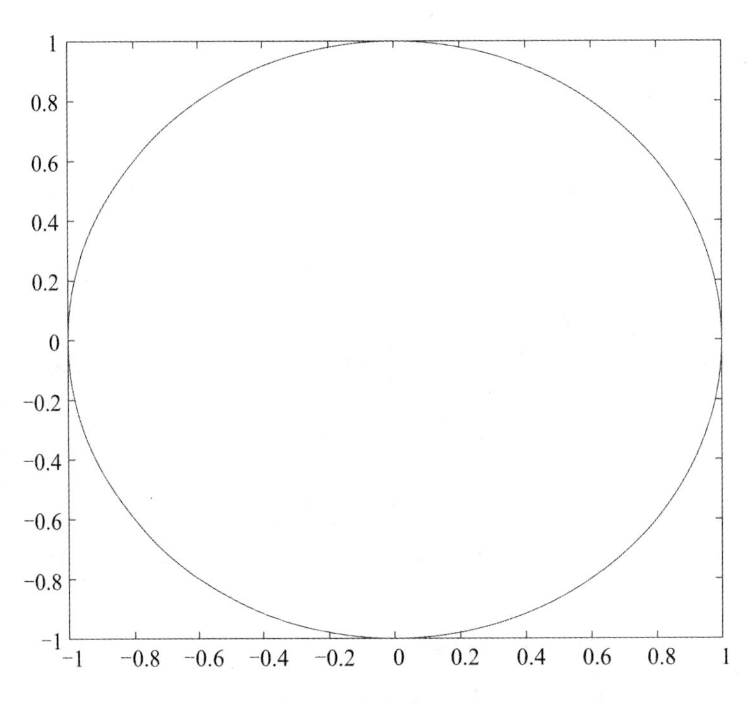

图 B.5 使用 plot(y)绘制向量图形(y 为复向量)

一般情况下,在绘图时采用自变量和函数值之间的函数关系,且采用自定义的步长,此时 plot 函数将有两个输入参数:自变量和函数值。这两者是两个同长度的向量,为了图形的精确性,需要选择合适的步长进行绘制。例如,绘制函数 $f(x)=e^{-|x|}\sin(2x)$的图像如图 B.6 所示,定义域为[−2,2],选择步长为 0.01,调用函数 plot 绘图命令如下:

```
x=-2:0.01:2;    %定义域和步长
y=exp(-abs(x)).*sin(2*x);%函数关系,注意用的是.*
plot(x,y);%绘制图形
```

我们经常需要在同一坐标内绘制多个函数的图像,例如,要在同一坐标轴内做出 $f(x)=e^{-x}\sin(2x)$及其微分函数 $df(x)/dx=2e^{-x}\cos(2x)-e^{-x}\sin(2x)$在[0,2]区间内的图像,如图 B.7 所示,利用 plot 函数的格式如下:

```
x=0:pi/100:2*pi;
y1=sin(2*x)./exp(x);
y2=(2*cos(2*x))./exp(x)-sin(2*x)./exp(x);
plot(x,y1,x,y2);
```

在进行一次 plot 操作之后,若再进行一次 plot 操作,则前一次的图形将会被覆盖。在这种情况下,若要实现多个图形的叠放,在 MATLAB 中可以使用 hold 函数实现这个功能。例如,首先绘制 $y_1=\sin(x)$在[$-2\pi,2\pi$]上的图像,然后在这个图形基础上再绘制

$y_2=\cos(x)$的图像，如图 B.8 所示，可以通过如下命令实现：

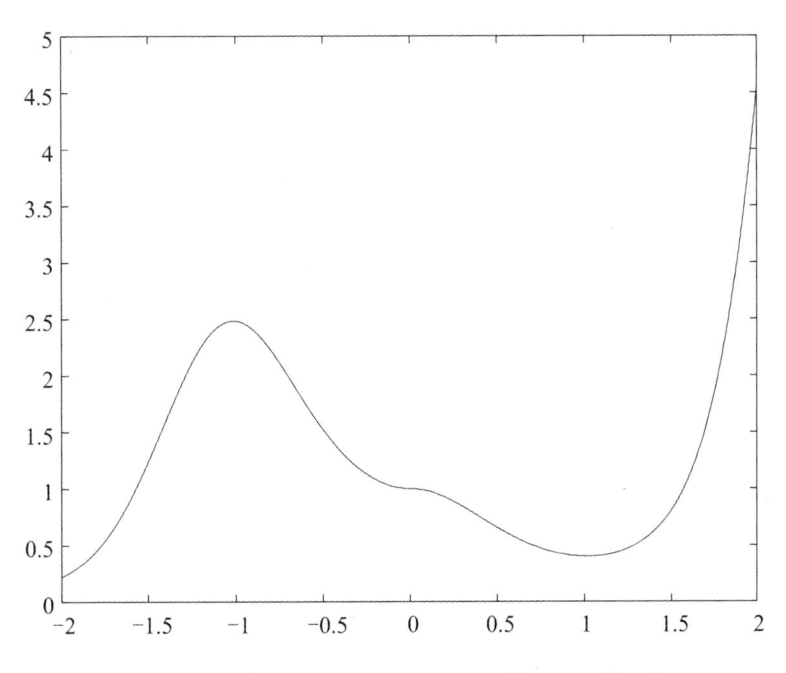

图 B.6　使用 plot 绘制函数 $f(x)=e^{-|x|}\sin(2x)$的图像

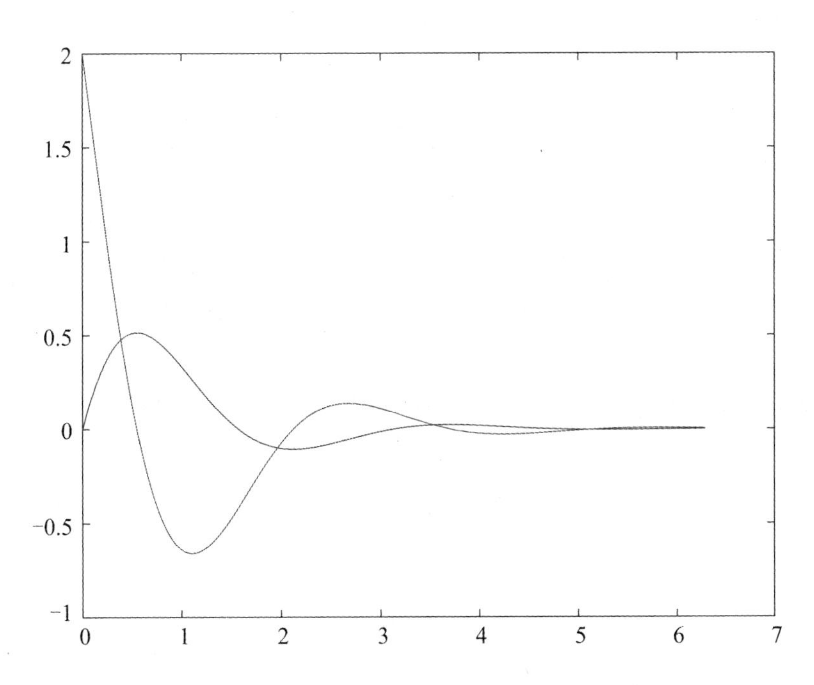

图 B.7　$f(x)=e^{-x}\sin(2x)$及其微分函数的图像

```
x=-2*p1:p1/100:2*pi;
y1=sin(x);y2=cos(x);
plot(x,y1);hold on;        %绘制 y1,并 hold on 允许图像叠放
```

plot(x,y2);hold off;　　%在 y1 上绘制 y2 之后取消允许图像叠放

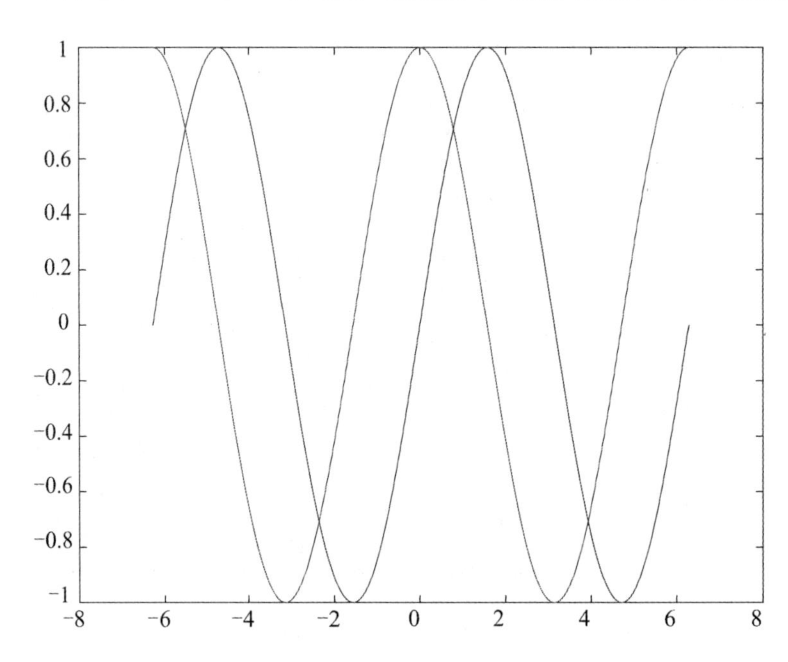

图 B.8　使用 hold on 命令实现多个图像的叠放

在绘制多幅图形的时候,经常需要添加标注并使用不同的线形、不同的颜色等方法使得图像的可读性更强,MATLAB 中也提供了这些选项。这些功能均可在图像窗口的 Editor 选单中实现,这里仅简要介绍命令最基本的用法和具体实例。

(1) 添加标注

添加标题标注的命令为 Title('title'),其中 title 是显示在图形标题处的字符串。

添加坐标轴标注的命令为 xlabel('xstring'),ylabel('ystring'),zlabel('zstring'),其中命令 xlabel 代表对 x 轴的标注,命令 ylabel 代表对 y 轴的标注,命令 zlabel 代表对 z 轴的标注,单引号之间的字符串即表示显示在坐标轴处的标注。

添加图例的命令为 legend('legend','legend2'),该命令代表按照绘图的先后顺序为各个图形的线条添加图例,其名称分别为 legend 和 legend2。

添加字符串注释的命令为 text(x,y,'string'),该命令代表将字符串 string 放置于坐标轴的(x,y)处。

(2) 设置选项

在调用 plot 函数时,可以设置曲线的颜色、线形和标记. 一些常用的选项如表 B.4 所示,调用方法为 plot(xl. yl,'argl',x2. v2,'arg2')。例如,plot(x,y,'r—p')代表用红色的虚线绘制曲线,并用五角星对曲线进行标注。

表 B.4 图像颜色、线条和标记的设置

颜色		线形		标记			
b	蓝色(默认)	—	实线(默认)	无	(默认)	h	六角星
c	青色	——	虚线	*	星	p	五角星
g	绿色	:	点线	.	点	>	▷
k	黑色	—.	点划线	o	圈	<	◁
m	红紫色			x	叉	v	△
r	红色			+	十字	^	▽
w	白色			s	方块		
y	黄色			d	菱形		

另外,还有一些图像属性可以设置为如表 B.5 所示。

表 B.5 图形的其他属性设置

选项属性	相　应　函　数
显示/隐藏坐标轴	axis on/off
定制坐标轴	axis([xmin,xmax,ymin,ymax,zmin,zmax]),z 轴设置可选
显示/隐藏网格	grid on/off
打开/关闭图形窗口	figure/close
调整图形视角	view(az,el),az 为角度,el 为高度(默认 az=37.5,el=30)

下面给一个综合实例,图像如图 B.9 所示。

```
x=-6:0.05:6;   %设置定义域
y1=sin(x);   %定义函数 y1
y2=cos(x);   %定义函数 y2
plot(x,y1,'r-x',x,y2,'b--o'):%在同一坐标系绘制 y1 和 y2
% y1:红色实线,用 x 标注
%y2:蓝色虚线,用 o 标注
title('y-sin(x)and y-cos(x)');   %设置标题
legend('y=sin(x)','y=cos(x)):   %设置图例
xlabel('x-axis');ylabel('y-axis');   %标记坐标轴
```

如果需要在一个图上显示多于一个图像,可以调用 MATLAB 中绘制子图的函数 subplot(m,n,p)。参数 m,n 表示将图形窗口分成 m 行、n 列个子窗口,参数 p 表示绘图位置,先行后列。例如,分为 2×2 个子窗口,p=1 代表第 1 行第 1 列,p=3 则是第 2 行第

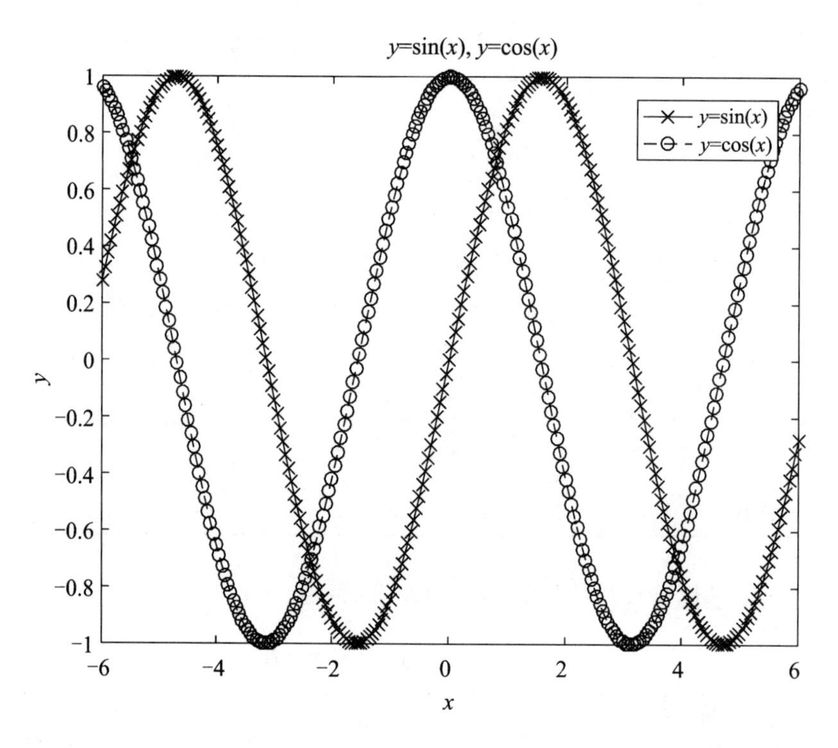

图 B.9 使用 plot()函数的参数实现线形、标题、图例等的设置

1 列，以此类推。下面通过示例说明子图的用法，在这个示例中，窗口被分为 2×2 个子窗口，第一行并排显示 y=sin(x)和 y=cos(x)的图像，如图 B.10 所示。

```
x=2 * pi:pi/100:2 * pi;
y1=sin(x);y2=cos(x);
subplot(1,2,1);plot(x,y1);   %在子图 1 绘制 y1
title('y=sin(x)');           %设置子图 1 的标题
axis([-2 * pi,2 * pi,-1,1]);   %设置子图 1 的坐标轴
subplot(1,2,2);plot(x,y2);   %在子图 2 绘制 y2
title('y=cos(x)');           %设置子图 2 的标题
axis([-2 * pi,2 * pi,-1,1]);   %设置子图 2 的坐标轴
```

2. 三维图形

本节介绍 MATLAB 中简单三维图形的绘制方法，包括三维曲线和三维曲面两种类型。

(1) 三维曲线

与 plot 函数绘制二维图形相对应，在 MATLAB 中可以调用 plot3 ()绘制三维图形，调用方法为 plo3(xyx,'arg')，其中 x，y，z 存储三维图形三个坐标的值，为维数相同的向

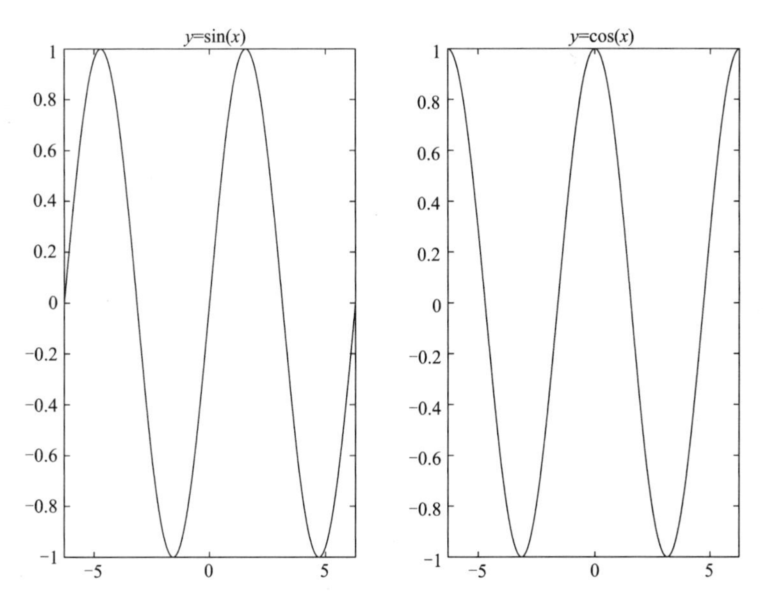

图 B.10　使用 subplot( )命令实现子图横排

量，参数 arg 为图形的颜色、线形等设置信息，与二维图形的绘制属性设置类似。

例如，绘制参变量函数的图像，假设有一个时间向量对该向量进行下列运算可以构成三个坐标的值向量：

$$x=\mathrm{e}^{-0.2t}\cos\frac{\pi}{2}t,\quad y=\mathrm{e}^{-0.2t}\sin\frac{\pi}{2}t,\ z=t\quad (t\in[0,20])$$

则由此三个坐标构成的三维曲线如图 B.11 所示，绘制方法如下：

```
t=0:0.05:20;
x=exp(-0.2*t).*cos(pi*t/2);
y=exp(-0,2*t).*sin(pi*t/2);
z=t;
plot3(x,y,2);grid on;
xlabel('x');ylabel('y');zlabel('z');
>>title('3D-line');
```

(2) 三维曲面

在绘制三维曲面时，一种方法是先使用 meshgrid()函数生成 x—y 平面上的网格数据，调用格式为[x]=meshgrid(u,v)，其中 u 和 v 分别为 m 维和 n 维的向量，得到的 x 和 y 为 n×m 维的矩阵；然后使用 mesh()函数绘制网面图，调用格式为 mesh(x,y,z)，其中 x,y,z 是同维的矩阵，表示曲面的三维数据。

例如，绘制二元函数图 $z=f(x,y)=\dfrac{\sin(\sqrt{x^2+y^2})}{\sqrt{x^2+y^2}}$，如图 B.12 所示，绘制方法如下：

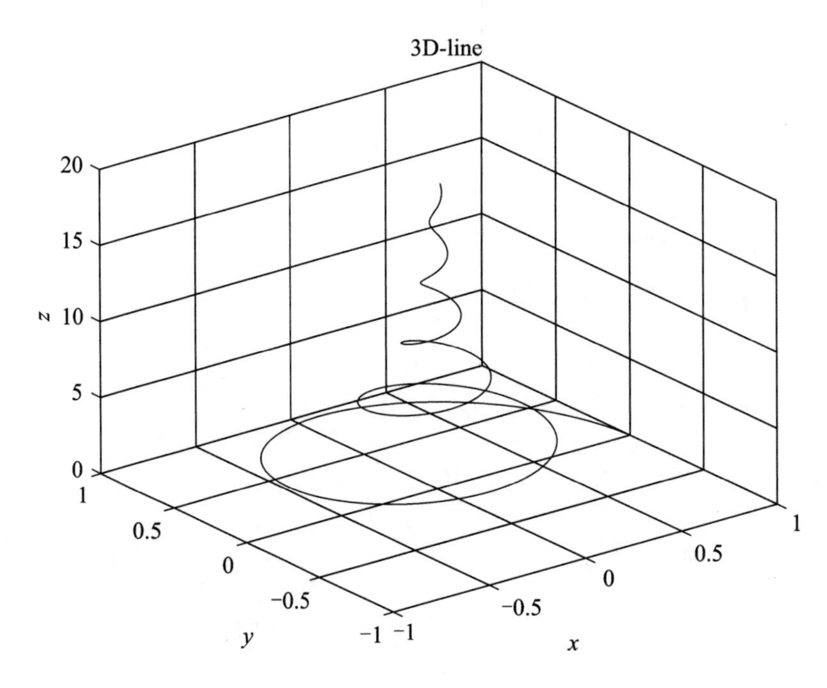

图 B. 11　使用 plot3( )绘制三维曲线

```
u=－8:0.5:8;
v=－8:0.5:8;
[x, y] =meshgrid (u, v);
r=sqrt (x.^2+y.^2);
2 * sin(r). /r;
mesh(x,y,z);
```

B.2.5　MATLAB 程序设计方法

1. MATLAB 中的控制结构

掌握 MATLAB 语言中的控制结构是编写出高质量 MATLAB 程序的基础，在 MATLAB 中最简单的程序控制结构就是顺序结构，它将用户的输入命令依次执行。此外，MATLAB 还提供循环结构、选择结构和子程序结构三种高级的控制结构 。

(1) 循环结构

MATLAB 中提供两种循环方式：for 循环和 while 循环。两者之间的最大不同在于如何控制代码的重复。在 while 循环中，循环体的重复次数是不能确定的，只要满足用户定义的条件，循环就进行下去。相对地，在 for 循环中，代码的重复次数是确定的，在循环开始之前，就需要确定循环体重复的次数。

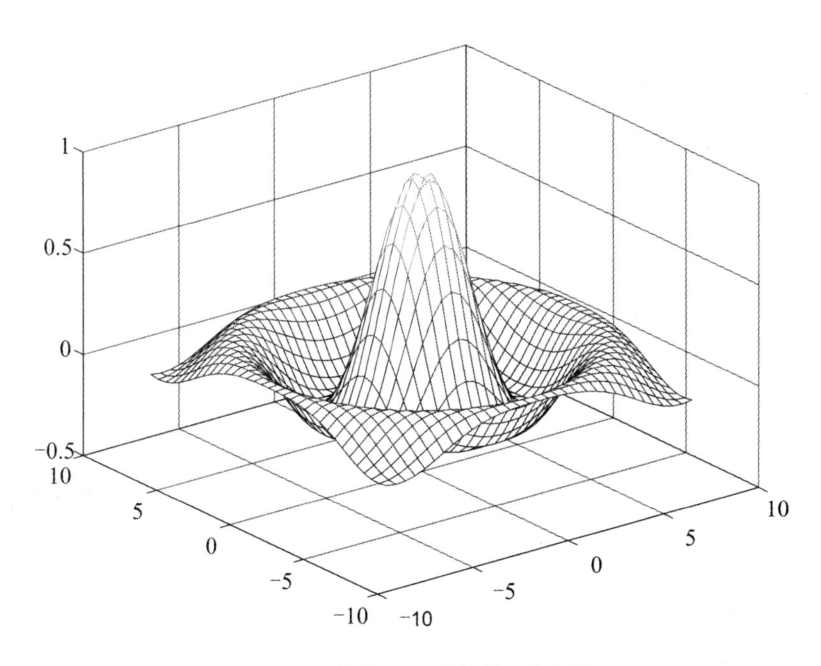

图 B.12 使用 mesh( )绘制三维曲面

① for 循环

for 循环的循环终止条件通常是对循环次数的判断,达到预先设定好的;循环次数则循环结束。for 循环的语法是:

```
for index=expression
    loopbody
end
```

其中 index 是循环变量, expression 是循环控制表达式,在 for 和 end 之间的执行语句为循环体(loopbody)。

for 循环执行的顺序是:变量 index 读取表达式 expression, 其在一般情况是一个向量,用冒号表达式表示为 start:increment:end,若用默认的步 1,则表示为 start: end:在这种情况下,循环变量 index 每次从向量 expression 中读取一个元素,然后程序执行循环体(loopbody), 直至向量 expression 中所有元素读取完毕, 故一般而言, 向量 expression 中有多少元素,循环体就执行多少次。

② while 循环

while 为条件循环语句。while 循环的循环终止条件通常是对循环条件表达式的判断,只要循环条件表达式为真,循环体就重复执行,直到循环条件表达式为假。所以 while 循环的次数不确定。while 循环的语法为

```
while condition
loopbody
end
```

如果 condition 的值非零(true),程序将执行循环体(loopbody),然后返回到 while 语句执行,直到 condition 的值变为零 (false),这个重复过程结束。当程序执行到 while 语句且 expression 的值为零之后,程序将会执行 end 后面的第一个语句。

(2) 选择结构

选择结构可以使 MATLAB 选择性执行指定区域内的代码 (称之为语句块 blocks),而跳过其他区域的代码。选择结构在 MATLAB 中有三种具体的形式: if 结构、switch 结构和 try/catch 结构。

① if 结构

if 结构是一般程序设计语言都支持的结构。MATLAB 下最基本的 if 结构是以 if 为导引、以 end 为结束的单重选择 if-end 结构,同时也支持扩展的双重和多重选择结构,分别介绍如下:

- if-end 结构

  if-end 结构的基本语法为

```
if condition
    statements
end
```

其中,当条件表达式 condition 的值为真(非 0)时执行语句段 statements,否则不执行。

- if-else-end 结构

if-else-end 结构的基本语法为

```
if condition
    statements_1
else
    statements_2
end
```

其中,当表达式 condition 的值为真(非 0)时执行语句段 statement_1,否则执行语句段 statements_2。

- if-elseif-end 结构

```
if  condition_1
    statements_1
elseif  condtion_2          %这里可以有多个 elseif
    statements_2
else
    statements_3
end
```

在这种结构控制下，当运行到程序的某一条件表达式为真(非0)时，执行与之相关的语句段，而后系统不再检查其他的条件表达式，系统将跳过 if 结构中的其他语句。具体执行顺序如下：

如果条件表法式 condition_1 的值非 0，则程序将会执行语句段 statements_1，然后跳转到 end 后面的第一个可执行语句继续执行。否则程序将会检测条件表达式 condition_2 的值，如果 condilion_2 的值非 0，则程序将会执行语句段 statement_2，然后跳转到 end 后面对的第一句可执行语句继续执行。如果所有的控制表达式均为 0，则程序将会执行与 else 相关的语句段 statement_3。

需要注意的是，在一个 if 结构中，可以有任意一个 else if 语句，但 else 语句最多有一个或者没有。只要上面每一个控制表达式均为 0。那么下一个控制表达式将会被检测。一旦其中一个表达式的值非 0，对应的语句段就要被执行，然后跳到 end 后面的第一个可执行语句继续执行。如果所有的条件表达式均为 0，则程序将会执行 else 语句。如果没有 else 语句，程序将会执行 end 后面的语句，而不执行 if 结构中的部分。

(2) switch 结构

switch 结构是另一种形式的选择结构，被称为开关结构，用户可以根据一个单精度整型数、字符或者逻辑表达式的值来选择执行特定的语句段。其基本语法格式为

```
switch(switch_expr)
case case_expr_1,
     statements_1
case case_expr_2,
     statements_2
…
otherwise,
     statements_other
end
```

在这个控制结构中，主要是通过对 switch_expr 的值与下面表达式的值是否匹配来决定程序的转向的，如果 switch_expr 的值 case_expr_l 相符，则第一个语句段 statements _l 将会被执行，然后程序将会跳到 switch 结构结束语句 end 后的第一个语句，如果 switch_expr 的值与 case_expr_2 相符，则第二个语句段将会被执行，然后程序将会跳到 switch 结构结束语句 end 后的第一个语句。在这个结构中，otherwise 语句是可选的。如果它存在，当 switch_expr 的值与 case_expr_2 相符时，第二个语句段将会被执行，然后程序将会跳到 switch 结构结束语句 end 后的第一个语句。在这个结构中，otherwise 语句段是可选的。如果它存在，当 switch_expr 的值与其他所有的选项都不相符时，语句段 statements_other 将会被执行；如果它不存在，且 with_expr 的值与所有的选项都不相符

时，结构中的任何一个语句段都不会被执行。

2. 其他流程控制语句

(1) break语句和continue语句

break语句和continue语句用于循环中的流程控制，一般可以和if语句配合使用。

break语句用于终止循环的执行，当在循环体内执行到该语句时，程序将跳出循环，继续执行循环语句的下一个语句。continue语句控制跳过循环体中的某些语句。当在循环内执行到该语句时，程序将跳过循环体中所有剩下的语句，继续下一次循环。

如果break或continue语句出现在循环嵌套的内部，则break语句和continue语句将会在包含它的最内部的循环起作用。

(2) return语句

当用户需要在文件中进行终止操作时，可以使用return命令，执行return命令后，进程将返回调用函数或者键盘，运用return命令可以提前结束程序的运行，return和break的区别在于return一般用于函数或者文件的结束，而break用于循环的终止。

本附录主要介绍了MATLAB的发展历程、特点、基本语法知识、运算和图形功能，阐述了MATLAB编程语言的使用方法。读者通过学习此内容，应该掌握MATLAB语言中的循环结构、选择结构等知识。

参考文献

[1] 陈宝林.最优化理论与算法[M].2版.北京:清华大学出版社,2005.

[2] 袁亚湘,孙文瑜.最优化理论与方法[M].北京:科学出版社,2001.

[3] 袁亚湘.非线性优化计算方法[M].北京:科学出版社,2008.

[4] Boyd S, Vandenerghe L. Convex optimization[M]. Cambride: Cambride University Press, 2006.

[5] Nocedal J,Stephen J. Wright Numerical optimization[M]. Heidelberg:Springer,2006.

[6] 谭乐祖.规划理论及其军事应用[M].北京:北京理工大学出版社,2020.

[7] 邢文训,谢金星.现代优化计算方法[M].北京:清华大学出版社,2005.

[8] 傅英定,成孝予,唐应辉.最优化理论与方法[M].北京:国防工业出版社,2008.

[9] 曹卫华,郭正.最优化技术方法及其MATLAB的实现[M].北京:化学工业出版社,2005.

[10] 马昌凤,柯艺芬,谢亚君.最优化计算方法及其MATLAB程序的实现[M].北京:国防工业出版社,2017.

[11] 张光澄,王文娟,韩会磊,等.非线性最优化计算方法[M].北京:高等教育出版社,2005.

[12] 刘浩洋,户将,李勇锋,等.最优化:建模、算法与理论[M].北京:高等教育出版社,2020.

[13] 王燕军,梁治安,崔雪婷.最优化基础理论与方法[M].2版.上海:复旦大学出版社,2018.